LE TOUR D'ASIE

★ ★

L'EMPIRE DU MILIEU

LE TOUR D'ASIE

DU MÊME AUTEUR :

Un Printemps sur le Pacifique (Iles Havaï), ouvrage couronné par l'Académie française.

Des Andes au Para (Équateur, Pérou, Amazone), ouvrage couronné par l'Académie française.

France Noire (Côte d'Ivoire et Soudan — Mission Binger).

LE TOUR D'ASIE * (Cochinchine, Annam, Tonkin).

EN PRÉPARATION :

LE TOUR D'ASIE *** (L'Asie en diagonale. — De Séoul à Bagdad).

PARIS. — TYP. DE E. PLON, NOURRIT ET Cie, 8, RUE GARANCIÈRE. — 367.

LE
TOUR D'ASIE

★★

L'EMPIRE DU MILIEU

PAR

MARCEL MONNIER

Ouvrage accompagné de 60 gravures d'après les clichés de l'auteur, d'un plan et d'une carte-itinéraire

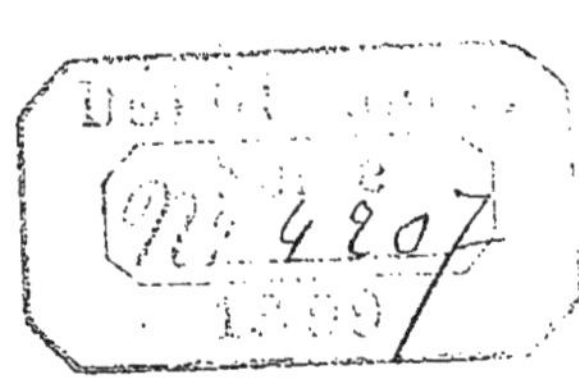

PARIS
LIBRAIRIE PLON
E. PLON, NOURRIT ET Cie, IMPRIMEURS-ÉDITEURS
RUE GARANCIÈRE, 10

1899

LE TOUR D'ASIE

* *

PRÉLUDE

UN ÉTÉ DANS LE JAPON INCONNU.

La matière d'un volume — que mon ambition est de condenser en quelques pages.

Après huit mois employés à parcourir la France indochinoise d'où m'éloignaient, avec la mousson pluvieuse, les premières atteintes de la fièvre, j'allais, en attendant une saison plus propice aux longs voyages à l'intérieur du Céleste Empire, prendre quelque repos sur une terre qui était déjà pour moi une vieille connaissance. Avant d'observer la Chine au lendemain de ses défaites, un vif désir me venait de contempler le vainqueur dans toute l'ivresse de ses faciles triomphes.

Que n'a-t-on pas écrit sur ce peuple? Il a fait un tel bruit dans le monde, captivé si longtemps l'attention des diplomates et des nouvellistes, qu'il semble oiseux de disserter une fois de plus sur les évolutions de la politique dans l'Empire du Soleil-Levant et sur les avatars de l'Ame japonaise. A quoi bon insister sur des questions familières, exécuter des variations sur un thème devenu banal? Aussi m'étais-je promis de garder par devers moi mes impressions nipponaises et de ne recommencer à détacher les feuillets du carnet de route que du jour où j'aborderais de nouveau l'Asie continentale.

Mais le moyen de ne pas se départir, fût-ce un instant, de cette réserve prudente, sans paraître ignorer dédaigneusement un pays dont le souvenir, depuis tantôt dix ans, m'était demeuré cher et que je ne revoyais pas sans joie? C'eût été d'abord une lacune inattendue et inexpliquée dans ce « Tour d'Asie » ; pis que cela, une marque d'ingratitude envers une contrée où la douceur du climat, la maladie aussi et les lenteurs de la convalescence, m'ont retenu près de quatre mois, durant lesquels des amitiés anciennes et précieuses m'ont fait trouver les heures brèves.

Parlons donc un peu Japon et japoneries, mais non pas du Japon de tous les jours, hanté par les touristes, vulgarisé par la photographie, par les réclames illustrées de l'agence Cook et de ses émules; inépuisable matière à « croquis », « souvenirs » et « sensations » pour les amateurs d'exotismes de pacotille pour les *misses* jeunes ou âgées, en mal de littérature, qui débarquent en imposantes phalanges de chaque steamer arrivant de Vancouver ou de San-Francisco. Kioto et Tokio, Nikko et Myanoshita, les sites cent fois décrits, les édifices catalogués, étiquetés, les tombes de Shoguns plus ou moins authentiques, les temples où des gentlemen en jaquette à carreaux, un guide sous le bras en guise de missel, vont faire, par acquit de conscience, leurs dévotions hâtives, entre deux paquebots; localités hybrides où les hôtels anglo-américains avec leur personnel en frac font concurrence aux maisons de thé, les petites dames aux mousmés peintes, laissons tout cela. Entreprenons, si vous le voulez bien, à l'abri des globe-trotters, une excursion rapide dans le Japon inconnu, loin des grandes routes. Peut-être y découvrirons-nous quelque chose d'inédit, quelque trait de mœurs, un de ces détails insignifiants en apparence, mais qui, parfois, précisent d'une touche soudaine et lumineuse la véritable physionomie, le caractère, les pensées intimes d'une race.

I

Depuis bientôt un quart de siècle le Japon détient, pour employer un vocable en vogue, le *record* de l'exotisme. Peu de contrées lointaines peuvent se flatter d'avoir à ce point éveillé les curiosités et les sympathies. Il n'en est guère dont les séductions aient été célébrées avec une telle unanimité sur tous les modes, dans toutes les langues.

De ce que le japonisme a d'innombrables fervents, voire quelques idolâtres, s'ensuit-il que nous soyons renseignés de façon très précise sur l'empire du Soleil-Levant, sur ce peuple enjoué dont la politesse, les formules d'art et surtout l'extraordinaire et subit engouement pour la civilisation occidentale, ont fourni matière à tant de volumes? A tout prendre, nous n'en connaissons guère que les dehors, le bibelot, le plaisant mélange des mœurs et des costumes, la mousmé en kimono clair, le bonze en robe de soie coudoyant le fonctionnaire accoutré à l'européenne et l'officier haut comme une botte, sanglé dans un uniforme de grenadier poméranien; la juxtaposition des maisons de papier et des gares de chemin de fer, des lanternes peintes et des lampes Edison. De ce que pensent ces gens-là, de leur façon de voir à notre égard, de leur développement moral, nous savons fort peu de chose.

L'affirmation rencontrera, à n'en pas douter, nombre d'incrédules. Sur la foi de récits très sincères, mais dont les auteurs n'ont souvent observé qu'en passant, à la surface, les neuf dixièmes d'entre nous ont leur conviction faite. Le Japon? Connu. Un pays complètement européanisé.

Déguisé en Européen serait plus exact. Encore le déguisement n'est-il point général. Il ne saurait faire illusion qu'à distance. Si quelques-uns se plaisent à notre démarche et notre costume, la grande majorité de la nation a conservé sa liberté d'allures dans le vêtement simple et peu coûteux du bon vieux temps.

En définitive, dans cet empire qui compte quarante millions d'habitants, combien ont adopté quelques habitudes européennes? Une dizaine de mille, pas davantage. Ceux-ci constituent la classe dirigeante, le Japon officiel s'ingéniant à oublier sa grâce native pour copier inconsidérément les modes d'Occident.

Mais, derrière cette population des villes, derrière ce monde officiel qui singe nos habitudes, nos manières, et nous est plutôt hostile, il y a le gros de la nation, la population des campagnes, travaillant dur, d'une gaieté robuste, toujours serviable, hospitalière ; celle-là promène encore la pittoresque défroque du passé. C'est le gentil Nippon des albums de Hokousai. Il subsiste dans son intégrité : tel je l'avais vu il y a dix ans, tel il est encore, ou peu s'en faut. L'autre, celui qui a rejeté les modes d'antan pour s'inspirer dorénavant des catalogues de la Belle Jardinière et du Bon Marché, est guindé et maussade.

Ce n'est point là critique amère, mais le témoignage d'un ami, désireux seulement de remettre les choses au point et de présenter le tableau sous son vrai jour. La susceptibilité japonaise ne saurait en prendre ombrage. Il est permis, sans pour cela méconnaître les qualités de la nation, de réagir, dans une certaine mesure, contre un engouement qui, des créations d'un art ingénieux, s'étend aux mœurs et aux institutions, applaudissant de confiance les promoteurs d'une rénovation sociale plus apparente que réelle. De là à dire brutalement leur fait à des gens pour lesquels l'Europe s'est montrée si complimenteuse, il y a loin. Londres, Paris, Berlin les ont surnommés tour à tour les Anglais, les Français, les Allemands de l'Extrême-Orient. Ce n'est point leur faire injure que de les appeler de leur véritable nom : des Japonais; de constater qu'ils utilisent avec une dextérité incomparable, nos procédés scientifiques, nos inventions, notre outillage sans pour cela parvenir à dépouiller le vieil homme, l'Oriental défiant de nos idées, réfractaire à notre conception des droits et des devoirs.

Au Japon plus que partout ailleurs, la différence est grande des apparences à la réalité. Pour juger ce pays nous sommes un peu dans la situation de spectateurs qui prétendraient avoir un avant-goût de la pièce sur la seule inspection de l'affiche ou du rideau d'avant-scène. L'affiche est pleine de promesses, la toile fort agréablement brossée. Que n'y voit-on pas? Une cour assujettie aux règles de l'étiquette européenne, un parlement, des jurisconsultes occupés à codifier les coutumes locales suivant les principes généraux de notre droit civil, la justice organisée, des prétoires somptueux, des magistrats drapés de belles toges, et bien autre chose encore. La toile levée, que reste-t-il? une vieille société esclave de la routine, rivée à ses préjugés et que l'esprit de notre civilisation a simplement effleurée.

Le Japon victorieux n'a pas eu ce qu'on est convenu d'appeler une « très bonne presse ». On s'est soudain ému un peu partout de son délire patriotique, des visées ambitieuses dont l'aveu lui échappait dans l'ivresse de sa triomphale marche militaire. On ne s'est point fait faute de morigéner cet enthousiaste, ce brouillon qui, délibérément, aux chancelleries européennes déjà aux prises avec tant d'autres problèmes, proposait une amusette non moins compliquée : la question d'Extrême-Orient. Parfois même la remontrance a été formulée d'un ton quelque peu maussade et amer. Il semblait que, pour les publicistes d'Occident, cet accès de fièvre, ces emballements, cette grandiloquence fussent autant de révélations. Pensez donc, ce petit peuple, ce joli et joyeux petit peuple prenait tout à coup des allures de tranche-montagne, ne parlait de rien moins que d'adopter pour cri de guerre cette variante de la doctrine de Monroe : « L'Asie aux Asiatiques ».

Petit, joli, tels sont en effet les qualificatifs que la plupart des littératures ont appliqués au Japon. « Le petit Japon », « le coquet Japon », c'étaient là termes inséparables destinés à éveiller dans l'esprit l'idée d'une exquise miniature, de foules et de paysages considérés par le gros bout de la lorgnette. Un petit peuple, cette nation de quarante millions d'âmes qui, sans alliage, par la seule poussée des naissances, s'accroît de plus d'un demi-million bon an mal an ! Un petit pays, cet archipel de volcans où la nature multiplie ses manifestations les plus terribles et les plus grandioses, dont la surface accidentée, fouillée en hauts reliefs sous l'action des cataclysmes géologiques égale, pour la majesté des lignes, mainte région alpestre et pyrénéenne !

Ces descriptions d'un Japon purement conventionnel, d'un Japon-joujou, s'expliquent par le fait que leurs auteurs sans doute ne l'avaient observé que de façon fort superficielle et n'en connaissaient guère que quelques rivages, les gracieuses échancrures des baies de Tokio et d'Odavara. Le Fuji ne leur était apparu qu'à distance, nimbé de nuées, tel qu'il est représenté, en accent circonflexe, sur les kakémonos et les estampes. Ils n'avaient pas mesuré, le bâton à la main, ses quatre mille deux cents mètres, peiné pendant dix ou douze heures sur les pentes tour à tour abruptes et pulvérulentes de l'Asama-Yama, parcouru de bout en bout la profonde vallée où la rivière Saïgava se précipite avec un grondement d'orage de roche en roche, à travers des défilés comparables aux gorges creusées par le Drac ou la Romanche.

Je viens de la remonter sur toute sa longueur, cette vallée imposante et sauvage, en me rendant de Kioto à Tokio par la vieille « route des Montagnes », le *Nakasendo*, à travers les provinces centrales de Musashi, Kotsuké, Shinshu, Mino, Omi et Yamashiro; un trajet de cent lieues dans une région particulièrement étrange, d'un pittoresque achevé, parmi des populations de mœurs primitives, demeurées fidèles aux traditions et aux usages des aïeux et qui ne connaissent guère l'Européen que de nom. Pour pénétrer au cœur de ces provinces, il faut se résigner à courir les hasards des mauvais chemins, des humbles gîtes, affronter, durant huit à dix jours, les cahots et les fondrières dans la *jinrikisha* frêle que traînent quatre coureurs vigoureux, l'un dans les brancards, le second en tandem, les deux autres postés à l'arrière, prêts à maintenir tant bien que mal l'équilibre dans les passages scabreux. Souvent les pentes sont tellement raides, la voie si étroite, taillée de façon si rudimentaire dans les bancs de roche et les éboulis, qu'on est contraint de mettre pied à terre et les hommes tirant, poussant, s'évertuent à faire mouvoir le véhicule à peine plus lourd qu'une bicyclette. Parfois même ils doivent le démonter, enlever les roues, hisser la caisse sur leurs épaules pour gravir un col malaisé. C'est ainsi que, sur un parcours de trois cents kilomètres, entre Gifu et Karuisawa, il faut s'attendre à franchir dans sa voiture de 150 à 170 kilomètres pas davantage. Le baromètre accuse dans la même journée des différences de pression extraordinaires; on s'élève en quelques heures, du niveau de la mer, à des hauteurs de 7 à 800 mètres pour redescendre brusquement à 25. On escalade trois lignes de faîte, les passes de Torii, de Niojiri et de Wada, par des altitudes de 1,200, 1,350 et 1,700 mètres.

Dans ces paysages sévères, aux plis profonds des vallées, habite une population très dense, très active, d'aspect fruste mais qui, dans ces masures plantées de guingois sur les pentes, surplombant les abîmes, s'adonne à de délicates et patientes industries, tisse la soie et le coton, fabrique le meuble, de menus ustensiles de ménage en laque rouge. L'animation est grande sur ces âpres sentiers; c'est un défilé incessant de coolies ployant sous le faix, de mules, de bourriquots, de bœufs-porteurs chargés de ballots ou de bois débité en planchettes, pour la menuiserie; trimballant aussi des voyageurs peu pressés de tout sexe et de tout âge. Je me souviens avoir croisé, — et non sans difficulté, car le chemin n'était pas large, — deux jeunes personnes cheminant de la sorte sur un ruminant, chacune dans son panier, balancées de-ci de-là dans un vague mouvement d'escarpolette; deux gaillardes joufflues, tassées, pressées dans leurs bourriches, très à leur aise pourtant, semblait-il, et devisant tout en fumant leurs pipettes.

Ces villages de montagne rappellent d'assez près certaines localités de la Tarentaise et de la Maurienne. Mêmes sites austères, mêmes chalets couverts en bardeaux, la toiture à vastes pans sous laquelle la maison se dissimule comme une tortue sous sa carapace. Ici comme là-bas, de grosses pierres posées sur le faîtage, crainte qu'il ne s'envole à la première bourrasque. Dans les vêtements aucune couleur voyante, rien du charmant bariolage de l'imagerie populaire. Hommes et femmes sont habillés de même, de cotonnade bleu foncé; le *kimono*, rentré dans un pantalon très ample, à la hussarde. Très pauvres, assurément, mais point malheureux, ne rêvant pas autre chose que l'existence accoutumée; légèrement vêtus, à peine abrités des intempéries par des cabanes aux parois disjointes, par des cloisons en papier : solides malgré tout, et faisant des ribambelles d'enfants. Je vous prie de croire que ces gens-là, musclés, râblés, le verbe haut, ne ressemblent en quoi que ce soit aux bonshommes peints sur les potiches et sur les éventails.

Les bambins eux-mêmes tête et jambes nues, hiver comme été, juchés sur leurs sandales de bois en forme de tabourets, fiers comme de jeunes coqs, ont souvent un aplomb et des allures très au-dessus de leur âge. Je les vois encore, au village de Shiojiri, envahissant l'auberge où je déjeunais d'un filet de poisson cru et d'un bol de riz arrosé de thé vert. Ils étaient là une dizaine, assis sur leurs talons, dans le couloir, à me dévisager et à m'interpeller. Tout à coup l'un d'eux, le plus hardi, allongeait le bras de mon côté, la main ouverte; un second l'imitait, puis un troisième, puis toute la bande. Trompé par le geste, je crus que les garnements quémandaient quelques *sens* et tirai de ma poche de la monnaie de cuivre. Aussitôt les bras de se replier, les têtes de s'agiter dans un mouvement de dénégation énergique; en même temps, les sourcils froncés, un pli dédaigneux des lèvres, témoignaient de leur amour-propre blessé. L'aumône! Fi donc! Ce n'était pas cela qu'ils voulaient. Quoi donc, alors?... Des bonbons, peut-être? Il y avait là, sur un plateau, un assortiment de confiserie de toutes nuances, amalgames de farine de riz, de mélasse et de plâtre, auquel je n'avais point fait brèche et pour cause. Je poussai vers eux ce dessert. On hésita; pas longtemps. Des bonbons, cela pouvait s'accepter sans déchoir. Les sucreries croquées, ils recommencèrent leur manège. Enfin je compris. Ils m'avaient vu feuilleter un volume à couverture rouge, le *Guide Murray* du Japon, avec des cartes en couleur. Voilà ce qu'ils sollicitaient. Je leur fis passer le précieux bouquin; ils se mirent à l'examiner l'un après l'autre, surtout les cartes des différentes provinces, très attentivement, échangeant à leur sujet force commentaires. Très amusants, ces écoliers. L'un d'eux portait, attaché sur ses épaules, son petit frère, âgé de deux ans à peine, qui dormait comme un bienheureux. Pas Japonais de paravent non plus, ces enfants qui refusent les gros sous et tendent la main pour un livre.

II

C'est le plein été, la saison des pèlerinages. La récolte terminée, les paysans partent en bandes pour leur tournée annuelle à travers les sites célèbres, les temples en renom, en quête de plaisir et d'indulgences. Promenade de vacances à la fois récréative et méritoire. Prendre du bon temps tout en faisant son salut, n'est-ce pas le rêve? A voir défiler gaiement ces campagnards de blanc vêtus, tenant d'une main leur bâton de montagne, de l'autre l'éventail bariolé, je ne puis m'empêcher d'admirer, comme tant d'autres, l'agréable tour d'esprit de ce peuple. Nation heureuse, étrangère, croirait-on, à tout fanatisme, dont la pensée ailée ne s'attarde point à des abstractions; tolérante pour tous les cultes, hospitalière à tous les dieux et que ses croyances n'embarrassent guère.

La prière, c'est là une occupation qui tient peu de place dans l'emploi du temps du Japonais! Sa légèreté naturelle ne le prédispose point aux méditations longues. Il a inventé ce qu'on pourrait appeler l'oraison-express. Trois courbettes accompagnées d'un claquement de doigts pour appeler l'attention de la divinité, et notre homme passe à d'autres exercices. Il accomplit avec une exactitude scrupuleuse les pèlerinages annuels. Mais ce qui l'attire vers la jolie pagode si pittoresquement plantée au flanc du coteau, c'est beaucoup moins la sainteté du lieu que les distractions accessoires, la joie d'un déplacement, la compagnie nombreuse, les causeries dans les maisons de thé attenantes au temple, les longues veillées, les chants, la musique. L'acte de foi s'agrémente d'une partie de plaisir.

Il m'a été donné d'assister à plusieurs de ces assemblées d'où les préoccupations pieuses n'excluaient point la gaieté franche et les libres propos. Une, entre autres, m'est demeurée très présente à l'esprit. Non que la cérémonie fût imposante, le temple d'une magnificence rare. L'édifice ne rappelait en rien les merveilles de Nikko et de Nara. C'était à ces sanctuaires renommés, ce qu'est à la basilique Vaticane l'humble église de village. Toujours est-il que j'y entendis un prône d'une éloquence un peu familière mais fort édifiant pour des gens qui se plaisent aux moralités assaisonnées d'anecdotes et d'apologues ingénieux.

La réunion dont je veux parler avait lieu en pleine montagne, un soir, au hameau de Hakone, à mi-chemin entre Mishima et Odawara, sur le Tokaïdo, la chaussée impériale longue de 132 *ris* (515 kilomètres) qui relie Tokio à Kioto. La grande route, sur cette section de son parcours, cesse d'être praticable aux voitures; elle s'escarpe en un sentier pavé à la diable. Il faut abandonner la charrette à bras, la légère *kuruma* attelée de deux gaillards court vêtus, l'un tirant, l'autre poussant, pour l'étroite chaise à porteur, le *kago* de bambou, de la dimension d'une cage à poules.

Dans cet équipage j'arrivai devant la tchaya de Hakone à la nuit tombée. L'auberge est située un peu à l'écart, près du lac encadré de collines au-dessus desquelles pointait, scintillant au clair de lune, le cône neigeux du Fujiyama, accessoire obligé de tout paysage nipponais.

La journée, par exception, avait été fraîche; la bise cinglait. Mais le hameau semblait en fête; aux toitures, aux balcons, des files de lampions se balançaient dans le vent. A l'extrémité d'une avenue, le temple, à demi enfoui sous les futaies séculaires de cryptomerias et de pins, ses cloisons de papier closes, brillait comme un phare. Les fidèles des deux sexes s'y acheminaient à pas pressés, la pipette aux dents, les femmes leur dernier-né en croupe, la jeunesse éclairant la marche, chaque gamin porteur d'une lanterne suspendue au bout d'une gaule : tous jacassant comme autant de perruches, trottinant et se dandinant dans leur *guetas* (sandales de bois) qui claquaient sur le sol avec un bruit de castagnettes.

Après un dîner frugal et rapide, accompagné de mon boy, je rejoignis la congrégation, qui attendait le prédicateur en devisant de ses petites affaires.

Il y avait là une centaine de personnes assises sur les talons, fumant tranquillement leurs pipes autour des braseros où les bouilloires chantaient sur les cendres chaudes. Notre entrée ne causa aucun émoi : on nous fit place de fort bonne grâce. Mon serviteur indigène, élevé pour la circonstance aux fonctions de sténographe, s'installa commodément avec son écritoire et ses pinceaux, prêt à transcrire à mon intention les passages les plus remarquables du prêche. Au fond de la salle, sur une petite estrade réservée à l'orateur, une table recouverte d'un tapis de soie blanche, un plateau contenant les livres saints soigneusement roulés; à côté, un élégant brûle-parfum en bronze. Accroupi auprès de l'estrade, un prêtre subalterne, affublé d'énormes besicles, recevait et enregistrait les offrandes de menue monnaie que lui jetait, de temps à autre, l'un des assistants avec un léger sifflement avertisseur ponctué d'un profond salut, front contre terre.

Une demi-heure s'écoula ainsi dans le chuchotement des conversations et le bruit sec des fourneaux de pipes vidés sur la braise, tandis que, dans une pièce voisine, deux bonzes psalmodiaient d'une voix nasillarde une interminable invocation sur un rythme de plain-chant.

Enfin, le prêtre parut dans sa chape rouge et or, solennel, compassé, glissant sur les nattes plutôt qu'il ne marchait, le regard fixe, les muscles du visage tendus dans une expression de méditation extra-terrestre. Il monta sur son estrade, jeta dans le brûle-parfum quelques grains d'encens; puis, prenant le plateau aux livres sacrés, il l'éleva au-dessus de sa tête et demeura un instant, à demi incliné, dans une attitude respectueuse. Après quoi, brusquement, sa physionomie changea : l'extase hiératique se fondit en un bon sourire, nous n'eûmes plus devant nous qu'un petit prêtre tout rond et jovial; la mine épanouie. Il déroula l'un des volumes, joua de l'éventail pendant une minute, ingurgita, pour s'éclaircir la voix, trois ou quatre dés à coudre de thé bouillant que lui apportait l'homme aux besicles, et commença à lire, — le sermon n'était qu'une lecture, — à lire lentement, à petits coups, espaçant les phrases et ménageant les effets avec les inflexions de quelqu'un qui vous conte une bien bonne histoire.

L'homélie était empruntée au répertoire de Kiu-ô-Dova, illustre orateur appartenant à la secte de Shingakou, secte éclectique qui combine la quintessence des doctrines bouddhiques avec celles de Confucius et de la religion Shin-tô. Je n'essayerai pas de la reproduire, mot pour mot, d'après la traduction plus ou moins libre que m'a dictée mon scribe dans un anglais déplorable. (1) Elle n'avait rien de très original et ne différait pas sensiblement des exhortations prêchées à l'humanité souffrante par la morale de tous les peuples. C'était l'éternel appel à la patience et à la résignation, appuyé d'affirmations consolantes que n'eût point désavouées Sénèque, sur la possibilité de saisir le bon côté des choses, de rencontrer parfois le bonheur dans les conditions les plus humbles; une aimable invite à se contenter de son sort, à ne point s'appesantir trop sur ses misères, sous peine de laisser échapper inaperçues les joies si brèves de la vie. En définitive, le sage et politique discours fait pour un auditoire composé d'êtres qui peinent et, en dépit d'un labeur assidu, ont fort à faire de retirer de leur métier ou de la culture de leur petit domaine de quoi payer l'impôt, d'année en année plus lourd.

L'assemblée marquait, de temps à autre, son approbation par l'exclamation : *Namiyô!... Namiyô!* dérivée de je ne sais quel vocable sanscrit et qui, chez plusieurs sectes japonaises, a la valeur d'un *amen*.

Mais s'il est une vérité universellement reconnue c'est que, pour frapper les âmes simples, le précepte doit se résumer sous une forme concrète. Aussi l'instruction, tournant court, s'acheva-t-elle sur un ton de causerie familière et anecdotique. L'apologue final m'a paru charmant :

— Un jour (à ces mots il y eut dans l'assistance comme un frémissement d'attention; les enfants, la tête déjà pesante de sommeil, allongèrent le cou, les yeux luisants), un jour, poursuivit le lecteur, cinq ou six marchands d'Osaka, désireux de prendre un peu de bon temps, convinrent d'aller de compagnie respirer l'air des montagnes.

(1) Ce sermon et quelques autres, de Kiu-ô-Dova ou de ses émules, ont été reproduits *in extenso* dans le remarquable ouvrage de M. Mitford : *Tales of old Japan*.

C'était l'époque des soirées tièdes, des courtes nuits. Emportant force provisions de bouche et quelques flacons de vieux saki, ils gagnèrent une jolie tchaya, haut perchée à la lisière des bois en vue de la mer, près d'un temple habité par un prêtre de leurs amis.

Le soir venu, après qu'on eut longuement soupé, bu plus copieusement encore, admiré les danses savantes de deux jeunes *guechas* accompagnées du *chamisen* à trois cordes, musiciennes, bayadères et servantes furent congédiées. Les convives, allongés sur les nattes, attendirent, tout en causant, l'heure où se lève la lune, afin d'entendre le cerf bramer dans la forêt.

Cependant, tandis qu'ils jasaient, fumaient, sablaient le saki, les heures s'écoulaient. Le cerf ne bramait point. Les rayons de la lune, depuis longtemps levée, filtraient à travers les jalousies; les pipes étaient éteintes, les cruchons vides. Nos gens, devenus moins bavards, commencèrent à bâiller. L'un d'eux, rallumant sa pipe, déclara :

— Compagnons, il n'est si bonne fête qui ne finisse. Celle-ci, je pense, a assez duré. Le cerf décidément ne bramera pas ce soir : il est temps de rentrer au logis.

Les autres se récrièrent,

— Tu plaisantes! Il n'est pas tard. Rien ne nous presse.

Mais le camarade insistait. Il ne se souciait pas d'être absent de chez lui si longtemps, et pour cause. Il n'était venu qu'à son corps défendant. Le moyen d'être tranquille aussi! Qui laissait-il pour garder la maison et la boutique? Son fils, un écervelé, un vaurien qui sûrement devait avoir aussitôt décampé pour faire la fête...

— Ah! mes bons amis, soupira-t-il, quand je songe aux frasques de ce galopin, à ce qu'elles m'ont déjà coûté et me coûteront encore, le cœur me saigne. Ma vie n'est pas toujours gaie, allez!

— Et la mienne, s'exclama le voisin! Un garçon de vingt

ans qui s'émancipe et fait quelques dettes, voilà-t-il pas de quoi gémir! Que diriez-vous donc si vous étiez à ma place, s'il vous fallait vivre entre une mère et une femme qui passent leur temps à se quereller? C'est au point, vous le savez, que l'idée m'est venue plus d'une fois de rendre ma femme à sa famille. Mais j'ai deux enfants en bas âge. Si je prends parti pour ma femme, si j'insinue doucement à ma mère qu'elle ferait mieux peut-être de s'installer chez elle, alors elle vocifère que je suis un mauvais fils et qu'elle en mourra. Mon intérieur n'est pas tenable...

— Fredaines de jeune homme, querelles de femmes, misères que tout cela, interrompit le troisième. Il est des soucis plus graves pour nous autres marchands : j'en sais quelque chose. Maudite année! Les affaires languissent, les rentrées se font mal; il m'est dû, de côté et d'autre, plus de 10,000 *yens*! Au train dont vont les choses, c'est à peine si je pourrai recouvrer le quart de la somme. Que dis-je! le dixième. Tuez-vous donc à travailler!

D'autres encore élevèrent la voix, désabusés eux aussi, tristes à mourir. Chacun renchérissait sur les infortunes du voisin, attestait qu'à lui seul il avait souffert plus que tous les autres ensemble. Et ils allaient, ils allaient, très réveillés maintenant, prompts à la riposte, gesticulant, oubliant l'heure.

Et voici que, tout à coup, un courant d'air plus frais passant sous la porte les fit frissonner. Les carreaux de papier s'emplissaient d'une lueur de plus en plus vive. Un coq chanta. C'était le jour.

La discussion arrêtée net, le plus âgé des interlocuteurs conclut avec un sourire :

— Messieurs, je ne sais si le cerf nous a, cette nuit, régalés d'une sérénade. Mais vous m'avouerez qu'il nous eût été malaisé de l'entendre!

Ce disant, il fit glisser la porte dans les rainures. Et que pensez-vous qu'il y eût derrière la porte? Un cerf, un cerf de grande taille, campé sous la véranda. Dans le soleil qui de la mer sortait très rouge, il restait là, nullement effarouché, à considérer le groupe des amis étendus sur les nattes.

La surprise les mit debout d'un bond, un peu honteux et de méchante humeur. Le plus excité, montrant le poing à l'animal, toujours immobile sur le seuil, lui cria :

— Te moques-tu de nous, vilaine bête? Que faisais-tu là à ne point bramer?

Le cerf, d'un air innocent, répondit :

— Je vous écoutais vous plaindre.

Le prêtre, redevenu grave, roula le volume, le replaça dans son étui et se retira comme il était entré, d'une allure glissante de fantôme. Et la chambrée se dispersa, très gaie. A travers bois, avec des rires, des poursuites d'enfants, des culbutes, un fracas de sandales, la farandole des lanternes peintes redescendit vers le village.

III

Ce sermon anecdotique, ce prêtre bon enfant et ses ouailles sablant le thé dans le sanctuaire, ces manifestations d'un culte aimable attestant une divinité peu farouche me revenaient à la mémoire quelques jours plus tard, comme j'approchais des temples d'Isé.

Isé n'est pas le nom d'une ville, mais celui d'une province située à l'est-sud-est de Kioto, à environ deux cents kilomètres de l'ancienne capitale des Mikados, sur la côte occidentale du golfe d'Ovari. Les temples qui passent pour les plus célèbres de tous les sanctuaires affectés au culte

Shinto, sont à moins d'une demi-lieue de la petite ville de Yamada, au pied des collines, cachés parmi les futaies, au milieu des cryptomerias plusieurs fois centenaires, dans une pénombre propice à l'accomplissement des rites mystérieux, dont le silence n'est troublé que par les pas des fidèles, les chants voilés des prêtres et des prêtresses, le murmures des sources sacrées suintant goutte à goutte entre les mousses.

Il n'est pas inutile de rappeler, par parenthèse, que le culte Shinto (terme chinois qui signifie « chemin des dieux ») est à l'heure actuelle une religion d'État, la religion nationale par opposition au Bouddhisme importé jadis de l'Inde en passant par la Chine et par la Corée, déconsidéré désormais, devenu suspect en raison même de son origine étrangère. Toutefois, ce n'est, en fait, en dépit de son caractère officiel, qu'un assemblage d'éléments très divers, une salade japonaise où se mêlent, en proportions égales, le culte de la nature et le culte des ancêtres. Le Shinto a d'innombrables légions de dieux et de déesses. De ces dernières, la toute-puissante, la plus révérée est Ama-terasu à qui sont dédiés les temples d'Isé ; Ama-terasu la déesse du soleil, l'aïeule directe des Mikados venus du ciel, qui gouvernent ce pays privilégié depuis le commencement des âges.

Il y a seulement deux ou trois ans le voyage de Kioto à Isé était une entreprise de longue haleine, exigeant plusieurs jours. C'est maintenant l'affaire de huit à dix heures en chemin de fer, par un embranchement qui se détache de la grande ligne du Tokkaido, à la station de Kosatsu. Quoi qu'il en soit, aujourd'hui comme hier, les touristes ne poussent point jusqu'à Isé. C'est si loin ! Il faut changer de voiture. Et puis, tout le monde vous le dira, il n'y a rien à voir.

J'y ai appris pourtant beaucoup de choses. Je ne parlerai pas des temples. La structure en est d'une simplicité presque désolante : des hangars en bois blanc, sans ornementation aucune. Point de panneaux, point de frises curieusement ajourées, pas une peinture; ni bronzes ni cuivres. Les édifices, qui plus est, sont entourés d'une haute palissade, interdits à tous, si ce n'est aux membres de la famille impériale. Les autres visiteurs, quel que soit leur rang, ne doivent pas dépasser l'avant-cour. Il est vrai qu'ils peuvent de loin jeter un coup d'œil sur la seconde enceinte au centre de laquelle s'élève le Saint des Saints, le tabernacle où l'on conserve, enveloppé dans plusieurs pièces de soie blanche, le Miroir, emblème de la déesse. La porte de l'enceinte interdite est en effet grande ouverte. Aucune barrière, aucune grille : rien autre chose qu'un grand rideau de tissu transparent. Libre à vous de regarder tout à votre aise à travers ce lambeau de cotonnade, mais ne vous avisez point de l'effleurer du bout du doigt ou, pis encore, de l'écarter, sans penser à mal, avec le bout de votre canne. Cela pourrait vous coûter cher!

Vers l'automne de 1888, le vicomte Mori, l'un des hommes d'Etat les plus éminents du Japon, alors ministre de l'instruction publique, visitait les temples d'Isé. Dans une minute d'impatience ou de distraction, afin de se rendre mieux compte de la disposition de la cour intérieure, il souleva doucement le rideau bleu avec sa badine et le laissa retomber presque aussitôt. Ce fut tout. Le geste, sur le moment, passa inaperçu ou du moins ne provoqua de la part des assistants aucune protestation indignée. Parmi les bonzes et les pèlerins, personne ne souffla mot. Quelques mois plus tard, le 11 février 1889, comme le comte Mori, en tenue de cour, sortait de chez lui pour aller assister à la promulgation solennelle de la Constitution, un fanatique shinto s'élançait sur lui et le tuait d'un coup de poignard au cœur. L'assassin, un certain Nishino Buntaro, fut massacré sur place par les gardes du ministre. Mais au moment d'expirer, il eut encore la force de revendiquer bien haut, et pour lui seul l'honneur du crime. Le comte Mori avait tel et tel jour, sur le seuil du temple d'Isé, touché le voile sacré et manqué de respect à Ama-terasu. Lui, Nishino Buntaro, venait de venger la déesse. Chose étrange et qui montre à quel point, sous le vernis des institutions modernisées, les anciennes superstitions sont demeurées vivaces, les sympathies populaires allèrent non point à la victime, mais au meurtrier. Des foules se rendirent en pèlerinage à sa tombe dans le cimetière de Yanaka, à Tokio, portant des guirlandes de fleurs et des baguettes d'encens. Des poètes célébrèrent sa mémoire en strophes enflammées. Des âmes pieuses allèrent jusqu'à prétendre — et peut-être en est-il ajourd'hui encore qui raisonnent de même, que l'on pouvait, par son intermédiaire, tout obtenir des dieux.

Il n'est pas mauvais de rappeler, de temps à autre, ces sortes d'histoires, non point que nous ayons la naïveté de vouloir rendre toute une nation responsable de l'acte d'un seul, mais parce que de tels actes prouvent clair comme le jour qu'il n'y a point ici que des religions aimables, des bonzes réjouis, des temples où l'on s'amuse, moitié sanctuaires, moitié guinguettes. Le Japon, lui aussi, a ses illuminés et, ce qui est plus grave, ces fous furieux rencontrent des panégyristes, s'imposent à l'admiration avouée ou discrète des masses. On n'a jamais flétri très haut la tentative d'assassinat dirigée naguère contre le Césarevitch, non plus que le coup de pistolet tiré sur Li Hung Chang — coup de pistolet providentiel, soit dit en passant, et qui a singulièrement facilité la tâche ingrate de l'ancien vice-roi. Il s'agissait cependant d'attentats particulièrement odieux, la première fois contre un hôte, en dernier lieu contre un vieillard que devait rendre inviolable sa situation de vaincu et de parlementaire. Néanmoins, il est à remarquer qu'en déplorant ces faits les commentaires du public et de la presse locale insistaient surtout sur les conséquences fâcheuses, les complications, les mécomptes qui pouvaient en résulter pour le Japon. La remarque en a déjà été faite, mais on ne saurait trop y insister. Car ce sont là traits de caractère de nature à infirmer les jugements qu'une admiration très justifiée d'ailleurs de l'art et du bibelot japonais a fait porter un peu à la légère sur cette nation séduisante mais exaltée.

Si je n'ai pu pénétrer dans les temples, j'ai vu les fidèles. C'était le moment des pèlerinages; la récolte faite, les paysans s'empressaient de profiter de la période de répit dont ils pouvaient disposer jusqu'aux travaux d'automne, pour venir implorer la bonne déesse. Ils arrivaient tout de blanc vêtus, le long bâton à la main, des provinces les plus lointaines. Pour la plupart, évidemment, ce voyage était à la fois une action méritoire et une partie de plaisir. Le soir venu, Yamada serait en fête, les tchayas auraient nombreuse clientèle, les mousmés peintes bien des admirateurs : les guéchas, au sons des chamisens, exécuteraient leurs danses les plus capiteuses devant des spectateurs enthousiasmés. Mais, à cette heure, nul ne songeait aux bagatelles. Cette foule blanche avançait à pas lents, comme vers l'accomplissement d'un acte grave. Les pèlerins faisaient queue devant les échoppes où de jeunes prêtres leur remettaient, moyennant finances, quelques souvenirs, des amulettes, notamment des faisceaux de bûchailles provenant des anciens édifices démolis il y a cinq ans. La coutume veut, en effet, que les deux grands temples et leurs dépendances soient rasés tous les vingt ans et reconstruits avec des matériaux entièrement neufs.

Leurs achats faits, les groupes se dispersaient : les uns effectuaient plusieurs fois le tour de l'enceinte en marmottant des prières; d'autres allaient, à l'ombre des grands arbres, faire leurs ablutions à la source sacrée. Les plus fortunés s'offraient, dans les chapelles extérieures réservées à cet usage, le luxe d'un service spécial. Le prix de la cérémonie varie de 5 à 20 dollars. C'est plus cher qu'une messe, mais c'est aussi long. J'ai fait comme tant d'autres, je me suis payé mon petit sacrifice et n'ai pas regretté la séance. Durant près d'une demi-heure, des prêtres, drapés de soie blanche et coiffés d'une sorte de mitre, ont psalmodié des litanies. Après quoi, des fillettes, les cheveux dénoués, avec d'amples pantalons de satin rouge dont les extrémités traînaient à terre loin derrière elles, ce qui les faisait paraître marcher sur les genoux, se sont avancées apportant des offrandes, des pains de riz, du miel et autres friandises qu'elles déposèrent au fond de la salle sur un petit autel. Et les chants de recommencer de plus belle, les guitares de grincer, tandis que les jeunes officiantes, des tiges fleuries dans les mains, glissaient sans bruit sur le parquet ciré, ballaient, viraient avec des mouvements lents, non sans grâce. Très décoratif, tout cela, mais fort sérieux. J'avais dû prendre place derrière une barrière de bois, m'asseoir dans l'attitude rituelle, sur les talons, et le bonze, en m'installant, m'avait expliqué par gestes que j'eusse à conserver jusqu'à la fin l'immobilité la plus complète. Les psaumes expédiés, la sainte chorégraphie terminée, on m'apporta sur de petites tables les mets bénits et des baguettes, plus une liasse de papiers roulés sur un bâtonnet et contenant des prières : je ferai bien, paraît-il, de les porter toujours sur moi, attendu que, de la sorte, elles ne manqueront pas d'assurer ma félicité dans ce monde et dans l'autre. J'ai gardé les paperasses, laissé, sans y toucher, la collation de riz au safran, et je suis parti. La petite fête avait duré une heure un quart. Je suis sorti de là fort courbaturé, mais désormais convaincu que la prière exprimée par une révérence et un claquement de doigts, l'oraison-express, en un mot, n'était point l'alpha et l'oméga du rituel japonais.

Je les ai revus, les blancs pèlerins, un peu partout cet été; dans les défilés du Nakasendo, plus tard, près du grand temple de Zenkôdji, dans la préfecture de Nazano, le plus important des sanctuaires bouddhiques du Japon, dans lequel on conserve précieusement un groupe représentant Amida avec ses disciples et sculpté, suivant la légende, de la main même de Çakya-Mouni. Il y a quelques jours, le 10 septembre, je les revoyais, sur les pentes du Fujsi-Yama. C'était la dernière semaine des pèlerinages; avant peu la Montagne-Sainte serait inaccessible, enseve-lie sous les neiges, voilée de brumes glacées. Sur la cime, en plein midi, la température était déjà très fraîche, 7 degrés au-dessous de zéro. Les bonzes s'apprêtaient à quitter les cahutes en pierres sèches où ils campent trois mois de l'année. Aussi les dévots étaient-ils plus nombreux que jamais; leurs interminables théories se déroulaient en zigzags autour de l'énorme cône, serpentaient entre les blocs de lave, les roches calcinées, les coulées de cendres chaudes. Je dois même à ces bonnes gens de n'avoir point couché à la belle étoile. Nous avions quitté la veille au soir, vers dix heures, le village de Gotemba, marché toute la nuit sans autre repos que de courtes haltes dans les refuges étagés de distance en distance.

Un peu avant midi nous atteignions la cime. Après un déjeuner sommaire, une courte visite aux chapelles improvisées autour du cratère, nous commencions la descente par une autre route, dans la direction de Subashiri. Au crépuscule, nous rentrions dans la région des forêts. Bientôt l'ombre devint tellement épaisse, le fourré tellement inextricable que mes guides avaient grand'peine à s'y reconnaître. A la fin, de guerre lasse, ils s'arrêtèrent, déclarant qu'ils avaient perdu le sentier; les bois, ajoutaient-ils, recélaient des marécages dangereux; le mieux était de prendre notre mal en patience et d'attendre le jour. Et nous attendîmes, immobiles dans ces ténèbres, transis de froid, tombant de sommeil, après une marche de dix-neuf heures. Tout à coup il nous sembla entendre, venant de très loin, des voix qui chantaient, un bruit de clochettes. Et voici qu'à travers les branches, à cent mètres de nous, des lumières apparurent, sautillantes comme des feux-follets. Une caravane de pèlerins regagnait la vallée. Nous hélâmes; la troupe fit halte, tandis que des gens de bonne volonté s'aventuraient dans le taillis, brandissant haut leurs lanternes rondes en papier huilé, pour nous indiquer le chemin.

Quelques minutes plus tard, nous arrivions à la lisière de la forêt. La bande se remettait en route : plus de cent individus avançant en file indienne, au son de clochettes en cuivre accrochées à leurs bâtons, à leurs vêtements, autour des vastes chapeaux de jonc tressé pendant sur leurs épaules. Et nous suivîmes, dans la nuit bleue, le sillon lumineux tracé parmi les buissons et les prairies par les pieux voyageurs qui, leur fanal à la main, leur petit bagage roulé dans une natte, leurs paquets d'amulettes serrés dans le kimono, contre la poitrine, descendaient en chantant vers Subashiri.

IV

Dans la plupart des entretiens ou des écrits relatifs au Japon, une question surtout a donné lieu à bien des méprises. Il s'agit des sentiments que le Japonais éprouve à l'égard des étrangers et, plus spécialement, des Européens. De ce que ce peuple, au lendemain de la révolution de 1868 qui mit fin au régime féodal, s'est hâté d'emprunter à l'Europe ses méthodes et ses maîtres, le matériel de ses industries et son matériel de guerre, il ne s'ensuit nullement que cet élan vers la civilisation occidentale implique une sympathie réelle pour les hommes d'occident. Il ne faut jamais perdre de vue que la révolution de laquelle est issu le Japon actuel s'est accomplie au cri de : « Dehors les étrangers ! » Ce que le Japon désirait de nous, en définitive, c'étaient des armes pour défendre son indépendance contre nos empiétements possibles ; s'épargner cette mise en tutelle plus ou moins déguisée à laquelle, en fait, avaient dû se résigner la plupart des nationalités asiatiques. A ceux qui seraient tentés de l'oublier il suffira de rappeler l'attitude très nette adoptée depuis quelques années par le gouvernement Mikadonal dans ses relations avec les puissances étrangères, notamment lors de la fameuse revision des traités. A propos de cette mesure poursuivie avec une ténacité et une habileté remarquables par les hommes d'État japonais, on a souvent fait observer que, tandis que les Européens renonçaient avec plus ou moins de bonne grâce, dans ces nouveaux arrangements, à leurs anciennes garanties, aux privilèges de la juridiction consulaire, le Japon en échange se bornait à leur accorder le minimum de concessions possible. C'est ainsi que, tout en ayant désormais le droit de circuler et de commercer librement dans le pays, ils ne pourraient, en revanche, s'y établir, sinon à titre temporaire, sans avoir le droit d'acquérir en toute propriété la moindre parcelle du sol. A ces critiques des japonisants convaincus ont répliqué qu'il ne pouvait en être autrement, et cela pour d'excellents motifs. Le Japon possède une population très dense qui s'accroît chaque année dans des proportions considérables. Déjà même, elle commence à se trouver à l'étroit, à tel point qu'elle émigre un peu partout, dans l'archipel d'Hawaï, au Mexique, dans l'Amérique du Sud. La situation n'est certes pas bien grave. Elle pourrait le devenir du jour où les étrangers auraient le droit de s'implanter dans un pays à peine assez vaste pour contenir et nourrir ses nationaux. Alors, le mouvement d'émigration, insignifiant jusqu'ici, s'accentuerait; les Japonais n'auraient bientôt plus qu'à s'expatrier en masse.

Cette explication, à mon sens, n'est point la bonne. La place ne manque pas au Japon. Il s'en faut de beaucoup que l'indigène ait peuplé ou mis en valeur tout son territoire. J'en ai eu la preuve récemment, au cours d'un voyage de plusieurs semaines, dans le nord de l'empire. Un délicieux voyage, et singulièrement instructif. J'avais pour compagnon de route un de mes amis d'enfance; installé ici depuis de longues années, parlant merveilleusement la langue, très épris d'art japonais et qui, par un privilège assez rare, n'a point, comme tant d'autres Européens établis à demeure en Extrême-Orient, subi l'influence du milieu, a conservé la vue très nette, le jugement sûr, et sait apprécier en toute impartialité le pays et les êtres. Impossible de rêver cicerone plus éclairé et plus aimable. Donc nous avons, de compagnie, traversé Fukushima, Sendaï, l'ancienne résidence de Date-Mutsu-No-Kami, le plus puissant des daïmios qui, dès le dix-septième siècle, entrait en relations directes avec l'Europe, envoyait à Rome des ambassadeurs et qui repose aujourd'hui à l'ombre des vieux cèdres, sur une colline séparée de la ville par les eaux limpides de l'Hirosé-Gawa. Nous avons vu Matsushima, sa baie immense aux mille îles verdoyantes, Matsushima si souvent évoqué dans les peintures et les estampes, célébré à l'envi, — trop célébré peut-être par les poètes.

Au delà de Sendaï, brusquement, ce fut le désert, ou peu s'en faut. Sur un parcours de 240 milles (près de cent lieues), deux ou trois villes seulement dignes de ce nom : Shinoseki, Murioka, Fukuoka; puis des villages très espacés, dont l'aspect plutôt misérable contrastait étrangement avec l'air de prospérité des agglomérations situées plus au sud. Les neuf dixièmes des terres sont en friche. La contrée cependant est de toute beauté : coteaux boisés, vastes plateaux herbeux qui attendent encore les troupeaux, ruisseaux clairs tombant en cascades qui ne font mouvoir aucun moulin. Pendant treize heures, de Sendaï à Aomori, se déroulent sous nos yeux des paysages qui font penser tour à tour à la plantureuse verdure des campagnes normandes et aux riantes vallées du pays de Galles. Toute cette partie nord de l'île de Nippon, si peu peuplée, pourrait recevoir des millions d'habitants.

Passons le détroit de Tsugaru. A Yezo, la population est plus clairsemée encore. Deux véritables villes, pas plus : Hakodate et Otaru, qui doivent surtout leur développement à la grande pêche et au voisinage des mines de houille. Le nord et le centre de l'île sont aussi peu connus que l'intérieur de Bornéo. Le gouvernement a tenté l'impossible pour attirer ici des cultivateurs. Des compagnies de colonisation ont été fondées sous le patronage de l'État, un chemin de fer a été construit de Mororan à Otaru, une capitale créée dans un site admirable, sur un plan presque aussi vaste et régulier que celui de Washington. Rien n'y a fait. Les mines seules sont exploitées. Le train, pendant des heures, roule au milieu de la forêt primitive. Sapporo, la capitale, est bien morne; on y rencontre surtout des terrains vagues. Ses majestueuses avenues sont envahies par l'herbe folle.

Non certes, l'espace ne fait pas défaut aux Japonais. Mais ces contrées du nord ne leur agréent point. Le climat, qui n'est guère plus dur que le nôtre, leur paraît trop rude. Leurs ancêtres sont venus des archipels ensoleillés. Cette descendance de Malais est attirée vers sa première patrie, retourne irrésistiblement à ses origines. Elle n'a pu prospérer ni dans la partie septentrionale du Nippon, ni à Yeso. Elle s'implantera certainement à Formose et saura, coûte que coûte, tirer bon parti de sa conquête. Mais il ne lui plaît pas que d'autres viennent mettre en valeur les portions de son territoire qu'elle délaisse. Et de cela l'on ne saurait lui faire un reproche. Une nation a bien le droit de vouloir rester maîtresse chez elle et de se défendre contre l'intrusion des foules cosmopolites.

A coup sûr, leur courtoisie parfaite les empêche d'afficher trop ouvertement ces méfiances. Mais entre eux, dans leurs écrits, à l'abri de leurs hiéroglyphes que seuls chez nous de rares initiés peuvent lire, pareille retenue n'est plus de rigueur. Témoins les articles libellés chaque jour par leurs publicistes, les ouvrages d'actualité mis en vente chez les libraires de Tokio. A citer entre autres un petit volume dont un ami a bien voulu me traduire quelques pages. L'auteur est un homme politique de haute valeur, un député, M. Oischi. Il faut voir comment, au lendemain de la guerre, après ce qu'il appelle « notre querelle », « notre malentendu » avec la Chine, il prêche la réconciliation, l'alliance intime, l'union nécessaire des Jaunes contre les Occidentaux redoutés. Le pamphlet peut se résumer en une phrase, et je m'étonne que M. Oischi ne l'ait pas prise pour épigraphe : « L'Européen, voilà l'ennemi! »

Les journaux font chorus. Il ne se passe guère de semaine sans que l'un d'eux insiste, dans sa chronique, sur la haute mission du Japon. Cette mission consisterait en substance à procéder lentement mais sûrement à l'éducation de l'Extrême-Orient, et, dans ce but, à en expulser l'élément le plus dissolvant, — l'étranger. A les en croire, les Japonais, qui tiennent Formose, devraient quelque jour intervenir aux Philippines, étendre leur action vers la péninsule indo-chinoise. Jusqu'où n'iraient-ils pas, ces Japonais, pourvu qu'on les laissât faire?

La vérité est que ces Asiatiques ont horreur de l'Européen. Et pourquoi donc, je vous prie, l'aimeraient-ils? Parce qu'ils lui ont emprunté des codes, acheté des cuirassés et des canons? Ce ne sont point là affaires de sentiments, mais simplement relations entre clients et fournisseurs et qui, de peuple à peuple, ne suffisent pas à créer une dette de reconnaissance éternelle, à effacer les préjugés de race et de couleur. Dans l'ordre intellectuel, un abîme plus profond que les océans nous sépare. Ils ont pu s'approprier notre outillage, non notre âme.

Et cependant, en dépit de tout, malgré leurs emballements, leurs infatuations, leurs rêves d'omnipotence et leurs espoirs chimériques, en raison même de tout cela peut-être, de ces qualités et de ces défauts d'une race à la fois artiste et guerrière, ils sont charmants. Leur pays reste toujours une des séductions de la terre, le sourire de l'Asie. Et c'est encore à lui que je songe, non sans regret, tandis que le paquebot jette l'ancre au fond du golfe de Petchili, à l'heure même où, sur la mer couleur de rouille, la côte de Chine au loin s'estompe, basse et grise.

PREMIÈRE PARTIE

LA CHINE DU NORD

CHAPITRE PREMIER

SUR LA ROUTE DE PÉKING — LA CAPITALE A VOL D'OISEAU.

I

Tien-Tsin : une ville murée, des maisons basses, des rues étranglées, tortueuses, sales, mais d'une ordure et d'une puanteur plus discrètes que ne l'est d'ordinaire la voirie dans la plupart des cités du Céleste-Empire ; dans ces rues, dans ces carrefours, une formidable rumeur de gens et de bêtes, un grondement de torrent gonflé battant ses berges, des courants de foudre et des remous, les trépidations et les cris d'une cité marchande de 800,000 âmes. Tout à côté, les concessions, une ville européenne, une jolie ville de province, un chef-lieu de département quelconque avec des boulevards plantés d'arbres, de larges avenues se coupant à angle droit, un quai très encombré de marchandises où, parmi les steamers amarrés dégorgeant leur cargaison, les lourds chalands, les remorqueurs maculés de rouille et de fumée, se profile de loin en loin la silhouette blanche, le fin gréement d'un bateau de guerre.

Baignant les deux cités, le Peï-Ho se traîne, piètre fleuve, digne de ce nom seulement à l'heure de la marée haute, le reste du temps ornière boueuse où l'on ne s'explique pas qu'il soit possible de faire évoluer un bateau. Les bâtiments de mer y pénètrent cependant plusieurs fois par semaine, durant la belle saison, mais ce n'est pas sans peine. Après avoir franchi la barre, passé devant les forts de Ta-Kou, le navire emploie parfois une journée entière, sinon un jour et demi, pour atteindre Tien-Tsin, éloigné seulement de 50 milles, tant sont fréquents les échouages. Aussi, le navire à peine mouillé sur rade, me hâtai-je de gagner la terre dans la chaloupe de la douane et de prendre le train à Ta-Kou. Après un trajet d'une heure un quart à travers une plaine vaguement cultivée, où les champs spongieux alternent avec de vastes étendues bossuées de tertres funéraires, les maisonnettes avec les rangées de cercueils posés à même le terrain, je descendais de wagon à quelque cents mètres de la capitale du Chi-li.

Ce chemin de fer, le seul qui soit en Chine, constitue le plus beau titre de gloire de l'ancien vice-roi Li Hung Chang. Ses autres expériences avaient été moins heureuses. Les flottes flottaient peu ou mal : les canons chèrement acquis ne partaient pas, beaucoup de projectiles entassés dans les casemates étant chargés avec du sable, un certain nombre même n'ayant de l'obus que la forme, simplement façonnés en terre cuite et recouverts d'une couche de peinture imitant la teinte du métal. Les machines, en revanche, sont de véritables locomotives, les rails sont d'acier. La ligne, longue de 150 milles, au delà de Ta-Kou, suit le littoral et aboutit à Shan-Haï-Kouan, traversant, entre ces deux points, un important bassin houiller. Elle doit être continuée dans la direction de la Mandchourie, vers Moukden. La guerre et ses désastres n'ont point permis de donner suite à ces projets. Quant à la section de Tien-Tsin à Péking qui ne présente pas la moindre difficulté matérielle et pourrait être construite en cinq ou six mois, il paraît que l'on s'en occupe en haut lieu. L'empereur aurait même déjà signé l'édit relatif à l'établissement de de la ligne. Seulement, par un dernier scrupule qui n'est pas fait pour nous surprendre, de la part d'esprits aussi timorés, il avait tout d'abord été décidé que la gare terminus serait, non pas Péking, mais Lou-Kou-Tchao, village situé à 18 kilomètres de la capitale. Admettre le chemin de fer à Péking, comme cela, tout de suite, alors que l'on a fait tant de manières pour y laisser pénétrer le fil télégraphique, vous n'y pensez pas! Il faut prendre son temps et mûrement réfléchir, avant de se lancer dans une aussi grande aventure. Quoi qu'il en soit, en supposant que l'on puisse, avant peu, atteindre la capitale chinoise par la voie de fer, la gare sera sûrement reléguée extra muros, loin des palais de la Ville interdite, de la Ville Jaune, où le Fils du Ciel rêve, inaccessible aux bruits de la terre (1). Qui sait même si, malgré les avantages incontestables d'une locomotion plus rapide et moins hasardeuse, le voyage n'aura point perdu de son intérêt? Pour atteindre une ville dont le nom seul symbolise les tendances d'une civilisation rétrograde, vouée au culte du passé, il ne me déplaît point d'employer les véhicules du vieux temps.

Péking telle est la préoccupation dominante, le premier mot qui vient aux lèvres du voyageur en débarquant à Tien-Tsin. Comment y va-t-on? Quand partira-t-on?

(1) Cette section Tien-Tsin à Péking à été ouverte en octobre 1897.

Combien durera le voyage? L'hôtelier vous répondra incontinent que les modes de transport sont multiples, sinon très confortables. On n'a que l'embarras du choix. Si vous n'êtes point las de voguer, il n'y a qu'à prendre un *house boat* et à vous faire haler à la cordelle, vous et vos bagages, à travers les méandres du Peï-Ho jusqu'à Tung-Cho. C'est l'affaire de deux ou trois jours, suivant les caprices des bateliers, la direction du vent, la fréquence et la durée des échouages. De Tung-Cho à Péking il n'y a plus que quatre ou cinq lieues, c'est-à-dire, par le canal ou en charrette, une demi-journée; à cheval deux heures et demie.

Préférez-vous la voie de terre? En ce cas, vous en avez pour trente et quelques heures de roulage, dans la guimbarde à deux roues et dont la caisse, posée directement sur l'essieu, est recouverte de toiles qui abritent du soleil, ne laissent pas arriver l'air, mais laissent libre accès aux parfums et à la poussière; trente heures d'un supplice spécial rappelant les horreurs de ces cages de fer où le patient ne pouvait demeurer ni debout ni couché de son long, ni même assis, mais était contraint d'adopter une position bizarre et serpentine. Ajoutez que, par un raffinement de torture, la cage est ici incessamment agitée, secouée, ballottée en tous sens comme une bouée sur la mer en furie. Le moins qu'il puisse vous échoir, c'est quelque plaie contuse, une bosse au front, un poignet foulé; bienheureux si l'on vous en extrait sans que vous vous soyez fendu le crâne contre les parois du véhicule. A ces périls nullement imaginaires, ni vous ni moi n'hésiterons à préférer vingt-quatre heures de chevauchée.

Les dispositions sont vite prises, le marché conclu avec un *mafou* (palefrenier); les petits poneys mongols, à tous crins, ardents, rageurs, piaffent sous mes fenêtres Le chariot aux bagages, expédié sur le coup de minuit,

SUR LA ROUTE DE PÉKING.

COUR D'AUBERGE DANS LA CHINE DU NORD.

est déjà loin : avant une heure il fera jour. En route!

La route! Elle n'existe pas ou, pour mieux dire, elle est partout. Une fois sorti de la ville, ce qui est moins aisé à faire qu'à dire, étant donnés les encombrements des ruelles, même à cette heure matinale, les ponts flottants à franchir dans l'ombre, ponts de barques pourries, passerelles de madriers assujetties à la diable, nous suivons au galop pendant une petite lieue une façon de levée qui a la prétention de protéger la campagne riveraine contre l'inondation, mais qui ne protège quoi que ce soit. La digue est rompue, crevée en maint endroit depuis un temps immémorial, si l'on en juge par les flaques d'eau qui luisent çà et là sous le clair de lune, marécages qui se transforment en lacs immenses à marée haute.

Bientôt toutes traces de terrassement ont disparu. La route s'étale à travers la plaine, en pistes capricieuses qui, elles-mêmes, se subdivisent à l'infini, se croisent, s'emmêlent au point de figurer un vaste champ labouré et relabouré dans tous les sens par un agriculteur fantaisiste. De-ci de-là, dans ces sillons, des voitures, pesamment chargées, avancent péniblement, le conducteur, assis sur le brancard, jambes pendantes, excitant ses mules de la voix et du fouet, un mince fouet de bambou aussi long qu'une canne à pêche; puis, un peu partout, dispersés en tirailleurs, des cavaliers, des bourgeois bedonnants, l'ombrelle déployée, trottinant à dos de bourrique, des femmes à petits pieds, la face enluminée de carmin, vêtues d'étoffes voyantes, trimballant leur progéniture, un marmot sur les bras, l'autre cramponné au pommeau de la selle, tandis qu'un domestique, houssine au poing, suit à grandes enjambées. Au loin, dans les replis du Peï-Ho, des barques s'attardent, dont on ne distingue par dessus les berges que la mâture, les grands voiles de nattes dorées par le soleil levant. Et c'est, à distance, un singulier spectacle, ce mouvement de batellerie sur un fleuve invisible, ces flottilles éparses qui semblent glisser, on ne sait par quel miracle, sur la terre ferme.

Arrivé à la nuit close à Yo-shi-Wo, grosse bourgade, remplie de soldats. Ces troupes avaient été cantonnées là, il y a quelques mois, derrière des retranchements élevés en toute hâte, dans la prévision d'un *raid* des Japonais sur Péking. On les y a oubliées et elles y vivent du mieux qu'elles peuvent, les officiers ayant vendu leurs montures, les soldats échangé contre quelques piastres leurs fusils et leurs munitions. Une élite cependant a conservé ses armes et en use. Des coups de feu partent de tous côtés dans la nuit. Rien d'une alerte ou d'une petite guerre, simplement une façon à eux qu'ont les factionnaires Célestes de crier très haut : « Je ne dors pas, je fais bonne garde! » Avertissement qui, en campagne, aux avant-postes, ne doit pas tomber dans l'oreille d'un sourd et ne peut manquer d'être fort utile à l'adversaire.

Mon boy et le chariot aux bagages étaient arrivés à l'étape depuis une heure. La chambre était prête, le couvert mis. L'hôtellerie était une manière de caravansérail : deux rangées de cellules donnant sur une cour où les bêtes errent en liberté au milieu des tas de harnachements et des voitures abandonnées, brancards en l'air. Le gîte est moins mauvais que je ne l'aurais cru. La pièce est divisée en deux par une cloison : le premier compartiment contient une petite table et deux escabelles, le second est une sorte d'alcôve presqu'entièrement occupée par un lit de camp en briques recouvert d'une natte et qui, par les grands froids se transforme en poêle. Une ouverture est ménagée au ras du sol pour introduire le combustible. Quant à la fumée, elle sort par où elle peut; un architecte chinois ne s'inquiète pas de ces détails. Ici, comme au Japon, les vitriers ne feraient pas fortune; les fenêtres sont en papier. Lorsqu'on a, en quelques minutes, remplacé les carreaux béants, donné un coup de balai, battu les nattes, installé la literie de voyage, la place devient présentable et l'on doit dormir d'un sommeil sans rêves, surtout après une trotte de quatre-vingts kilomètres sur le dos d'un poney mongol.

Hélas! je venais à peine de me faufiler sous les couvertures, quand le boy me rappelait que la charrette devrait partir de très bon matin afin d'arriver à Péking avant la fermeture des portes. Renseignements pris, « de bon matin » voulait dire entre minuit et une heure. A minuit donc, j'étais sur pied et voyais, non sans déplaisir, mon lit s'en aller en avant avec les malles, dans la nuit noire. Trois ou quatre heures à attendre, couché sur la dure, le moment de se remettre en selle, heures d'insomnie plutôt fraîche et de réflexions maussades sur les imperfections des moyens de transport dans le Céleste-Empire.

Une longue journée encore de petit trot dans la poussière, au milieu des terrains défoncés. Et toujours le même horizon, la même plaine indéfiniment déroulée, les mêmes villages aux maisons de terre battue rappelant les cases soudaniennes. De loin en loin, une halte brève, au bord d'une mare pour rafraîchir les chevaux, ou dans une auberge isolée, le temps d'avaler une tasse de thé saupoudré de mouches. Puis de nouveau en route, trotte-menu.

Les heures passent, le soleil est déjà très bas ; rien ne fait prévoir l'arrivée prochaine, lorsqu'enfin, dans l'ouest, des montagnes se lèvent que, de prime abord, on prendrait pour ces nuées d'un gris de perle précédant parfois la tombée du jour, mais qui, peu à peu, se précisent en arêtes vives, en durs reliefs sur le bleu velouté du ciel : ce que l'on nomme communément ici, je ne sais trop pourquoi, les Collines — des collines hautes de 1,200 à 1,600 mètres — les cimes abruptes au delà desquelles s'étend la plaine des Herbes, le vaste plateau de Mongolie. Alors mon mafou, jusque-là silencieux, piquait des deux pour me rejoindre et le bras étendu, la face illuminée d'un sourire, me jetait ce mot si longtemps attendu, ce mot magique :

— Péking !

Au débouché d'un chemin creux, une haute muraille crénelée, un fossé à demi comblé qu'enjambe un pont de pierre en ruines, les dalles branlantes ; une voûte à plein cintre d'où se précipite et où s'engouffre une foule guenilleuse et hurlante.

La porte franchie, c'est à peine si je parviens à me diriger à travers le nuage de poussière opaque uniformément épandu, où les êtres et les objets apparaissent à l'état de masse indéterminée, changeante, multiforme, comme des images de rêve. Où j'ai cru distinguer une rangée de maisons basses, une échoppe, un pan de mur, je vois se mouvoir tout à coup des silhouettes étranges, toute une caravane, vingt ou trente chameaux cheminant à la file avec des ballots de laine apportés des plaines mongoles, des sacs de houille amenés des collines, d'autres qui repartent avec un chargement de thé pour la fontière sibérienne. Par instants, la poussière soulevée par leurs piétinements est si épaisse qu'on n'aperçoit plus que les longs cous, les grotesques petites têtes dodelinant en cadence, l'air dédaigneux et grognon. Nous avançons lentement, traversons des marchés, des ventes à l'encan, d'où montent des rumeurs de bataille. C'est la ville chinoise, la ville des marchands. Pendant près d'une heure nous défilons dans ses avenues et ses carrefours, dans un dédale de rues et de ruelles, parmi les écroulements, les vétustés, les fondrières et les cloaques. Puis, brusquement, un autre fossé, une deuxième enceinte, une porte de dimensions colossales que surmonte une tour carrée à six étages. Et, du coup, on oublie les fatigues de la route, les deux longues journées passées sur la morne plaine à éperonner un cheval exténué; on est vraiment à Péking, dans la plus délabrée peut-être et la plus étonnante des capitales, sur l'emplacement où campaient le Grand Khan et ses hordes, dans le Cambaluc de Rubruquis et de Marco Polo, au seuil de la cité tartare.

Nous y pénétrons par la porte de Ratàmen, dans une furieuse poussée, n'avançant plus pour ainsi dire de notre propre mouvement, mais suivant l'impulsion de la cohue qui s'engage en vociférant sous la sombre voûte, entraînés, nous et nos montures, à la merci du flot, sans volonté, sans résistance, abandonnés à la dérive. Puis, de nouveau, c'est la lumière, un immense boulevard, large de 60 mètres, qui file en ligne droite à perte de vue; au milieu, un haut talus édifié par l'apport plusieurs fois séculaire des immondices, par des décombres, par la fiente des générations. De chaque côté, en contrebas, un passage au niveau de ce qui fut primitivement la chaussée, un passage rempli d'ostacles de toute nature : tas de briques et de plâtras, fragments de trottoirs, de vieilles charpentes avec, par places, des excavations béantes, d'antiques égouts effondrés, des fumiers, des dépotoirs, des mares, des trous fangeux où des porcs se prélassent enfouis jusqu'au groin ; une double rangée de maisons composées d'un simple rez-de-chaussée, en planches et en torchis, auxquelles s'appuient, en façade, des plaquages de bois découpé, jadis badigeonnés de couleur vives, égayés de dorures maintenant rongées. Tout cela vermoulu, branlant, maintenu debout on ne sait comment, aligné à la six-quatre-deux. Puis, empiétant sans façon sur la voie publique, des hangars de perches, des échoppes, des domiciles édifiés avec des débris de caisses d'emballage, de nattes rapiécées, de vieilles peaux, des branchages et des roseaux que recouvre un crépissage de boue coagulée. Des tentes aussi, plantées çà et là, assemblage de loques multicolores. Et, dans cette confusion de formes et de nuances, parmi les amoncellements d'ordures, les écueils et les gouffres, la circulation s'établit au petit bonheur, chariots et brouettes, cavaliers et piétons titubant, tressautant, tour à tour disparus dans des abîmes, puis réapparus sur des crêtes, emportés dans un vague balancement de montagnes russes, tandis que la splendeur du soir met un poudroiement rose sur les foules en haillons, sur les bâtisses en ruines.

A cent pas de la porte de Ratâmen, nous tournons à gauche et quittons la grande avenue pour entrer dans la rue des Légations que les Chinois désignent sous le nom de « rue des Nations-Étrangères » : cette artère d'ailleurs, quoique moins fréquentée, est aussi malpropre que la précédente, également défoncée, sillonnée d'ornières, jonchée de détritus de toutes sortes. Là sont échelonnées dans l'ordre suivant sur une distance de près d'un kilomètre, les légations d'Italie, de France, d'Allemagne, du Japon et de Russie. Les ministres d'Angleterre et de Belgique habitent un peu plus loin, le premier, au bord d'un canal à demi comblé, maintenant égout à ciel ouvert, qui draine les impuretés de la Ville Jaune (ville impériale) ; le second, sur l'avenue de Ratâmen, au centre de Péking.

Les locaux occupés par les représentants des puissances, anciens yâmens de mandarins, sont situés au milieu de jardins assez vastes. L'habitation comme toutes les autres demeures chinoises, ne se compose pas d'un corps de logis unique, mais d'un certain nombre de pavillons reliés par une enfilade de cours dallées et une série de portiques à lourds piliers laqués de rouge. L'intérieur a été aménagé tant bien que mal à l'européenne. Rien ne les distingue des constructions voisines si ce n'est le mât de pavillon, et deux lions de pierre placés de chaque côté du portail.

Dans la rue des Légations se trouve également l'hôtel. Un hôtel à Péking? Parfaitement. Et un hôtel français, s'il vous plaît, installé depuis cinq ou six ans dans un local chinois, lui aussi; où l'on est fort bien traité, infiniment mieux, par parenthèse, que dans les somptueux caravansérails de style anglo-américain de Hong Kong et de Yokohama. Mais son apparition en un tel milieu, dans un pareil décor, est d'un imprévu exquis. J'ai ressenti, à contempler dans cette rue bizarre, d'une saleté immonde où les costumes et les architectures ne rappellent en rien l'Europe lointaine, ces mots en lettres d'or : « Hôtel de Péking » une surprise au moins égale à celle qu'éprouverait un explorateur en apercevant tout à coup dans quelque ville noire de l'Afrique centrale une case ornée de cette inscription : « Buffet ».

II

La nécessité première, au début d'un séjour à Péking est de congédier le méchant cheval de louage qui vous a amené de Tien-Tsin et de faire emplette d'une monture fraîche. Ici, les distances sont énormes, les chaises à porteurs rares, les fiacres inconnus; aucun véhicule suspendu ne pourrait rouler sur un terrain pareil, pas même le robuste *buggy* de provenance américaine qui, cependant, défie les cahots sur les *trails* du Far West, pas même la légère et résistante djinrikisha japonaise. On ne circule guère qu'à cheval ou à pied et, dans ce dernier cas, après avoir pris soin de chausser des brodequins de chasse avec des guêtres montant jusqu'aux genoux. De la redoutable charrette chinoise, nous ne parlerons que pour mémoire.

Pour toutes ces raisons, l'achat d'une écurie s'impose : deux poneys, dont un pour le *mafou*, à raison de 40 à 50 dollars la paire. Ce n'est pas ruineux.

En cet équipage, vous battrez la ville chinoise, la ville tartare, la ville impériale, la petite et la grande banlieue, sans incident regrettable. S'il fallait en croire les récits de quelques globe-trotters prompts à s'exagérer les périls encourus, on ne pourrait se promener dans Péking sans courir le risque d'être lapidé à coup de briques ou jeté dans une mare. En réalité, l'étranger n'est point exposé ici aux avanies qu'on ne se fait pas faute de lui prodiguer dans le Sud, à Canton et même à Shanghaï dans la cité chinoise. Ces populations du Nord sont d'humeur beaucoup plus douce. Pas une seule fois, au plus épais des foules, il ne m'est arrivé d'être insulté ou molesté. Une ou deux fois peut-être, de petits enfants, occupés à jouer sur le pas des portes, m'ont salué du cri de : *Kouéi-dzou* ! » — « Diable ! » accompagné d'un éclat de rire. Mais cela n'est pas sérieux. A part ces manifestations enfantines, pas un geste de menace, pas une injure. Et cependant je passe chaque jour des heures entières dans les quartiers les plus populeux, dans les foires, dans les marchés. Partout une curiosité très vive, rien de plus. Cinquante ou soixante personnes vous suivent; on palpe vos vêtements, on rit, mais d'un rire qui n'a quoi que ce soit de blessant ni d'agressif. Un Céleste qui s'aventurerait de la sorte dans certains quartiers de nos grandes villes ou traverserait nos campagnes serait, à n'en pas douter, l'objet d'une attention plus indiscrète. Le regard s'accoutumant très vite aux formes et aux physionomies nouvelles, j'en arrive même, par moments, à oublier le lieu où je suis, la race qui m'environne, à considérer ces gens sans plus de surprise que ne m'en causerait la vue du public allant et venant dans nos rues.

Péking est bâti en terrain plat. Les seuls reliefs du sol sont les collines artificielles élevées dans les jardins impériaux où l'on n'accède point. Pour obtenir une vue d'ensemble de la capitale, il n'existe d'autre belvédère que ses remparts, hauts de vingt mètres, en particulier le bastion au sommet duquel est le fameux observatoire fondé par les Jésuites en 1668, sous la direction du P. Verbiest. Les appareils inutilisés depuis deux siècles et plus sont encore en parfait état ; les moindres rouages fonctionnent aussi aisément que par le passé, sans un accroc, sans un grincement, avec la régularité d'un mouvement d'horlogerie soigneusement huilé. Il semble que ces pièces de bronze, ouvragées à miracle, soient assemblées d'hier, à peine sorties des mains du ciseleur. Au pied de la rampe qui conduit à la plate-forme, dans une petite cour dallée entourée d'arbres grêles, sont les restes de l'observatoire primitif, des appareils autrement vénérables, d'une précision moins rigoureuse à coup sûr, mais d'un art exquis ; le sextant, le globe, la sphère armillaire construits au treizième siècle par les astronomes de Kublai-khan. Est-ce la pureté de l'atmosphère ou la qualité supérieure du métal? Toujours est-il que sous leur patine incomparable, les détails d'ornementation et les figures ont gardé toute leur délicatesse. Tels nous les voyons, ces bronzes superbes, tels ils étaient lorsque, il y a de cela six cent vingt-six ans, l'artiste y donnait le dernier coup de burin; tels ils apparurent aux regards émerveillés du Grand Khan.

Vu du haut de la muraille, à vol d'oiseau, Péking se montre à son avantage. Il est vrai qu'il se montre si peu! Ce que l'on en distingue, ce sont des toitures de temples, les murs recouverts en toiles jaunes de la ville impériale, l'enceinte et les pavillons du palais, un très petit nombre de constructions disséminées dans les arbres, à demi noyées dans un océan de feuillages d'un vert pâle. La ville, dont un tiers au moins n'est que jardins ou terrains vagues, a plutôt l'air d'une forêt, d'un immense parc entouré de murs crénelés avec, çà et là, quelques clairières, des villages épars. Cet horizon, tout en demi-teintes, est d'un effet très doux à certaines heures, le matin ou lorsque le soleil est près de disparaître vers la Mongolie, derrière les crêtes tourmentées des collines. Le réseau serré des verdures masque les décombres et les lèpres. A ces hauteurs n'arrive aucun bruit de la ville, aucune des poussières, aucun des effluves empestés. L'atmosphère est d'une transparence extrême, l'air léger. Et l'on s'oublie, dans le silence et la fraîcheur, à considérer ce décor immuable depuis des siècles.

Voici, à quelques pas du rempart, le cœur même du vaste empire, le grand ressort de son gouvernement et de sa politique, l'usine à diplômes, l'emplacement réservé aux examens solennels, aux concours triennaux; une cité en miniature avec son avenue centrale, ses centaines de ruelles parallèles, ses milliers de cellules de quatre pieds carrés. Là, les jeunes bacheliers des provinces viennent peiner, deux semaines durant, à commenter une phrase des Classiques, à limer une pièce de vers, dans l'espoir de conquérir le grade envié qui leur vaudra, avec un peu de chance et d'entregent, un emploi lucratif, civil ou militaire, les bénédictions de leurs familles, une triomphale rentrée dans la ville natale. Beaucoup d'appelés et peu d'élus. Sur les 6,896 candidats qui se présentaient à la dernière session, en juin 1894, 320 seulement furent déclarés admis. Il y a vraiment de quoi décourager les vocations littéraires les plus tenaces. Mais nous sommes en Chine, où il n'est point rare de voir des bacheliers septuagénaires qui, depuis un quart de siècle, bûchent leur licence. Rien ne les rebute; ni les insuccès, ni les horreurs du régime

UNE RUE DE PÉKING.

LES ABORDS DU PALAIS IMPÉRIAL. — PÉKING.

cellulaire en pleine canicule, ni les passe-droits éhontés. A chaque session, plusieurs succombent à la peine, expirent, le pinceau à la main, devant la dissertation commencée. Mais la vue des cadavres que les appariteurs emportent ne fait que stimuler l'ardeur des survivants. Autant de concurrents de moins! Toutes les ambitions, tous les rêves, d'un bout à l'autre de l'empire, tendent vers ce *yâmen* délabré où un héraut proclame les noms des heureux vainqueurs. Les illustres et les puissants, tous ceux que leur haute situation désigne à l'admiration jalouse de la foule, ont, à peu d'exceptions près, passé de longues heures dans ces logettes fétides, combiné des logogriphes à l'ombre de ces tristes murailles, devant ces ruelles actuellement désertes, envahies par l'herbe, servant d'asile aux chiens perdus, de parloir aux moineaux francs. Et il en était déjà ainsi sous l'empereur Tai-Tsung, de la dynastie des Tangs, en l'an 600 de notre ère : et cela durera sans doute autant que la Chine elle-même. De toutes les religions de ce peuple, l'omnipotente, la seule qui ne trouve point d'incrédules, c'est l'écriture, le culte de la lettre, de la lettre seule, et il en meurt. Du petit au grand, tous sont hypnotisées par elle. Des monarques même ont voulu prendre part à ces joutes littéraires. La tradition rapporte que l'empereur Kien-Long, dont le monogramme, au dire des marchands, figure plus ou moins authentique, sur tant de vases et de potiches, ne dédaigna pas de concourir, envoya sa copie, et fut reçu le premier, — comme par hasard.

Si Péking n'est devenue la capitale des empereurs qu'à une date relativement récente, — cinq cents années sont peu de chose dans l'histoire d'une civilisation si vieille, et l'on vous cite ici, tels événements arrivés sous le règne de Yung-Lo comme des épisodes d'histoire moderne, comme on parle chez nous de la Restauration ou de

Louis-Philippe, — la ville, en revanche, d'après les Chinois, serait fort ancienne. Elle aurait, sous des noms différents, existé de temps immémorial; ses origines se perdraient dans la nuit des âges. Ce qu'il y a de sûr, c'est que l'aspect du terrain autour de l'enceinte actuelle atteste que d'innombrables générations se sont succédé sur ces plaines Le sol profondément remué, les vestiges très apparents encore de murailles de terre effritées et fondues sous l'action des vents et des pluies, les traces de chaussées, de terre-pleins, de redoutes, révèlent la place occupée par les agglomérations disparues. Et l'on ne considère pas sans une sorte d'effarement ces restes du Péking préhistorique, de ce qui était déjà une ville populeuse, alors que d'autres cités antiques et célèbres n'étaient point encore nées, avant que fussent sorties de terre les premières assises de Rome et d'Athènes.

Les siècles ont passé sans modifier sensiblement les formes et les usages. A quelques pas de moi, dans la campagne, des soldats manœuvrent, si cela peut s'appeler manœuvrer : cavaliers et fantassins pêle-mêle, chacun opérant pour son propre compte, allant, venant ou faisant halte suivant sa fantaisie. Et les armes! Une récente et pénible expérience ayant montré que les engins de guerre soi-disant perfectionnés, fournis par les Barbares d'Occident, ne pouvaient donner la victoire aux phalanges du Fils du Ciel, on en est revenu à l'outillage et à la tactique consacrés par la tradition, ayant fait leurs preuves dans les combats d'antan, au bon vieil armement des ancêtres, à l'espingole, à la bombarde. On a enlevé aux troupiers les mausers, les snyders, les martinis : la garnison pékinoise est maintenant armée du fusil à mèche de la dimension d'un jouet d'enfant, et aussi du lourd fusil de rempart, non moins à mèche qui nécessite le concours de trois hommes. L'un sert d'affût et, genou en terre, maintient l'arme sur son épaule; l'autre pointe, le troisième, au signal donné, fait feu en appliquant la mèche sur le bassinet. La détonation a pour effet de projeter les trois artilleurs à plat ventre dans la poussière.

Au pied du rempart, au soleil, dans un angle abrité du vent, de futurs mandarins militaires préparent leurs examens, s'exercent au tir à l'arc et à l'arbalète. *Ludus pro patria.*

III

Extraordinaire, cette ville : cloaques et puanteurs, immondices et décrépitudes. De la vermine, des baillons, des ulcères, un délabrement et une incurie qui navrent, le mouvement désordonné d'un camp de barbares; des incohérences, des hideurs qui contrastent avec les lignes régulières et la majesté du plan. Des édifices en ruines, des foules en loques dans un décor grandiose.

Il ne me paraît pas que les récits des touristes peu nombreux qui ont poussé jusqu'à Péking nous en rendent la physionomie exacte. Tous ou presque tous ne semblent y avoir vu que l'ordure et la guenille. Il y a autre chose. D'abord l'originalité, un imprévu dont les mots ne sauraient donner une idée. Cela ne ressemble à rien, et c'est déjà là un mérite rare.

Le globe-trotter se contente de passer un jour ou deux dans la capitale, en faisant l'excursion classique de la Grande Muraille et des tombeaux des Mings. De vieux résidents de Chine eux-mêmes en parlent avec un dédain suprême. L'un d'eux, devant qui je projetais d'y séjourner au moins une quinzaine, levait les bras au ciel en s'écriant :

« Quinze jours à Péking, bonté divine! Mais vous en aurez par-dessus la tête au bout de quarante-huit heures! » Une semaine d'écoulée déjà, et je n'en ai pas assez. Je commence pourtant à savoir par cœur mon plan de Péking. Dieu sait si j'ai vagabondé dans tous les quartiers, à pied, à cheval et à bourrique. Mais en Orient, rien ne se fait vite. Péking, pas plus que tant d'autres villes d'Asie, ne s'accommode de nos hâtes fiévreuses et ne se révèle en quelques heures. Il faut y demeurer plusieurs semaines, se remuer, fureter en tous sens, se mêler à ses foules pour se rendre tant soit peu compte de leur genre de vie, je n'oserais dire de leur état d'âme. Car, ici plus que partout ailleurs, l'âme asiatique est impénétrable. On ne peut qu'observer l'aspect extérieur des choses et juger du reste par conjectures.

Effondrement et ruine, telle est l'impression première. Et cependant l'impression est profonde, la ruine imposante. On foule, que dis-je? on respire — et la saveur en est parfois bien âcre — la poussière des siècles morts, la cendre des générations éteintes.

A Péking, il est vrai, point de somptueux monuments, reliques précieuses du passé, poèmes de marbre ou de pierre racontant l'histoire d'un peuple; aucun de ces pèlerinages qui s'imposent au nouveau venu. Ne pensez pas à parcourir des musées, à vous extasier devant des architectures. Que citer en ce genre? Le palais ou plutôt les édifices éparpillés qui constituent la résidence impériale? Impossible d'en franchir l'enceinte; autant qu'il est permis d'en juger à distance, les bâtiments, d'apparence assez minable, ne doivent pas recéler des splendeurs. Interdite aussi l'entrée du temple du Ciel, vaste édifice circulaire, à triple toiture, qui se dresse au centre d'un parc immense, à l'extrémité sud de la ville chinoise. Défendu également, l'accès du sanctuaire voisin, le Sien-Nung-Tan, consacré à Shi-Nunh, l'inventeur présumé de l'agriculture. Chaque année, aux premiers jours du printemps, l'empereur s'y rend en grand apparat. Dans le parc, une charrue attend, tout attelée : le monarque s'en empare et creuse devant le temple deux ou trois sillons emblématiques, alignés tant bien que mal, à seule fin de donner à entendre qu'il n'est que le premier des laboureurs de son empire.

Quoi donc encore? Quelques monastères ou lamaseries dans lesquelles des centaines de prêtres thibétains et mongols sont censés étudier les dogmes du bouddhisme sous la sainte direction d'un Bouddha vivant, mais en réalité passent une partie de leur temps à dormir, l'autre à ne rien faire. Il semblerait que, de par leur règle, il leur soit interdit de se débarbouiller et de jamais changer de linge. Parmi ces supérieurs de bonzeries, bouddhas vivants — il y en a trois, à ma connaissance, reconnus pour tels à certains signes irrécusables et passés à l'état d'idoles — le plus sympathique est un enfant de douze à treize ans, d'origine mongole, d'assez bonne mine, de manières simples et d'humeur enjouée, lequel ne paraît nullement se douter qu'en lui se réincarne une personnalité si haute, l'immortel Çakya-Mouni. Ses collègues sont moins bons garçons : avec quelques dollars habilement répartis, on se crée sans trop de peine des intelligences dans leur entourage; on peut pénétrer dans la place. Le difficile parfois est d'en sortir.

Par contre, le temple de Confucius nous est ouvert, et vaut qu'on le visite. Il se dissimule dans un petit bois de cyprès, au nord de la ville, près du rempart, dans un des quartiers les plus tranquilles, à côté de la grande lamaserie de la Paix éternelle. L'édifice est simple : un pavillon, une grande salle dont le plafond est soutenu par d'énormes piliers de bois de quarante pieds de haut, d'un seul bloc. Autour de la salle, dans des niches, sont érigées les dix tablettes des disciples favoris du maître. Lui-même a la sienne, à la place d'honneur, au centre, sur un petit autel; une pancarte en laque rouge avec cette inscription en chinois et en mandchou : « La tablette de l'âme du très saint maître et ancêtre Koung-Fou-Tseu. » Rien de plus : point d'ornementation tapageuse, point d'oripeaux. Cependant, l'aspect plus soigné, une propreté relative mais très remarquable si on la compare au délabrement et à l'air d'abandon qui caractérisent la plupart des temples pékinois attestent que celui-ci est tenu pour un lieu sacré entre tous. C'est bien une retraite propice au recueillement et aux pensées graves; le monument, dans sa simplicité voulue, témoigne mieux que ne sauraient le faire le bronze et le marbre de l'hommage filial rendu par un peuple au plus illustre de ses éducateurs.

On me montre, devant le péristyle, dix morceaux de granit grossièrement façonnés en forme de tambours, reliques révérées de temps très lointains. Les inscriptions déchiffrées sur ces pierres sont des stances destinées à commémorer une grande partie de chasse donnée par le roi Suen-Wang. Ce laisser-courre avait lieu l'an 827 avant notre ère, plus d'un demi-siècle avant que Romulus fût mis en nourrice chez une louve sur le mont Palatin.

En résumé, temples, pagodes ou monastères, palais, yâmens de mandarins, tout cela affecte, à peu de détails près, les mêmes formes, la même ordonnance. De tout cela se dégage la même impression d'abandon, d'irrémissible décadence. Des fragments de-ci de-là, une arcade, un bout de toiture d'une ornementation curieuse, dans un état de conservation suffisant pour permettre de juger de ce qu'ils étaient en leur nouveauté. L'ensemble n'est que débris; il convient de le voir à distance, dans un recul avantageux qui répare les brèches, efface les souillures, remet d'aplomb les parements et les assises. Le tableau alors a sa beauté, beauté toute spéciale, due surtout à la lumière très douce, à la sérénité d'un ciel limpide comme les ciels de Grèce. C'est une grisaille, mais de proportions gigantesques.

CHAPITRE II

LA RUE. — LES ODEURS DE PÉKING. — CARAVANES ET CORTÈGES. — LES FUNÉRAILLES ET LES ÉPOUSAILLES. — HISTOIRE DE LA FIANCÉE PERDUE. — LES ÉTRANGERS A PÉKING.

I

La principale curiosité, l'originalité de Péking, c'est la rue. J'ai dit ce qu'elle était, sa saleté sans nom, ses monceaux d'ordures accumulées depuis des âges, ses boues putrides. Ce qu'il est bon d'ajouter, ce qui atteste la façon plus que fantaisiste dont fonctionnent ici les rouages administratifs, c'est l'importance des sommes affectées — sur le papier — à l'entretien de cette voirie. Le budget des travaux publics, pour la capitale seule, se chiffre par millions de taels. Péking est censé dépenser pour sa toilette à peu près autant que les plus coquettes des grandes villes européennes. Où va l'agent? Le fait suivant, absolument authentique, nous renseignera sur ce point délicat.

Il n'y a pas longtemps, l'empereur avait prélevé sur sa cassette 30,000 taels (environ 80,000 francs), qui devaient être employés à réparer la rue des Légations. 30,000 taels, c'était beaucoup. La chaussée pouvait être mise en état à meilleur compte. Avec 10,000 taels on ferait la besogne. C'est apparemment ce que se dit le haut fonctionnaire préposé à la direction des travaux publics. Il concéda l'entreprise à un ami, lui confia le tiers de la somme et empocha le surplus : l'ami fit de même et repassa le marché à une connaissance qui, à son tour, le repassa à un voisin. Bref, en dernier ressort, l'entreprise fut adjugée pour *dix-huit* taels — un peu moins de 80 francs! — à un quidam qui, naturellement, dut se contenter d'encaisser la somme et ne mit en branle ni pelle ni pioche. La rue des Légations est demeurée ce qu'elle était avant les munificences impériales.

Presque toutes les artères se coupent à angle droit; la ville ressemble à un damier dont les cases pourtant sont elles-mêmes sillonnées par un labyrinthe de passages et de couloirs, capricieux réseau qui corrige l'uniformité du plan général. Malgré l'absence de plaques indicatrices, chaque rue n'en a pas moins son appellation distincte, familière à tous les Pékinois. Ces noms imagés, on les croirait empruntés à l'Europe moyenâgeuse; nous les lisons encore sur les murs de nos vieilles villes : *Rue de la Corne-de-Bœuf, rue de la Patte-de-Poule, rue de l'Œil-de-Poisson, rue de la Farine-Grillée, rue du Grand-Pied, rue du Thé, rue de l'Arc-et-la-Flèche, rue du Point-du-Jour.* La plupart rappellent une profession, une anecdote ou une légende devenue populaire dans le quartier. Certains ont une saveur particulière, celui-ci entre autres : *rue de la Peau-qui-pue.*

Au sujet des odeurs de Péking, je ne saurais mieux faire que de reproduire l'opinion formulée, dans un élan de franchise, par un mandarin éminent, Tchong Tchao, aujourd'hui défunt, qui fut, il y a de cela une vingtaine d'années, accrédité en qualité de chargé d'affaires auprès du gouvernement français, et visita, au cours de sa mission, une bonne partie de l'Europe. Il avait pris goût à la civilisation occidentale. Aussi, de retour dans sa patrie, ne put-il se défendre de quelques répugnances, surtout aux approches de Péking, dont la brise d'ouest lui apportait les terribles effluves. Alors, dit-on, se tournant vers son secrétaire, il lui montra du doigt la majestueuse et sordide capitale, et s'écria d'un ton navré : « Nous rentrons dans nos latrines ! »

Si les fonctionnaires préposés à l'entretien de la voirie considèrent la charge comme une sinécure, ils n'en sont que plus résolus à défendre pied à pied leurs prérogatives, et ne supportent pas que l'initiative privée se mêle de leurs affaires. Je n'en veux d'autre preuve que la mésaventure arrivée tout récemment à un Chinois de mes amis, M. Hop Sing, homme fort aimable, parlant admirablement notre langue, ayant habité Paris et qui a gardé, de son séjour dans l'atmosphère du boulevard, une liberté d'appréciation très rare chez ses compatriotes. Il cause volontiers et ne se gêne nullement pour dire, en termes parfois assez vifs, ce qu'il pense des us et abus de son pays. C'est de lui-même que je tiens l'histoire.

M. Hop Sing habite rue de la Farine-Grillée. S'il m'est permis de vous donner un conseil, ne passez jamais par cette rue-là, à moins de nécessité urgente. C'est une horreur. Lorsqu'il lui fut démontré jusqu'à l'évidence qu'il ne pouvait sortir de chez lui à pied, à cheval ou en charrette sans s'exposer à des catastrophes, mon ami s'en alla porter ses doléances au mandarin du quartier, avec lequel d'ailleurs il était en très bons termes. Celui-ci promit tout ce qu'on voulut. Il allait donner des ordres ; dans deux jours, la rue serait remise en bon état. Les deux jours passèrent, puis quatre, puis une semaine sans amener aucun changement. Nouvelle visite au yâmen, nouvelles promesses accompagnées d'excuses. Ce n'était qu'un oubli, mais la réparation allait se faire, aujourd'hui même, dans quelques heures. Malgré ces bonnes paroles, il n'en fut ni plus ni moins. Une quinzaine s'était écoulée, pas un terrassier n'avait paru à l'horizon. Enfin, à bout de patience, M. Hop Sing prit le parti de faire exécuter les travaux à ses frais. Il engagea des coolies, se procura des matériaux et, du matin au soir, tout était terminé. Il pouvait désormais se hasarder hors de sa maison sans risquer de se rompre le cou. Quelle ne fut pas sa stupeur lorsque, le lendemain matin, il aperçut une autre équipe occupée non point à parfaire, mais à défaire l'ouvrage de la veille, enlevant les remblais, recreusant les trous et les ornières. Il se précipita chez le mandarin et, très indigné, le mit au courant de ce qui se passait : « Comment? Je me charge, en votre lieu et place, d'entretenir la voie publique, et c'est ainsi que vous agissez !... Vous faites démolir mon ouvrage. Cela n'a pas le sens commun! » Mais l'autre, sans se déconcerter, de répondre : « Parfaitement. Ces hommes sont là par mon ordre. Ils bousculent vos remblais, rétablissent les trous. Ne vous fâchez point. Que voulez-vous, mon bon ami, j'avais promis plus que je ne puis tenir. Décidément, c'est impossible. Réfléchissez un peu. Qu'allait il se passer? L'inspecteur de circuit n'aurait pas manqué de s'émerveiller devant votre rue magnifique. Vraiment, se fût-il dit, il faut qu'on ait beaucoup d'argent en caisse pour faire si grandement les choses. Et il n'eût pas manqué de demander ses comptes à l'inspecteur de district, lequel à son tour m'eût saigné aux quatre veines, moi pauvre chef de quartier qui ai déjà de la peine à vivre de ma place achetée bien cher. Voyons, vous ne désirez pas ma perte. N'insistez pas, ou je suis un homme ruiné. » M. Hop Sing s'inclina. Et voici comment il y a encore, comment il y aura toujours des fondrières et des cloaques dans la rue de la Farine-Grillée.

Ville chinoise, ville tartare ou mandchoue, ville impériale, ainsi se décompose la trinité pékinoise. Mais ces dénominations ne correspondent plus guère à des réalités. Avec le temps, chacune de ces cités a perdu peu à peu sa physionomie distincte. Ces populations naguère juxtaposées, mais en quelque sorte étrangères l'une à l'autre, très différentes de mœurs et de langage, n'en forment plus qu'une à l'heure actuelle. Les anciennes divisions de Péking se réduisent à deux : d'une part ce qu'on pourrait appeler la ville des marchands, de l'autre, la ville officielle, la ville mandarine. Mais si le commerçant, en grande majorité, élit domicile dans ce qui fut la ville chinoise, plusieurs de ces négociants appartiennent à la race mandchoue. De même quelques-uns tiennent boutique dans la ville tartare et jusque dans l'enceinte recouverte en tuiles jaunes de la ville impériale. Seule, la cité défendue, comprenant les bâtiments et les vastes jardins du palais, est demeurée telle que par le passé, inviolable. N'y pénètrent que le personnel de la cour, les ministres et, à de rares occasions, lors des audiences solennelles, les membres du corps diplomatique.

Les deux races toutefois, bien que vivant aujourd'hui de la même existence, dans une intimité étroite, n'en ont pas moins conservé chacune leur caractère spécial, leur type primitif. Il y a rapprochement, mais non fusion complète. A cet égard, les rues de Péking présentent l'intérêt d'un musée ethnographique. Le Chinois, de moyenne taille, la démarche souple, le visage glabre, y coudoie le Mandchou barbu, de carrure solide, aux traits plus accusés, de mine plus fière, le Thibétain épais, trapu, dont le visage anguleux, les pommettes très saillantes, les petits yeux noirs où passent des reflets étranges, disent l'homme façonné par une nature âpre, dans l'accoutumance des durs climats, dans la contemplation des horizons mornes.

Voici qu'avec les premiers froids commencent à arriver les Mongols, qui viennent prendre ici leurs quartiers d'hiver. Par les rues défilent, du matin au soir, les interminables convois de chameaux chargés de ballots de laine, de tentes ployées, d'ustensiles bizarres, de femmes et d'enfants. Les chefs de famille ouvrent la marche, le bâton à la main, vêtus de pelisses graisseuses en peau de mouton : des gaillards aux larges épaules, avec des encolures de taureaux, des mâchoires saillantes, des dents de carnivores. A pas comptés ils vont, chevelus, hirsutes, promenant des regards admiratifs sur cette ville croulante qui, pour eux, représente la civilisation à son apogée, la capitale des capitales, la merveille dont on rêvait le soir, sous les tentes, dans le silence infini des plaines. La tribu va s'installer sur un terrain vague ou dans l'enceinte d'un temple ruiné et ce sera, reconstitué pour quelques semaines, un spécimen des agglomérations primitives, avec leurs abris de toile et de peaux de bêtes, la cité nomade et changeante campée dans la moins changeante des villes.

Dans les foules pékinoises, ce qui vous frappe tout d'abord, c'est que l'élément masculin y prédomine. La femme en Chine sort peu et, même dans son intérieur, vit fort retirée. Lors des réceptions, les deux sexes ne se mêlent point. Monsieur se met à table avec ses amis : les dames dînent avec la maîtresse de maison, dans une pièce à part. Des hommes qui sont liés depuis des années n'ont jamais fait, entre eux, la moindre allusion à leurs moitiés. C'est là un sujet qu'on n'aborde pas. Il serait du plus mauvais goût de demander à un Chinois des nouvelles de sa femme. La politesse exige que ce mot ne soit pas prononcé : on doit user d'un détour et dire, par exemple : « Comment se porte votre *famille*? » L'intention est comprise. C'est l'essentiel, on vous saura gré de ne point insister.

La femme, du moins dans la classe riche ou simplement aisée, se montre rarement en public, ne fréquente ni les magasins ni les théâtres. Si elle veut faire une emplette, elle dépêche un émissaire au marchand qui lui envoie aussitôt tout un assortiment d'articles à choisir. Lui plaît-il d'assister à une pièce en vogue? La représentation aura lieu chez elle. Une femme comme il faut ne doit sortir qu'en chaise à porteurs ou en charrette fermée. Les jeunes personnes que l'on aperçoit, en groupes bariolés, devisant au seuil des boutiques, arrêtées devant les étalages, ou bien dans une voiture aux rideaux relevés, étalant leurs falbalas à l'avant du véhicule, la tête penchée au dehors, bien en évidence, appartiennent au monde où l'on s'amuse.

Toutes les races, toutes les provinces sont représentées dans ces bandes joyeuses, le Sud et le Nord, l'intérieur, et le littoral : Cantonaises à petits pieds, au teint brun, fluettes, graciles ; filles de Tientsin, de taille plus élancée, avec leur coiffure singulière, le chignon effilé, dressé en queue de pie : Mandchoues à la gorge opulente, les cheveux enroulés sur une planchette d'un pied de long, posée transversalement sur le crâne. Toutes parées comme des châsses, enrubannées, coiffées de fleurs artificielles, des touffes de roses aux tempes et, sur le front, des ornements en feuillages, en papier doré, une profusion de pompons et de pendeloques. Malgré cet attirail compliqué qui leur élargit la tête jusqu'aux dimensions d'un toit de pagode, il en est de vraiment jolies. Le malheur est qu'elles abusent du fard et des cosmétiques, empâtent leurs traits sous plusieurs couches de rouge et de carmin, à tel point qu'il devient parfois difficile de distinguer les contours du visage. On ne sait où finissent les joues, où commencent les roses.

II

La rue, avec son délabrement, son désordre, ses ignominies, est intéressante, en ce qu'elle permet de saisir sur le vif le contraste que l'on observe presque partout en

SILHOUETTES PÉKINOISES. — LE COIFFEUR.

LE DISEUR DE BONNE AVENTURE.

Chine entre la théorie et le fait, le mot et la chose. En dépit des innombrables rites, édits et ordonnances qui sont censés régir les moindres manifestations de la vie sociale, le mécanisme administratif est, en réalité, des plus simples, ou, pour mieux dire, la machine existe mais est rarement mise en branle. L'autorité s'efface, n'intervient qu'à son corps défendant. Le Chinois est le plus indépendant des hommes; la grande majorité de la nation, ceux qui vaquent sans tapage à leurs petites affaires, ou s'arrangent pour régler entre eux leurs différends, évitant d'appeler à leur aide le magistrat dont la justice est encombrante et ruineuse; ceux-là vivent dans une insouciance absolue du gouvernement et des lois. Ces mots mêmes n'ont pour eux aucune signification précise. La liberté avec tous ses excès, une souveraine indifférence, le laisser-faire érigé en système, telles semblent être en substance les bases du régime, les relations de gouvernants à gouvernés.

La rue, à Péking, c'est l'image de l'anarchie triomphante. Chacun bâtit comme il lui plaît, où il lui plaît, sans souci aucun de l'alignement, empiète le plus qu'il peut et impunément sur la voie publique. Les gens se mettent à l'aise, satisfont leurs besoins les plus intimes en plein air au vu et au su de tout le monde, avec une impudeur suprême. A chaque pas le passage est plus ou moins obstrué par des baraques, des campements improvisés, des rassemblements compacts autour d'un jongleur, d'un pitre, d'un diseur de bonne aventure. Nombre d'échoppes sont des repaires de recéleurs, avec cette particularité que le trafic d'objets volés s'opère ici sans honte et sans mystère, au grand soleil. Aux étalages sont exhibés, au milieu des loques et des vieilles ferrailles, des porcelaines, des bronzes, des robes de soie richement ouvrées, des jades, des bijoux dérobés dans les yâmens et dans les temples. Les affiches aussi méritent une mention spéciale. A cet égard, une promenade de quelques heures en compagnie d'un bon lettré-interprète est féconde en enseignements et en surprises. Les murailles sont illustrées de placards de toutes nuances préconisant des panacées extravagantes et des recettes qui, chez nous, conduiraient leurs inventeurs aux galères. L'un de ces boniments, tiré à des milliers d'exemplaires, et reproduit un peu partout dans les rues, sur les places, sur les clôtures des édifices publics, à l'endroit le plus en vue, est d'une éloquence plutôt raide. L'auteur, on le voit, n'a point peur du mot propre, ou pour mieux dire du mot sale. La chose est, paraît-il, en vers ; elle s'adresse plus particulièrement aux jeunesses qui ont commis une faute lourde et, d'une manière générale, aux calculateurs qu'effare la perspective d'une postérité trop nombreuse... « Rien qu'une pilule, une seule pilule, une toute petite pilule, et le tour est joué ! »

La cohue est effroyable. C'est, par moments, un extraordinaire corps à corps, un grouillement confus de cavaliers et de piétons, de chariots et de brouettes, de cortèges de noces et de corbillards, une mêlée d'oripeaux, d'emblèmes et de bannières.

L'année a été bonne pour les entreprises de pompes funèbres. Les statistiques les plus optimistes évaluent à quarante ou quarante-cinq mille, pour la seule ville de Péking, le nombre des personnes mortes du choléra pendant l'été qui vient de finir. Des gens biens informés prétendent que ce chiffre, déjà respectable pour une population de six à sept cent mille âmes au plus, a été de beaucoup dépassé. A cela rien d'étonnant. On a même lieu d'être surpris que la mortalité n'ait point été plus grande, étant donné l'absolu mépris affiché par l'habitant, du haut en bas de l'échelle sociale, pour les exigences les plus élémentaires de l'hygiène. Le fléau a perdu de son caractère épidémique dès les premières fraîcheurs d'automne. Il semble cependant que l'on décède encore avec entrain, à en juger par la quantité de convois de toute classe qui, chaque jour, défilent dans les rues avec ou sans accompagnement de cymbales et de trompettes.

Il y en a de superbes qui se développent sur une distance de deux ou trois kilomètres ; des catafalques grands comme des maisons, drapés de pourpre, étincelants d'or et de verroteries : quatre-vingt-dix porteurs ployant sous le faix soutiennent l'édifice qui avance lentement avec des soubresauts de navire ballotté par la houle. En tête, marchent des centaines de porte-drapeaux, de porte-lanternes, des joueurs de trompe, des batteurs de caisse, des pages trimballant sur des coussins la défroque du défunt, ses tuniques de cour brodées au petit point, sa toque ornée du bouton de corail, des tablettes où sont énumérés ses titres et ses grades.

Tout cela aurait grand air, n'étaient l'accoutrement sordide, la démarche grotesque de ce personnel racolé au hasard parmi de pauvres diables trop heureux de gagner de la sorte quelques sapèques. Ils vont clopin-clopant, sans conviction, tenant leurs accessoires en ferblanterie et en carton-pâte Dieu sait comment, causent entre eux à voix haute, échangent avec la foule des grimaces et des quolibets, s'arrêtent pour se moucher du doigt ou pour bourrer leurs pipes. Derrière le cercueil viennent les membres de la famille, de blanc vêtus en signe de deuil ; des palanquins, des chariots à la file, où trônent des épouses à figures poupines, nullement émues de leur veuvage ; puis des cavaliers, des serviteurs encore qui portent des cartonnages peinturlurés représentant des chevaux, des armes de prix, des coffrets soi-disant bondés de monnaie d'or et d'argent, bref, toute la fortune laissée par le mort et que ses héritiers vont, pour attester leur désespoir, livrer aux flammes sur la tombe à peine refermée.

Il y a aussi le convoi du pauvre, la bière nue que quatre coolies enlèvent au pas gymnastique ; enfin le plus sinistre des corbillards, un chariot attelé d'un buffle et dont la caisse, recouverte d'une vieille bâche, est marquée à l'arrière d'un énorme caractère noir. On le voit errer par la ville à certaines heures, le matin, entre six et huit, et le soir à la nuit tombante. C'est le tombereau des miséreux, de ceux qui n'ont pu économiser de quoi s'acheter quatre planches. Mais ce qu'il emporte le plus souvent ce sont des cadavres de bébés que les parents, n'ayant pas de quoi payer les funérailles, si modestes soient-elles, déposent simplement sur le pas de la porte, roulés dans une natte. Nous l'avons surnommé « la charrette aux enfants ». Et c'est, par les clairs matins d'automne, une vision macabre, cette guimbarde promenant, dans l'animation joyeuse d'une ville qui s'éveille, son chargement de chair humaine ballotté au gré des cahots. La silhouette même du charretier, un lourdaud quelconque assis sur le brancard, a, semble-t-il, je ne sais quoi de sinistre. Charrette aux enfants, charrette de l'ogre. Où donc les emporte-t-elle? Vers quelque trou creusé là-bas dans la plaine, pas assez profond pour que, sous les pelletées de terre, les chiens errants et les vautours ne puissent y trouver leur pâture. Quelquefois, après une tournée fructueuse, lorsque la boîte est pleine, un heurt violent fait jaillir par une déchirure de la bâche un bout de bras, une petite main qui s'agite dans un vague geste d'appel.

Cortèges de riches, chars de pauvres s'attardent dans les carrefours encombrés, pêle-mêle avec les chaises des mandarins à grosses besicles, avec les équipages des petites dames aux joues peintes, avec les bandes de poneys à demi sauvages et les troupeaux de moutons affolés que des bergers mongols chassent devant eux à grands coups de fouet. Pendant quelques minutes le tumulte est à son comble, on se menace, on échange des bordées d'injures. De police, pas trace. C'est à croire que la bousculade va durer pendant des heures. Elle cesse pourtant, tout d'un coup, sans qu'on sache comment ni pourquoi. La masse, inopinément, se désagrège. Après de longs remous le courant se rétablit, s'épanche avec une impétuosité nouvelle, entraînant les vivants et les morts.

III

Si multipliés que soient les décès, leur chiffre semble insignifiant, comparé au nombre des hyménées. On convole beaucoup en ce moment. C'est la saison des grands mariages, l'époque de l'année la plus féconde en jours fastes, déclarés tels par l'expérience des aïeux et les dires des augures. Il ne se passe guère d'heures que je ne croise, dans mes promenades, une ou plusieurs processions nuptiales. Les mariages, je le constate à regret, sont infiniment moins décoratifs que les enterrements. Il y a moins de monde, moins de drapeaux et de banderoles ; la musique est plus discrète. C'est, en réalité, d'une mise en scène plus sobre, moins amusante pour les yeux. Enfin, que vous dirai-je ? C'est moins gai, mais c'est encore très bien.

A citer d'abord le défilé des cadeaux de noces : pièces de soie, meubles, bijoux, envoyés à la fiancée. Le tout, agrémenté de flots de rubans, est disposé sur des brancards, à découvert, pour que nul n'en ignore. Les porteurs ont l'ordre de choisir le chemin le plus long, de se montrer avec leurs précieux fardeaux dans les quartiers les plus fréquentés et de ne pas épargner les haltes afin de mieux attirer l'attention des passants. Ajoutons que, dans la plupart des cas, ces prodigalités ne sont que pour la montre. Neuf fois sur dix, les cadeaux sont loués, à tant la pièce, à quelque entrepreneur de fêtes, lequel, en général, est le même pour les funérailles et les épousailles. L'effet produit, les articles réintègrent le magasin processionnellement, comme ils sont venus. Chacun sait à quoi s'en tenir. Mais cela ne nuit en rien à la bonne renommée du futur ; ses connaissances le félicitent et l'on murmure de groupe en groupe : « Un tel a bien fait les choses! »

Purs simulacres aussi, les airs d'allégresse du jeune homme allant quérir chez ses beaux-parents et ramenant en triomphe celle qui va devenir l'ange de son foyer. De quoi peut-il bien se réjouir? Il ne la connaît point, il ne l'a jamais vue. Le mariage a été décidé, préparé par les chefs des deux familles, sans que les parties directement intéressées aient donné leur avis. La mariée, dissimulée sous un épais voile rouge, attendait son seigneur et maître sur le seuil de la maison paternelle. Elle a pris place dans une litière de couleur pourpre dont les rideaux ont été clos avec soin. Puis le cortège s'est remis en marche au son des tambourins et des flûtes, l'époux en tête, radieux dans ses habits de gala, comme s'il s'applaudissait de sa conquête. Et pourtant, ce n'est pas avant une petite heure que, rentré chez lui, il en aura le cœur net, qu'il entreverra pour la première fois les traits de la figurine voilée de rouge; alors seulement, il saura si celle qu'on lui a choisie pour compagne est jeune ou mûre, déesse ou maritorne.

Toutefois, dans la plupart des cas, le fiancé, s'il n'a pu choisir sa promise, réussit du moins à se faire renseigner par des tiers sur les mérites, le caractère et la tournure de la jeune personne. Les mamans, les petites sœurs surtout, volontiers bavardes, sont ici d'un grand secours. Quoi qu'il en soit, la documentation demeure forcément très vague.

LA CHAISE DE LA MARIÉE.

EN FAMILLE.

Dans la préparation de semblables hyménées, l'imagination peut se donner carrière ; le cœur n'intervient jamais.

Jamais?... C'est beaucoup dire. Tout arrive; même en ce pays de traditions et de rites immuables, il y a place pour l'imprévu. Ici comme ailleurs, le hasard, ce merveilleux metteur en scène, amène des rencontres d'un romanesque assez piquant. Je n'en veux pour preuve que l'histoire suivante, scrupuleusement exacte, et dont j'ai connu les héros.

Le fait s'est passé pendant mon second séjour dans la Chine du Nord (1). Si je le mentionne, c'est qu'il met en relief certains traits du caractère national et nous fait assister à l'une de ces péripéties de la vie de famille, d'ordinaire si jalousement murée. A Dieu ne plaise que j'abuse de confidences amicales. Aussi tairai-je les noms, bien qu'à pareille distance l'indiscrétion soit péché véniel. Mais vous n'ignorez pas combien la susceptibilité de l'homme jaune est, sur ce point, chatouilleuse; une vraie sensitive. Si nous pénétrons dans sa vie privée, que ce soit à pas légers, sans préciser le lieu, ni les êtres. Il vous suffira de savoir que la scène est non pas à Péking, mais dans une ville voisine. Les acteurs se nommeront comme il vous plaira : ou plutôt, sans recourir à des noms de terminologie vraiment chinoise, que je serais fort en peine d'imaginer et qu'il vous serait malaisé de retenir, le plus simple est de désigner nos personnages par des termes algébriques. Ce sera moins couleur locale, mais tout aussi clair et surtout moins compromettant.

Donc il advint que l'honorable banquier X..., chef d'une famille nombreuse, heureux père de deux garçons et père

(1) Les notes dont le résumé forme la première partie de ce volume ont été recueillies au cours de plusieurs voyages dans la région Pékinoise, notamment durant les automnes de 1895 et 1896.

moins glorieux de trois filles, s'était engagé, depuis nombre de lunes, à réserver au fils de son vieil ami Y... le marchand de thé, la main de l'aînée, la petite Z...

Bien entendu, les futurs conjoints ne se connaissaient que de nom. Du moins ne s'étaient-ils pas revus depuis leur tendre enfance, la coutume voulant que, même dans les réceptions entre intimes, les représentants des deux sexes soient traités à part. Madame a ses invitées, monsieur les siens. Ici l'on fume tout en causant de la pluie et du beau temps, littérature et, surtout, affaires. Là-bas on parle chiffons en grignotant des friandises et tout le monde est content. C'est moins gai que chez nous, mais si correct!

Les deux familles d'accord, les cadeaux de noces loués dans le meilleur magasin d'accessoires, il ne restait plus qu'à prendre date pour la cérémonie. Sur ces entrefaites, le banquier fut obligé de se rendre à Péking. Son absence devait durer deux jours, trois au plus, le temps de régler je ne sais quelle affaire urgente. Le voici donc chevauchant de bon matin vers la capitale après avoir confié à sa femme le soin de veiller sur la maison et sur la turbulente jeunesse que mettait en verve la perspective des noces prochaines.

Or le malheur voulut que, ce jour-là, la ville fût favorisée par la venue d'une troupe de baladins et de jongleurs. Mais non pas une troupe quelconque, des artistes de choix; tels qu'on n'en vit jamais, tels qu'on n'en reverrait plus et dont l'imposant défilé avait mis les populations en liesse. On ne parlait pas d'autre chose dans les hôtelleries et dans les maisons de thé, chez les boutiquiers comme chez les bourgeois. La nouvelle, bientôt connue chez les X..., causait dans ce respectable intérieur, en particulier parmi les plus jeunes membres de la famille, une émotion bien légitime et, qui plus est, des curiosités coupables. L'occasion était bien tentante. « Papa n'est pas là... Si l'on pouvait!... » La maman se récria : « Mes enfants, vous n'y pensez pas! » Ils ne pensaient qu'à cela, très excités, les jeunes gens et les fillettes, et ils insistaient. Pourquoi n'irait-on pas à la comédie? Tout le monde y serait. — « Mais ce n'est pas possible. Votre sœur, qui est fiancée, se montrer ainsi au dehors! » — C'était très possible. Nul n'en saurait rien. Ces dames iraient voilées, dans leur chariot. Une fois au théâtre, on choisirait une loge, une bonne petite boîte protégée par un grillage de bambou.

Ainsi fut fait. Le théâtre, un vaste bâti recouvert de nattes, s'élevait en pleine campagne, à un quart de lieue de la ville. L'assistance était nombreuse, comme en témoignait l'encombrement des véhicules et des montures, la cohue des serviteurs, palefreniers, porte-chaises, porte-flambeaux, et des restaurateurs ambulants, tout un peuple s'agitant à la lueur des lampions de papier huilé.

Ce que valait le spectacle, je l'ignore. Toujours est-il qu'il finit tard, au moment précis où éclatait un furieux orage. La sortie fut un sauve-qui-peut. Vainement la famille X..., entraînée et refoulée tour à tour comme une épave par le flot, tenta d'opérer sa retraite en bon ordre. Une poussée irrésistible désagrégea le groupe dont les débris partirent en dérive. Et brusquement, la petite Z... se vit séparée des siens, emportée par la multitude houleuse. Que devenir? Comment retrouver ses grands frères, sa mère et ses sœurs, les domestiques et le chariot? La pluie tombait, le vent faisait rage; la pauvre enfant, à chaque pas, trébuchait dans la boue glissante, au risque d'être piétinée par la foule, par les chevaux, par les bourriques, broyée sous les charrettes, sous les énormes brouettes-omnibus, chargées de clients. Appeler à l'aide? C'était se faire connaître. Une jeune fille comme il faut, une fiancée, égarée en pareil lieu, à pareille heure. Quel scandale! Mieux vaudrait mourir. Et grelottante, éclaboussée, la tête enfoncée dans son capuchon, serrant son voile, elle allait. Peut-être apercevrait-elle au passage le char familial. On devait être à sa recherche. D'ailleurs, au pis aller, elle savait la route et le logis n'était pas loin.

Mais peu à peu la foule s'écoulait, les véhicules, les piétons devenaient plus rares. Une chaise à porteurs passa dans un flamboiement de torches, puis quelques groupes encore brandissant des lanternes. Et ce fut tout. Elle restait là, seule dans le noir, sous l'averse, n'osant faire un pas. De route il n'y avait plus trace. Autour d'elle, rien que la nuit, l'orageuse nuit pleine de rumeurs et d'épouvantes. Une rafale la renversa. Alors, sanglotante mais résignée, elle ne remua plus. C'en était fait! Jamais, jamais elle ne reverrait la maison!

Depuis combien de temps est-elle ainsi? Un instant?... Des heures?... Elle ne sait. Tout à coup une lueur brille dans la nuit. Elle perçoit un bruit de voix, des hennissements. Les voix se rapprochent et, plus morte que vive, elle se sent saisir, enlevée soudain par deux bras vigoureux. Des voleurs!... Non. De braves gens, le maître et le serviteur; un jeune marchand qui revient de voyage avec son *mafou* précédant en éclaireur, un falot de corne pendu à l'étrier. La mule du palefrenier venait de faire un violent écart et de s'arrêter court sur un obstacle, sans doute quelque branche cassée ou quelque fagotin tombé d'une charrette. Mais le fagotin s'agite; un sanglot le secoue. Une femme! Le cavalier a mis pied à terre et, à la clarté de la lanterne, s'apprête à dévisager l'inconnue que le valet vient de relever. Les vêtements ne sont point ceux d'une fille du peuple, encore moins d'une courtisane. C'est la mise décente d'une personne bien née. Le voile écarté, non sans peine, il n'a plus de doute.

UNE MARIÉE.

JEUNE FEMME EN TOILETTE D'INTÉRIEUR

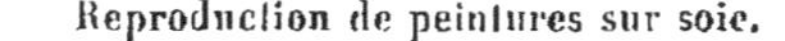

Reproduction de peintures sur soie.

L'expression du visage, ces yeux d'enfant encore gonflés de larmes attestent qu'en dépit des circonstances, plutôt étranges, de la rencontre, l'abandonnée n'a rien d'une aventurière.

La petite cependant, après bien des hésitations, conte son histoire, sans se nommer, tant elle a honte. On la rassure. Elle n'a rien à craindre, la ville est à deux pas. Qu'elle dise seulement où demeurent ses parents, on va la reconduire au logis.

Mais les sanglots redoublent. Non! Non! cela ne se peut. Rentrer ainsi, ramenée par un étranger; être vue des voisins, raillée par eux, devenir peut-être la fable du quartier, un objet d'opprobre pour sa famille; une fiancée!... Car elle est fiancée, voilà le terrible!

Certes!... Le bon jeune homme est très ému de cet aveu. Il a, lui aussi, une fiancée. Penser qu'elle aurait pu se trouver dans une situation pareille. Ce serait affreux! « Assurément, explique-t-il, ce n'est point de cette façon, en si piètre équipage, en compagnie du premier venu, que vous devez regagner votre maison. Nous irons d'abord chez mes parents qui habitent près d'ici. Ma mère aura soin de vous; elle vous donnera des vêtements secs, puis vous fera reconduire dans sa chaise, à l'abri de la curiosité des passants et des voisins. Vous pouvez vous fier à moi. Ma famille est honnêtement connue. Mon père est Y... le marchand de thé. »

Ces paroles rassurantes, loin de calmer la jeune fille, augmentent son trouble. Maintenant c'est un vrai désespoir. Qu'on la laisse; elle n'a besoin de personne; elle est bien malheureuse!

Et, comme l'autre s'étonne, insiste, alors tout bas, toute confuse, elle balbutie :

« Mon père est X..., le banquier...

— Ma promise!

— Je l'étais, oui. Mais à présent, tout est fini!... Partez.

Sa fiancée! Le jeune Y.... eut un moment de stupeur; — rien qu'une minute. Pourquoi donc tout serait-il fini? Elle était gentille, cette petite Z... malgré son visage ruisselant de pleurs et ses vêtements trempés de pluie; gentille tout à fait! Et légère comme une alouette, pensa-t-il, tandis qu'il l'enlevait dans ses bras et l'installait sur la mule. Puis, se plaçant auprès d'elle, il saisissait les rênes et continuait paisiblement sa route, précédé du *mafou* et de la lanterne. Peut-être même — que sait-on? — éprouvait-il alors, le jeune Céleste, cette satisfaction inconnue à ceux de sa race, de faire ce qui ne se fait pas tous les jours. A coup sûr, ce n'était point banal, ce n'était pas vieux jeu, cette première entrevue, ces accordailles un soir d'orage, sur un chemin désert.

Il est toutefois moins certain que les parents aient, dans le premier moment goûté comme il convenait le romanesque de l'aventure. Le couple, j'incline à le croire, fut accueilli sans enthousiasme; sans doute s'en fallut-il de bien peu que la petite Z..., rendue à sa famille, eût à chercher un autre épouseur. Comment elle obtint gain de cause, par quel miracle? Je ne saurais dire. Ce qu'il y a de sûr, c'est qu'une demi-heure plus tard, réconfortée et consolée, elle prenait place dans la chaise pour retourner auprès des siens sous la conduite de son futur beau-père.

Il était temps qu'elle arrivât. Dans la maison X... la situation tournait au tragique. Le banquier ayant expédié vivement l'affaire qui l'appelait à Péking, était de retour le soir-même, un jour plus tôt qu'on ne l'espérait. On conçoit sa stupéfaction en trouvant la maison vide, et son emportement lorsque, peu après, il voyait apparaître, et dans quel état! — sa trop faible épouse et leur fils aîné; ensuite le cadet remorquant deux de ses sœurs. Mais la troisième, la fiancée? Égarée, hélas! Introuvable!

Le premier choc fut terrible. L'autorité paternelle méconnue, bafouée le déshonneur jeté sur la famille, c'était là plus qu'il n'en fallait pour transmuer en un justicier implacable le financier le plus débonnaire. Les coupables, front contre terre, attendaient, croyant leur dernière heure venue. Mais bientôt la fureur du père tomba. A quoi bon se livrer à d'inutiles massacres? Le malheur n'en serait pas moins le fait accompli, l'irréparable. Non. C'était à lui de disparaître, de ne pas survivre à cette honte. Et subitement calmé, très digne, il avait tout préparé pour un suicide décent, libellé en beaux caractères ses volontés suprêmes ; déjà il se disposait à ingurgiter les trois ou quatre boulettes d'opium qui devaient lui procurer la mort sans agonie, lorsqu'une rumeur confuse arriva de la rue; des appels de voix, des heurts pour demander la porte. Deux chaises flanquées de coureurs brandissant des torches pénétraient dans la cour et s'arrêtaient devant le péristyle. De la première descendait un vieux bonhomme portant besicles, de la seconde, une petite femme voilée. Le vieillard la prit par la main, cette petite femme et, souriant, la conduisit vers le maître du logis. Celui-ci, accouru sur le seuil pour saluer le visiteur, murmurait non sans embarras :

— L'excellent Y... Le prince de nos marchands de thé!...

— Lui-même, le boutiquier infime et toujours ton très humble ami : il te ramène l'enfant perdue,... et ne reprend pas sa parole!

Les deux amis doucement émus se congratulèrent; la soirée qui menaçait de si mal finir s'acheva dans les vapeurs du thé bouillant et la fumée des longues pipes.

Quelques jours après, un cortège de noce parcourait les rues de la ville au son des flûtes et des cymbales. Rarement on vit fête mieux ordonnée, défilé plus joyeux.

L'époux, dans sa chaise mandarine, attirait tous les regards : les passants ne pouvaient s'empêcher de remarquer sa mine rayonnante où s'épanouissait la certitude de la félicité parfaite. Plus heureux que ses pareils, ce marié-là savait à quoi s'en tenir sur les mystères du palanquin rouge aux draperies closes. Pour la première fois peut-être depuis que la Chine est est au monde on ne s'y mariait point à l'aveuglette.

Il est pour la femme chinoise, dont l'existence s'écoule si monotone, si terre à terre, une minute de gloire, l'instant où elle prend place dans la marche nuptiale. Alors, elle est la souveraine, elle est l'idole. La chaise de la mariée a le pas sur toutes les autres, sur celles des plus hauts mandarins civils ou militaires. Le grand personnage et son escorte feront halte ou s'effaceront pour livrer passage à la litière voilée qui emporte l'humble bourgeoise vers la maison de l'époux. Cette heure triomphale ne sonne qu'une fois pour elle. La veuve qui se remarie n'a plus droit à ces égards, aux étoffes de pourpre, au pompeux cortège qu'accompagnent les gongs et les fifrès. Cette royauté d'un jour, la fuite rapide des bonheurs humains, de la jeunesse sitôt fanée, tout cela est exprimé, avec quelque mélancolie, par le dicton populaire : On ne monte qu'une fois dans la chaise rouge!

IV

L'animation de la rue, vivante et bruyante, ne révèle point ici, comme dans les autres villes de l'Empire, une activité commerciale très intense. Péking est avant tout un centre politique. Le mouvement d'affaires est peu de chose; le grand marché est Tien-Tsin. La capitale n'étant point ouverte au commerce étranger, la petite colonie européenne comprend seulement les membres du corps diplomatique et les missionnaires. Une centaine de personnes, pas davantage; un groupe infime perdu dans une immensité. Mais j'en sais peu d'aussi accueillant, où les relations acquièrent en aussi peu de temps ce caractère d'intimité quasi familiale. Il n'y a pas encore un mois que je suis arrivé et déjà j'ai la sensation très imprévue et très douce de vivre environné d'amitiés anciennes. Dans les hospitalières légations de France et de Russie l'impression est parfois si aiguë que j'ai peine à ne pas me croire à des milliers de lieues d'ici, rajeuni de plus d'une année, au milieu des miens, réfléchissant, non sans un peu de mélancolie, à la fuite de plus en plus rapide des heures, à l'instant de la séparation prochaine.

Aux Missions, l'accueil n'est pas moins affectueux. On en connaît vite le chemin; on s'oublie volontiers des heures entières à converser avec des hommes qui, depuis leur jeunesse, vivent dans le contact de ce peuple étrange, se sont approprié sa langue, son genre de vie, ont étudié sa littérature, son art, fouillé ses volumineuses annales, possèdent le don si rare d'évoquer dans leurs causeries, en quelques touches d'un coloris saisissant, les événements et les êtres; qui, enfin, sous le costume chinois, ont gardé l'âme bien française, l'esprit alerte et, sans trop se payer d'illusions, convaincus dès longtemps qu'ils labourent une terre ingrate, n'ont rien perdu de leur ténacité de pionniers, de leur ardeur presque joyeuse, complètement heureux dans les difficultés de la tâche librement acceptée.

Ces Missions, qu'on aurait tort de considérer uniquement comme des foyers de propagande, au sens étroit du terme, car leur activité se manifeste sous des formes très diverses, se trouvent à une assez grande distance du quartier des légations, en pleine ville tartare, fort éloignées les unes des autres et désignées d'après leurs positions aux quatre points cardinaux : *Pei-Tang, Nan-Tang, Ton-Tang,* et *Si-Tang* (église du Nord, église du Sud, église de l'Est et église de l'Ouest). Autour de ces chapelles sont groupés non seulement les logements des Pères, les séminaires, les noviciats, mais aussi les écoles, les ouvroirs, les ateliers où toute une jeunesse s'exerce à travailler le bois et le métal ; l'imprimerie enfin dont le personnel manie avec une égale dextérité le caractère chinois et la lettre latine. Près du Ton-Tang est l'hôpital où les Sœurs, assistées du médecin de la légation, donnent leurs soins à la plus effrayante des clientèles. Cette humanité souffrante exhibe des ulcères et des phénomènes pathologiques, tels qu'on en voit rarement dans les cliniques européennes. L'établissement est le seul de ce genre à Péking, aussi est-il toujours rempli. Des foules l'assiègent. A certains jours, il y a devant la porte des centaines de malades guettant l'arrivée du docteur. Ceux qui ne peuvent trouver place dans les salles passent au dispensaire, font panser leurs plaies, reçoivent un bol de riz et vont conter leur aubaine aux camarades. C'est, dans le voisinage de cette mission, la plus ancienne de toutes, bâtie il y a près de deux siècles par les jésuites portugais, un continuel va-et-vient de figures spectrales, une animation de cour des miracles, et mieux encore que l'édit impérial gravé en lettres d'or au fronton de l'église, cette armée de la misère la protège.

Le quartier général des Missions est le Pei-Tang, situé dans la ville jaune, non loin du palais. A l'entrée, deux pavillons ornés du dragon emblématique abritent des stèles de marbre où sont reproduites les ordonnances aux termes desquelles la France obtenait, il y a un peu plus

MENDIANTS, DEVANT L'HOPITAL FRANÇAIS DU NAN-TANG — PÉKING.

de cent ans, la concession d'un terrain dans la ville impériale. A la demande de la cour qui désirait agrandir le palais et les jardins de l'impératrice douairière, une nouvelle convention a été conclue, il y a quelques années, réglant la rétrocession de l'emplacement primitif en échange d'un autre terrain d'une superficie plus étendue. L'église et ses dépendances ont été reconstruites aux frais de l'Empereur. Le fait est relaté en gros caractères sur un cartouche au-dessus du portail. Le Pei-Tang est la résidence du Vicaire apostolique et d'un homme dont le nom est familier, le souvenir cher à tous ceux qui, depuis un quart de siècle, ont passé par Péking, le R.P. Favier, vicaire général, procureur des Missions Lazaristes, aujourd'hui Mgr Favier, évêque coadjuteur de Péking et mandarin du premier degré, à bouton rouge.

A noter encore, à un kilomètre hors des murs, près de l'ancien cimetière français, au hameau de Cha-La-Eul, la très intéressante école tenue par les Frères. Elle compte une centaine d'élèves qui, pour la plupart, écrivent et parlent couramment notre langue. Cet établissement jouit ici d'une considération marquée, attendu que quelques-uns des bambins qui y firent leurs études se sont, par la suite, poussés fort agréablement dans le monde. L'un des plus récents titulaires de la Légation de Chine à Paris, le ministre Tsing, était un ancien élève de Cha-La-Eul.

Dans la petite colonie du quartier des légations, — laquelle comprend, outre le corps diplomatique, les agents européens des douanes impériales, l'état-major de sir Robert Hart, — on se voit beaucoup, on aime à voisiner. Les rivalités de nation font trêve pendant une heure ou deux, la fâcheuse politique est bannie, rien ne trouble la cordialité de ces réunions intimes. On se fait donc visite, sans tapage et sans apparat. On se réunit de cinq à sept, à l'heure du thé, on s'entretient de menues choses qui, dans ce cercle étroit, acquièrent une importance capitale. On apprend que celui-ci a congédié son boy, que tel autre est allé chasser le faisan aux Collines, que le ménage X... a reçu de Shanghaï ses approvisionnements pour l'hiver, que Mme Y... a fait emplette d'une fourrure, que M. Z... a mis la main sur un bibelot rare. Cela a quelque chose du charme de la vie de province au bon vieux temps, une existence que nous ne connaissons plus guère depuis le développement des voies ferrées, de la télégraphie et des téléphones. Faut-il donc, pour la retrouver, venir si loin?

Péking, qui plus est, possède en ce moment une population flottante et polyglotte d'ingénieurs et d'hommes d'affaires accourus, aussitôt la paix conclue, pour faire leurs offres au gouvernement chinois et lui arracher des concessions diverses : mines, fournitures d'armes ou chemins de fer. La Chine les attend, la Chine les appelle. Elle ne peut manquer de s'ouvrir après cette rude secousse. « La Chine va s'ouvrir, » telle est, en effet, la nouvelle qui vole de bouche en bouche au lendemain de tout événement de nature à ébranler l'édifice vermoulu du vieil empire. Elle a pris son essor après la guerre du Tonkin. La Chine allait s'ouvrir, la Chine s'ouvrait. La Chine est demeurée close. Aujourd'hui enfin, à en croire les bruits qui courent, la prédiction va s'accomplir. Il faut qu'une Chine soit ouverte ou fermée. C'est pour cette fois, la brèche est faite, on entrera. Et les intéressés arrivent à la file avec leurs plans, leurs devis. Autour de la table d'hôte, d'ordinaire moins encombrée, ils sont déjà une quinzaine. Oh! cette petite salle à manger de l' « hôtel de Péking », que d'ambitions elle abrite, que d'impatiences, que d'amertumes aussi! Toutes les puissances y sont représentées, les petites comme les grandes. La Suisse a ses hommes, ainsi que le Danemark, les Pays-

Bas et la Belgique : on attend un Norvégien. J'ai passé là quelques bons moments. Ces messieurs se dévorent des yeux. Bien entendu, ils commencent par se présenter comme de simples touristes.

Plusieurs ont amené leurs femmes. Ils ne parlent d'abord que d'un petit séjour, si peu que rien, le temps de voir la ville et les alentours, la Grande Muraille, les tombeaux des Mings. Puis les jours passent; en fait d'excursions, les nouveaux venus se bornent à faire la navette entre l'hôtel et leurs légations respectives d'où ils reviennent avec des airs navrés. Cela ne marche pas, décidément; il y a du tirage. On ne veut pas entendre parler du chemin de fer ni de la mine. Pas commodes à placer non plus, le canon à air comprimé, le fusil nouveau modèle, le ballon captif. Nos gens attendent, ne parlent plus du départ qu'incidemment, et déjà se résignent à passer l'hiver dans ces murs. De jour en jour les visages se font plus renfrognés, les voix plus aigres, et, l'avouerai-je? je me sens un peu décontenancé sous les regards scrutateurs de mes compagnons de table. Être le seul à ne pas proposer son petit canon ou sa locomotive, le seul à ne rien demander, c'est très gênant. D'autant que nul n'en croit rien ; je lis nettement sur les figures des expressions interrogatives de ce genre : « Qu'est-ce que ce particulier-là? Un voyageur, un vrai? Allons donc, ce n'est pas naturel; il doit y avoir quelque chose là-dessous ! » J'en éprouve quelque honte.

Parfois cependant une détente se produit. A l'approche d'un nouveau concurrent, les rivalités s'apaisent, les intérêts menacés se coalisent pour faire tête à l'ennemi. Il y eut, avant-hier, après le déjeuner, un instant de vive émotion. Un gentleman flanqué de deux boys et d'un nombre respectable de valises, venait d'entrer dans la cour, — un gentleman coiffé d'un fez. Alors ce fut un effarement, une rumeur indignée. « Un Turc à présent ! Il ne manquait plus que cela. Si les Turcs s'en mêlent ! Pourquoi ce Turc ? Que veut ce Turc ? »

Informations prises, celui qui causait cet émoi, n'avait d'un Osmanli que la coiffure. L'étranger était un Américain, un banquier arrivant en droite ligne de Chicago, afin de constater *de visu* si la Chine était, oui ou non, ouverte et s'il y avait pour lui quelque chose à faire. Son enquête n'aura pas été longue. Au bout de vingt-quatre heures, après avoir déjeuné chez son ministre, parcouru la ville, acheté fort cher trois ou quatre potiches de nuances criardes, il a jugé qu'il perdait son temps. Il a plié bagage, rechaussé ses grandes bottes, remis son fez et s'en est allé. C'est un sage.

CHAPITRE III

AUTOUR DE PÉKING. — PÉKING A TABLE.

I

Une semaine passée à explorer les environs, cinquante à soixante lieues, par d'affreux chemins, au petit trot de l'infatigable poney mongol.

Je me suis tout d'abord, comme bien on pense, dirigé vers la Grande Muraille. C'est l'excursion classique, obligatoire et, pour beaucoup, le but du voyage. Si vous n'avez pas contemplé cette clôture fameuse, vous n'avez rien vu. « Quand partez-vous pour la Grande-Muraille? Ne manquez pas d'aller à la Grande Muraille! » Ces phrases reviennent tous les jours dans les conversations avec l'insistance d'un *leit-motiv*. J'ai donc visité la Grande-Muraille et, au retour, les tombeaux des empereurs de la dynastie des Mings.

Une pluie de quarante-huit heures a transformé la plaine en un lac de boue; la première étape, forcément très courte, n'en est pas moins des plus laborieuses. C'est presque à la nage que nous faisions, mon mafou et moi, à la nuit tombante, notre entrée dans le village de Tcha-Ho, situé à une trentaine de kilomètres seulement de la capitale, dans la direction du nord, à peu près à mi-route entre Péking et les montagnes.

Le lendemain, par bonheur, le ciel s'est dégagé. Une brise très fraîche a balayé les nuées. Le terrain peu à peu s'élève et s'assèche; bientôt la piste devient pierreuse, nos bêtes bronchent sur les cailloux roulants; le soleil est déjà haut lorsque nous traversons la petite ville fortifiée de Nankou, bâtie à l'entrée du défilé qui mène en Mongolie. Nous y reviendrons passer la nuit. Ce n'est point trop d'une demi-journée pour atteindre le col, faire les cent pas sur la Grande-Muraille et redescendre. La distance, aller et retour est de 72 *lis* (environ 36 kilomètres).

Nankou n'a d'une place forte que les vestiges. Le mur d'enceinte est crevé en maint endroit; les tours de guet plantées à droite et à gauche sur les rochers qui dominent la ville sont dans un état lamentable. Néanmoins, malgré les ruines pantelantes et les monceaux de décombres qui l'attristent, le site très âpre n'est pas sans grandeur. Le contraste est d'une soudaineté saisissante entre le monotone horizon, les lointains perdus de la plaine pékinoise et ces escarpements de roches brûlées. L'unique rue de Nankou est pavée de blocs énormes, disjoints, polis et rendus glissants comme la glace par le passage d'innombrables générations d'hommes et de bêtes. Les chevaux ont peine à s'y maintenir en équilibre, n'avançent qu'à pas comptés. Cette rue informe, ce couloir d'avalanche que bordent des masures en pierres sèches, c'est la route de Mongolie, la grande voie commerciale du Nord. Là se croisent en files interminables, les convois de chameaux, de chevaux et de mulets, les caravaniers pauvres poussant devant eux leurs bourriques et portant eux-mêmes un lourd fardeau. Là circulent d'un bout de l'année à l'autre, jour et nuit, les chargements de balles de laine et de pelleteries mongoles descendant vers Péking, de thés en brique expédiés de Tien-Tsin à destination de Kiakhta, sur la frontière sibérienne. . . . .

PORTE DE TCHU-YOUNG-KOUAN.

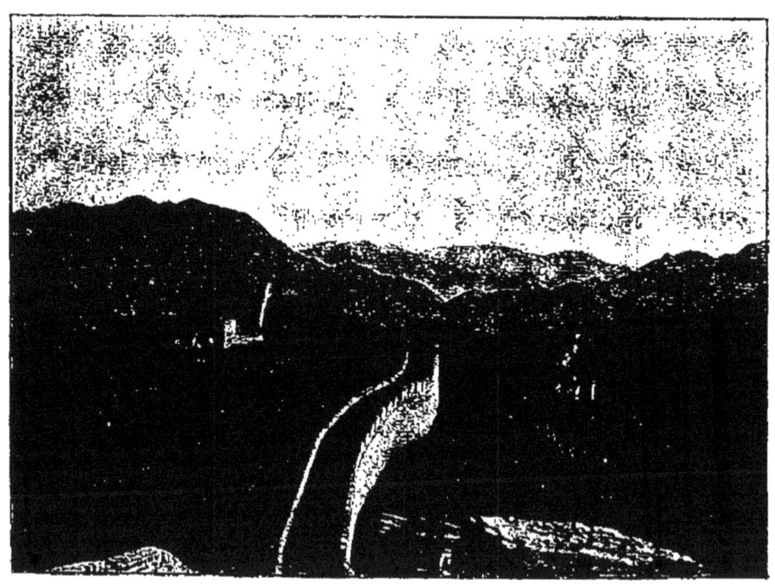

LA GRANDE MURAILLE.

Inoubliables, ces trains de chameaux à deux bosses, à l'allure lente et cadencée, qui sillonnent toutes les routes. Partout on les retrouve; ils encombrent les rues de Péking, ils déroulent leurs capricieux festons dans les campagnes, à l'infini, mettant une broderie mouvante et sombre aux reliefs des coteaux pelés, sur l'étendue fauve des plaines. Elles vont, les patientes bêtes, de taille plus élevée que le dromadaire saharien, elles vont par fractions de cinq ou six, une corde passée dans les naseaux, cheminant ainsi à la queue-leu-leu, toujours du même pas, sans que le sol résonne sous la foulée de leurs pieds mous. Aux heures crépusculaires, rien ne les révèle, si ce n'est le glas funèbre de la lourde campène suspendue au cou de l'animal qui marche en serre-file. Si le tintement cesse, le conducteur est averti qu'une rupture vient de se produire dans le convoi, et l'on fait halte. A cela près, les grandes silhouettes se meuvent silencieuses, immatérielles, croirait-on, paraissant à peine effleurer la terre. La caravane approche, elle passe, elle est passée — comme une apparition de rêve.

Au sortir de Nankou, la route, de plus en plus montueuse, s'engage dans la gorge, tantôt à flanc de coteau, tantôt confondue avec le lit d'un torrent desséché. Ce paysage est la désolation même et rappelle les *barrancos* de la Cordillère des Andes. Au bout d'une heure et demie, nous dépassons une autre petite place forte, Tchu-Yung-Kouan, également dévastée, mais où se dresse intact, parmi les débris, un morceau d'architecture remarquable, un arc de triomphe à voûte pentagonale dont les parois sont décorées de bas-reliefs et d'inscriptions en caractères chinois, mongols, thibétains et sanscrits. Puis, de nouveau, c'est le chaos, la montagne aux pentes érodées, crevassées, où pointent çà et là quelques touffes d'herbe grise. Vers midi enfin nous sommes sur le col au pied de la

Grande-Muraille, devant la porte de Pa-Ta-Lin. Le passage est aujourd'hui ouvert à tout venant. A-t-il jamais été gardé? La herse a disparu, les embrasures sont vides. Deux petits canons de fonte gisant en plusieurs morceaux dans l'herbe, sur la gauche du chemin, c'était là sans doute tout l'appareil de défense. Peut-être même n'ont-ils pas été mis en place.

De la plate-forme le regard embrasse un horizon très étendu. D'une part, un moutonnement de collines rousses dont les ondulations vont s'abaissant vers l'est jusqu'à la plaine de Péking, qui se déploie pareille à une mer sous le frisson des ondes lumineuses, avec la capitale figurée par une tache sombre, aux contours indécis, une petite île là-bas, très loin. De l'autre côté, c'est la Mongolie; la ligne des montagnes s'infléchit vers le nord-est : en face de nous, s'élargit la plaine, l'immense plateau qui s'étend, à travers les steppes de Gobi, vers Ourga, Kiakta, jusqu'à la Transbaïkalie. Bien que l'altitude du col soit de 300 mètres à peine, le froid est très vif même en plein midi. La pluie de ces jours derniers s'est changée en neige à ces hauteurs, toutes les crêtes sont poudrées. Sur ces cimes blanches, à perte de vue, la ligne brisée de la Muraille avec ses créneaux et ses tours carrées érigées de distance en distance se détache en vigueur, rampe, se tord, escalade les sommets, glisse dans les profondeurs pour reparaître au lointain, menue comme un fil.

La plate-forme a environ six mètres de large; le rempart est élevé d'une dizaine de mètres et, à peu de choses près, en aussi bon état qu'à l'époque où il fut construit, sous l'empereur Tchi Wang Ti, il y a plus de deux mille ans, pour arrêter les hordes mongoles. Les Mongols ont passé tout de même, et après eux bien d'autres. La Grande-Muraille n'a jamais été et ne pouvait pas être une défense sérieuse. Elle n'a même à première vue, quoi que ce soit d'imposant. Il faut un effort de réflexion pour percevoir l'énormité de cette entreprise folle. Ce n'est qu'un mur, évidemment, un mur ni plus haut ni plus large que beaucoup d'autres. Mais lorsqu'on songe qu'il s'étend depuis le golfe de Petchili jusqu'au fond du Kan-Sou, sur une longueur de près de 4,000 kilomètres, — le dixième du méridien terrestre — qu'il traverse des déserts, des régions tourmentées, tour à tour perdu dans les abîmes et grimpant sur des escarpements en apparence inaccessibles; quand on réfléchit que chacune de ses briques pesant près de vingt kilogrammes a dû être amenée à dos de coolie, on est pris d'une sorte de vertige devant cette œuvre, la plus vaine peut-être, mais la plus colossale qui soit sortie des mains des hommes.

Les sépultures des Mings sont situées à une vingtaine de kilomètres au nord-est de Nankou et disposées en amphithéâtre au pied des collines. Les tombeaux, au nombre de treize, ne gagnent point à être vus de près. J'ai visité le plus vaste de ces édifices, la dernière demeure — naguère le palais d'été — de l'empereur Yung-Lo qui y tint sa cour en 1411. A distance, l'endroit est charmant : des pavillons, des kiosques couverts en tuile jaune, des charpentes laquées de rouge, des terrasses plantées de pins et de sycomores; un grand silence, aucune tristesse, mais seulement une paix souveraine, le recueillement dans la lumière. L'enceinte franchie, c'est la ruine, l'abandon, le gâchis. L'herbe folle envahit les cours et les portiques, la broussaille croît aux interstices des salles, les perrons fléchissent, les rampes s'émiettent, les toitures affaissées laissent passer le vent et la pluie. Une lèpre verdâtre a rongé les fresques, les laques s'écaillent; des mousses pendent en longues grappes au plafond de la salle d'honneur. Autour des colonnes, des superbes colonnes en bois de teck de quarante pieds de haut, arbres géants apportés jadis, Dieu sait par quels moyens, des forêts de Siam ou de Birmanie, des milliers de chauves-souris s'ébattent, maculant de leurs fientes la tablette funéraire du « Très parfait ancêtre et empereur Yung Lo ». C'est pire que la déchéance, l'oubli profond des dynasties tombées.

Une magnifique route dallée conduisait à ces nécropoles. On peut encore la suivre pendant un quart de lieue, après quoi tout vestige de chemin disparaît, les pierres elles-mêmes ont été pulvérisées ou bien enlevées par la dynastie présente, pour servir à des constructions nouvelles. Du grand pont jeté sur le torrent, deux arches sur dix sont encore debout. Dans ce désastre, il ne reste d'intact que la longue avenue où des figures de granit font la haie ; courtisans, guerriers, dragons rampants ou dressés, chevaux, éléphants et chameaux plus grands que nature, monolithes stupéfiants transportés là on ne sait d'où ni comment; puis, à un quart de lieue de la petite ville de Tchung-Ping-Cho, le *Païlou,* l'arc triomphal à cinq portes, une merveille de marbre immaculé qui, à l'issue d'un ravin, près d'un bouquet de saules, profilant ses blancheurs sur le feuillage d'un vert cendré et sur l'azur profond du ciel, m'a rappelé certains coins exquis de banlieue athénienne.

Les campagnes de l'Attique, le ciel de Grèce, cette lumière incomparable qui dore les vieilles pierres, fait la splendeur des ruines, tout cela, si étrange que le rapprochement paraisse, m'est revenu bien des fois à la mémoire dans mes longues promenades d'automne, autour de Péking, sur la route du Palais d'Été, et surtout dans ce pli des collines où est blotti Pi-Youn-Sé (le temple du Nuage bleu). Un véritable bijou, ce petit temple de marbre, édifié au dix-septième siècle par des artistes venus de l'Inde.

GRAND PAÏLOU DE TCHOUNG-PING-CHO. — XVe SIÈCLE.

De la terrasse où le Bouddha rêve, on aperçoit à ses pieds, dans les arbres, le monastère, — un monastère presque propre, ce qui, en Chine, tient du miracle, — les maisonnettes du village étagées en gradins au milieu des jardins et des vignes, puis, au fond du vallon, l'ancien parc de chasse où les empereurs n'ont pas chassé depuis des siècles, où les cerfs et les daims quittent sans peur l'ombre des futaies, viennent errer autour des kiosques vides, folâtrent sur les marches du palais abandonné. Un peu plus loin, dans la plaine, les bâtiments du Palais d'Été, récemment restaurés pour l'impératrice douairière, montrent les ors de leurs toitures par-dessus l'enceinte, au milieu des bois et des eaux vives. Au fond de l'horizon, les grandes poussières qui montent de Péking, enveloppent la ville d'une gloire.

Aperçu le cortège impérial et Sa Majesté elle-même qui revenait de faire sa visite hebdomadaire à la vieille impératrice installée, pour quelques jours encore, au Palais d'Été.

Quand l'empereur sort, et cela lui arrive plus qu'on ne croit, son itinéraire a été fixé longtemps à l'avance et les gens domiciliés sur le parcours sont prévenus d'avoir à rester chez eux, portes et devantures closes, tel jour, à telle heure. La rue doit être vide. On l'a, bien entendu, remise à neuf pour la circonstance; elle est nettoyée, nivelée et recouverte d'une fine couche de sable jaune — la couleur impériale. Un système de barrières, de cordes, ainsi que des avis imprimés sur des banderoles déployées de distance en distance, interdisent au public l'accès de la chaussée. Il doit se contenter des bas côtés. Quand le cortège approche, des hérauts d'armes accourent au triple galop, criant à la foule de faire place nette. Alors, c'est un sauve-qui-peut général. Les attelages embourbés font un suprême effort et s'esquivent. Les boutiques se ferment comme par enchantement. A l'entrée des rues latérales ainsi qu'aux angles des carrefours, des draperies noires sont tendues afin d'empêcher que la foule massée dans les coulisses ne voie l'empereur, ou que l'empereur ne voie les badauds. Mais la mesure n'est pas très efficace. On voit fort bien, et nul ne se gêne pour regarder par les déchirures.

Je revenais du Pei-Tang cet après-midi quand j'ai failli être renversé par une bande de cavaliers qui arrivaient au train de charge en criant que la tête du cortège franchissait la porte de Fou-Tseng-Min. Je n'eus que le temps de me faufiler dans une cour. Mais, comme, au milieu de cette cour, il y avait naturellement un tas d'ordures, il m'a suffi de faire grimper mon cheval sur cette éminence pour apercevoir, par-dessus le portail refermé, la plus grande partie de la rue. Ce que j'ai vu passer ressemble fort aux défilés de noces et d'enterrements, avec cette seule différence que la friperie est un peu moins sale, l'allure plus accélérée : des cavaliers à longues tuniques, des hallebardiers dont la pique est ornée d'une crinière, des oriflammes, des étendards, puis, à la place du catafalque, une chaise à quatre porteurs, une toute petite chaise drapée de satin jaune broché or et, derrière les glaces claires, le profil de S. M. Kouangsu, Fils du Ciel, un visage d'enfant, immobile, le regard perdu, pareil à une figure de cire. Ensuite venaient encore des soldats, des eunuques escortant les chariots des princesses, des chariots comme en ont les premiers venus, mais recouverts de soie et rechampis aux couleurs impériales. Une vision d'un autre monde, cette procession qui se hâtait dans l'avenue immense et solitaire, devant les maisons cadenassées, barricadées, voilées d'étoffes noires, ce silencieux cortège, ce fantôme d'empereur traversant une cité morte !

II

Ce soir, grand dîner à la légation de France. Au nombre des convives se trouvaient Li Hung Chang et la plupart des membres du Tsong-li-Yamen. Le fait a été remarqué, ces hauts personnages, Li Hung Chang en particulier, n'ayant point coutume de dîner en ville et s'excusant d'ordinaire sous des prétextes plus ou moins heureux. Dans ce milieu spécial, où le plus petit détail a sa valeur, on voit là une marque de déférence très courtoise, une preuve manifeste de bon vouloir et d'amitié, le résultat d'une politique heureuse qui vaut actuellement au représentant de la France une influence prépondérante dans les conseils de l'empire. Cette influence était déjà affirmée, après les derniers troubles du Sé-Tchouén, par les satisfactions complètes, décisives, obtenues en quelques jours, bien avant que l'Angleterre se fût décidée à faire une démonstration comminatoire sur le Yang-Tzé, trois mois avant que les commissaires américains fussent arrivés à Tchéng-Tou. Elle s'est, plus récemment, traduite par l'intervention directe de la cour de Péking auprès des autorités du Kouang-Tong et du Kouang-Si, au sujet de la piraterie chinoise sur la frontière du Tonkin, et par la délivrance de la famille Lyaudet, mise en liberté sans rançon. Toujours est-il que le Tsong-li-Yamen s'humanise et que Li Hung Chang est venu dîner.

Dépouillé de sa vice-royauté après les désastres de la guerre sino-japonaise, privé de la jaquette jaune et de la plume de paon, Li Hung Chang commence à regagner les bonnes grâces du maître. Le voici ministre d'État, remis en possession de tous ses insignes. Dernièrement, après une audience de l'empereur, il a reconquis sa plume et remporté sa veste, ce qui est considéré ici comme un triomphe.

La physionomie de l'ancien vice-roi est bien connue : le portrait, tiré à des milliers d'exemplaires, a été reproduit dans la plupart des journaux illustrés. Chacun peut se représenter cet homme de taille élevée, de carrure puissante, la tête énergique et fine tout ensemble. Ce que l'image ne rend pas, c'est le geste tour à tour caressant et dominateur; ce sont les yeux, d'une mobilité extrême, de très bons yeux qui, à l'occasion, risquent un regard aigu par-dessus les besicles. Le personnage n'est point banal, certes, quoiqu'au total il donne l'impression moins d'une grande figure que d'une haute fortune. Ce remueur d'affaires, dont les capitaux sont évalués au bas mot, à quatre-vingts ou cent millions de taëls (de trois cent à quatre cent millions de francs), est évidemment quelqu'un de très bien doué, surtout si, ce dont je doute, il a réussi à amasser ladite épargne sapèque par sapèque sur sa solde plutôt modeste. Les plus hautes charges sont fort mal payées en Chine : quelque chose comme de vingt à vingt-cinq mille francs par an, au maximum. Si les fonctionnaires chinois n'avaient, pour prospérer, que leurs appointements fixes, ils seraient fort à plaindre. Ils ne se plaignent point.

Li Hung Chang était accompagné de son fils Li, qu'il ne faut pas confondre avec son fils adoptif, qui porte le même nom et que les Européens appellent, je ne sais pourquoi, Lord Li. Celui-ci figurait, pendant les pourparlers relatifs au traité de Simonoseki, à côté de son père comme deuxième plénipotentiaire. Quant au jeune Li, c'est un garçon de vingt ans, fort bien tourné, mis à la dernière mode pékinoise, qui parle couramment l'anglais et affecte volontiers les allures américaines. Il est d'humeur joviale et communicative. Son rêve, m'a-t-il dit, est d'aller en Europe, surtout à Paris. Je m'imagine qu'il y obtiendra quelques succès et que ses frais de séjour entameront fortement les économies paternelles.

Le père et le fils ne se sont retirés qu'après onze heures. Li Hung Chang eût même désiré rester davantage, mais il devait se trouver au palais dès six heures pour « manger les viandes du sacrifice ». Ceci demande explication. Demain, suivant le calendrier chinois, commence l'hiver, et les rites veulent que l'empereur emploie toute cette nuit à de pieux exercices dont voici l'ordre et la marche : Il se retire d'abord dans ce qu'on nomme « le pavillon du Jeûne », où il consulte longuement les tablettes de ses ancêtres. De là il passe dans un autre édifice, qui contient le portrait de son père, afin de méditer devant la sainte image. Cela fait, le monarque se rend, entre cinq et six heures du matin, dans un troisième sanctuaire, où il offre un sacrifice aux mânes des aïeux. Après la cérémonie, les « viandes », c'est-à-dire les offrandes comestibles de toute nature, sont distribuées aux grands dignitaires de l'empire, au nombre desquels est Li Hung Chang. Voilà pourquoi, rentré dans son yamen, vers minuit, il devra se trouver sur pied et en tenue de cour avant l'aube pour manger le beefsteak des ancêtres.

Ici, comme à la cour d'Annam, la coutume est de s'occuper des affaires d'État à l'heure où les honnêtes gens reposent dans leurs lits. Confucius ayant écrit que le souverain devait veiller nuit et jour sur son peuple, le précepte est suivi à la lettre. L'empereur se lève donc à minuit. Peu après, arrivent les ministres : quelques-uns, qui demeurent fort loin, sont en route depuis plus d'une heure. Aussitôt la séance est ouverte. Seul, l'oncle de l'empereur, le prince Kong, âgé de quatre-vingts ans et Li Hung Chang qui court sur ses soixante-quinze, sont, par faveur spéciale, autorisés à faire la grasse matinée. Ils paraissent seulement entre cinq et six heures.

Tout ici n'est qu'invraisemblance; c'est la vie à rebours. On vient de célébrer le soixantième anniversaire de l'impératrice douairière. Ces réjouissances devaient avoir lieu l'an passé, mais il a fallu les ajourner jusqu'à la fin de la guerre. Elles ont débuté par une revue de 30,000 hommes (30,000 sur le papier, 3,000 sur le terrain) : neuf régiments d'archers et un de tirailleurs armés de fusils à mèche. La revue finie, les fusiliers ont déposé leurs armes dans... les monts-de-piété, jusqu'aux prochaines manœuvres. Quant aux cavaliers, qui, depuis longtemps, avaient réalisé leurs montures, ils s'étaient procuré des chevaux de louage à raison de 3 *tia-os* (environ un franc cinquante) par tête.

Mais on s'est surtout réjoui en famille, au Palais, pendant trois jours. Les fêtes n'eurent d'autres témoins que les princes et princesses et les grands dignitaires. Au programme figurait une représentation théâtrale qui a duré exactement trente-six heures; c'est beaucoup, même pour le plus robuste amateur de théâtre. Mais impossible de s'esquiver. Quitter le Palais avant la fin des fêtes, c'était la disgrâce; on eût été signalé comme un mauvais esprit affectant de ne point prendre plaisir aux divertissements offerts par Sa Majesté. Cependant, me direz-vous, il faut bien vivre! Sans doute. Aussi des buffets abondamment pourvus contenaient-ils de quoi restaurer les estomacs creusés par les émotions du spectacle. Seulement, pour y prendre place il fallait, au préalable, verser entre les mains du grand-maître des cérémonies une somme assez rondelette, calculée d'après le rang et la fortune de l'invité. Au début, on s'est serré le ventre, mais la faim fait sortir le loup du bois et la monnaie des escarcelles. Force fut de s'exécuter. Li Hung Chang, pour sa part, en a été de 20,000 taëls. Quatre-vingt mille francs! C'est payer cher un sandwich. Le fait, bien entendu, ne m'a point été rapporté par lui, mais par une personne que son emploi au Palais met à même de connaître exactement ce qui s'y passe. De vous à moi, celui qui me contait l'histoire est un eunuque, je ne vois pas pourquoi j'en ferais mystère; il y a des centaines d'eunuques dans la demeure impériale et l'individu coupable de cette indiscrétion a toute chance de n'être jamais inquiété. Comme je m'exclamais à son récit : « Ce n'est pas possible! Vous plaisantez! La chose serait vite découverte; qu'en penseraient l'empereur, l'impératrice douairière?... »

— L'impératrice? Mais la recette est pour elle. Je veux dire qu'elle et le grand-maître partagent.

— Oh! alors!...

Puisque nous parlons des eunuques, il n'est pas sans intérêt de rappeler qu'ils occupent à la cour une place considérable et à la ville sont fort considérés. Eux seuls composent la domesticité haute et basse; eux seuls pénètrent dans les appartements privés. Ils sont craints et très enviés. La position a ses ennuis, mais est lucrative. On ne saurait tout avoir. D'ordinaire, on les recrute enfants. Il en est pourtant à qui la vocation est venue sur le tard. Dernièrement, une Chinoise chrétienne se présentait chez un missionnaire et lui demandait de vouloir bien l'aider à faire entendre raison à son fils, depuis longtemps en âge de prendre femme, qu'elle eût bien voulu marier, mais qui s'obstinait à rester garçon. Le Père éconduisit la bonne dame en lui répliquant que ces choses-là ne le regardaient point, qu'au surplus elle eût à réfléchir qu'il n'est pas facile de décider les gens à convoler contre leur gré. Elle se retira. Mais, il y a trois jours, elle revenait, consternée. C'est en vain qu'elle avait parlé à son fils. Celui-ci ne voulait rien entendre et, pressé d'expliquer son refus, avait fini par dire qu'on lui promettait je ne sais quel poste au Palais et qu'il voulait être en état de l'obtenir : « Malheureux ! tu ne feras pas cela ! — « C'est fait ! » Et le pire, ajoutait-elle, c'est que l'imbécile n'a rien obtenu du tout. La place avait été donnée à un autre candidat. Il en était pour ses peines. Maintenant, il pouvait attendre longtemps, toujours peut-être. C'est à dégoûter d'être eunuque !

III

« Dis-moi ce que tu manges, je te dirai qui tu es. » Ainsi raisonnent quelques gourmands. S'il fallait juger un peuple sur sa cuisine, les Chinois seraient une nation bien remarquable. J'ai été invité avant-hier, par un aimable interprète de la légation de Russie, M. Kolésof, à déjeuner dans le restaurant le plus renommé de Péking. Ce temple de la bonne chère se cache au fond du plus sordide quartier de la ville chinoise, dans une ruelle abominable. Mais si les abords sont vilains, l'édifice n'est point mal ; un peu vermoulu, voilà tout : on y pénètre par la cuisine. Ici, encore une fois, tout est au rebours de chez nous. La cuisine est immense, une de ces cuisines comme en montrent les toiles des vieux maîtres flamands : la pièce est ce qu'elle doit être, remplie d'un beau désordre, mais non malpropre. Une vingtaine de marmitons, le torse nu, s'agitent autour des fourneaux, d'où montent d'agréables effluves. Ensuite, s'ouvre une petite cour aux dalles moussues, avec une rocaille au centre et, tout autour, une série de pavillons à deux étages, dont les galeries et les frises de

ENTRÉE DU TSONG-LI-YAMEN.

LE « PONT BOSSU ». — PARC DU YUEN MING YUEN.
(Palais d'été.)

bois délicatement ajourées amusent le regard, bien que les peintures en soient depuis longtemps effacées, bien que, de la toiture dégradée, pendent en lourdes draperies les lichens et les mousses.

Mais le contenant importe peu. Parlons du contenu. Nous étions six convives. Les plats de résistance apportés en une seule fois et maintenus à une température convenable dans des récipients d'étain remplis d'eau bouillante, les plats, dis-je, eussent suffi à rassasier soixante personnes de robuste appétit. J'évalue à vingt-cinq le chiffre des mets et entremets, non compris le dessert. Au reste, je ne puis mieux faire que de reproduire le menu. Ce document vous donnera une idée de ce qu'est un repas de haut goût dans la capitale du Céleste-Empire. Le voici tel qu'il m'a été fidèlement traduit. J'en respecte la disposition, tant soit peu anormale pour nous; mais les Chinois, nous l'avons déjà dit, ne font rien comme tout le monde. Nous ôtons notre chapeau et, chez eux, se découvrir pour saluer est une grave impolitesse; leurs livres commencent où les nôtres finissent, sur leurs menus le dessert passe avant le potage. C'est dans l'ordre.

DOUCEURS

Raisins, poires, pommes, châtaignes d'eau, graines de pastèques confites, noix glacées, gelées de fruits, noisettes grillées au safran.

HORS-D'OEUVRE

Poulets fumés, poissons fumés au vinaigre de riz, œufs de canard conservés (cinq ans) dans la chaux, crevettes à l'huile de ricin, fromage aux pois, jambon fumé, choux de mer marinés, choux salés, côtes de laitues salées.

DINER

Potage aux nids d'hirondelles, ailerons de requin au jambon, canard laqué, pois au miel, filets de poisson aux légumes, holoturies ou *gien tseng*, pousses de bambou d'hiver, crevettes au sucre, filets de poussins frits, porc bouilli, poisson sauce chrysanthèmes, champignons au gras, soupes aux graines de lotus, crème de pois aux fleurs bleues, soupe de chrysanthèmes.

Pain de maïs à l'étuvée, pains à la viande.

VINS

Jaune de Shao-Sing, liqueur de rose, liqueur des académiciens.

Ces vins ne sont autre chose que des alcools de riz. Le jaunet de Shao-Sing n'est pas désagréable et rappelle vaguement le Xérès.

Il y a sur cette liste nombre de combinaisons vraiment heureuses dont j'aurais voulu vous donner la formule. Malheureusement, les recettes sont un secret professionnel ; notre insistance s'est heurtée à un refus poli mais ferme. On s'occupe beaucoup, en ce moment, de trouver des *clous* pour la prochaine Exposition universelle. J'imagine que l'industriel qui établirait sur les bords de la Seine un restaurant chinois, un vrai, un restaurant dont le personnel, trié sur le volet, arriverait en droite ligne de Péking, ne ferait point une mauvaise affaire. Dans tous les cas, cela nous reposerait un peu des cafés maures, des brasseries viennoises et des czardàs à tziganes.

Après la collation nous eûmes la comédie. Le théâtre est à deux pas, le rudimentaire théâtre chinois, une simple estrade sans rideau ni décor. La salle — je n'en ai jamais vu d'aussi crasseuse — est bondée de spectateurs qui varient leurs plaisirs en fumant, en sablant du thé, en croquant des noix ou des arachides. Public exclusivement populaire. Pas une seule femme, l'impresario ayant eu soin d'indiquer sur son affiche que le programme du jour était d'une gaillardise un peu épicée. D'ailleurs les femmes ne se montrent guère au théâtre. Les gens fortunés font venir chez eux les comédiens. Les rôles féminins sont tenus, et presque toujours avec une vérité impayable, par des hommes.

La représentation est ce que nous appelons un spectacle coupé. Un ou deux petits drames suivis d'une pochade. Quand nous sommes entrés, la première pièce venait de finir et l'on entamait le numéro 2, un drame historique, qui met en scène une personnalité célèbre dans le monde de la galanterie pékinoise, la courtisane Yén-Possi. Le scénario est des moins compliqués. C'est l'éternelle aventure de l'amant pauvre, de la maîtresse et du financier intervenant à point nommé dans la détresse du faux ménage. L'amoureux ruiné est un jeune et beau soldat, fine lame, qui exécute avec son sabre à deux mains des moulinets, des feintes à faire pâmer d'aise les gourmets de l'escrime. Le financier se produit sous les apparences d'un mandarin opulent et ventripotent. Il arrive à ses fins grâce à la complicité de la soubrette et aux artifices d'un bonze. Le théâtre chinois en prend très à son aise avec le mandarinat et le clergé qu'il se plaît à représenter dans des situations plus ou moins louches et grotesques. Toujours est-il que l'amant les surprend, égorge l'infidèle, rosse le bonze et coupe la tête au gros galant.

La mise en scène est un mélange de convention poussée à l'extrême et de réalisme atroce. A un moment donné, l'acteur monte sur un tabouret, cela — l'eussiez-vous deviné? — signifie que l'action se passe dans la montagne. Si le personnage entre tenant à la main un petit drapeau sur lequel est dessinée une roue, tout le monde comprend qu'il arrive en carrosse. C'est l'épisode de comédiens dans le *Songe d'une nuit d'été*, où un comparse placé au fond du théâtre, les bras étendus et les doigts écartés, figurait un mur lézardé. Lorsque le soldat a jeté à terre son rival après avoir fait le simulacre de lui trancher la tête, la victime se relève, adresse une révérence au public en disant : « Je suis mort! » et rentre dans la coulisse. En revanche, quand il poignarde sa maîtresse, on voit une plaie affreuse ; la moribonde, cramponnée à l'assassin, lui crache au visage une gorgée de sang.

Le spectacle se terminait par une bluette dont il serait malaisé de rendre compte même en latin. Comparée à cette mimique, les inventions les plus croustillantes d'Aristophane sont pures berquinades.

CHAPITRE IV

DE PÉKING A KALGAN. — LA « TERRE DES HERBES. » — UNE COLONIE CHINOISE EN MONGOLIE ORIENTALE.

I

L'extrémité orientale du grand plateau légèrement ondulé qui, des montagnes du Chih-Li s'étend vers l'ouest jusqu'à l'Altaï, au nord-ouest, par delà Ourga, jusqu'à la frontière sibérienne, au sud jusqu'à la vallée du fleuve Jaune, l'immense plaine où les pâturages alternent avec les solitudes pierreuses du Gobi, la pleine qu'ont sillonnée tour à tour depuis des siècles les hordes guerrières et les peuples pasteurs, les cavaliers de Gengis et les lentes caravanes transportant le thé et les laines ; pays des vastes horizons, des étés courts mais brûlants, des durs hivers où le vent du pôle souffle en tempête ; terre du mirage et du rêve, attirante et sévère tout ensemble. Son atmosphère d'une limpidité parfaite, ses lointains mouvants sous le frisson des ondes lumineuses, lui donnent l'enchantement de la mer, la mélancolie du large. C'est elle que l'imagination évoque lorsque, dans l'oppression des foules, au milieu des émanations empoisonnées des rues pékinoises, le désir vous vient soudain, irrésistible, de l'espace, de l'air pur aspiré à pleine poitrine.

Cette vision de la pleine herbeuse déroulée à l'infini,

balayée par les brises du nord, est surtout obsédante au début de l'automne, lorsque, avec la saison sèche apparaissent les premières caravanes venues de Mongolie. Elles arrivent, les longues files de chameaux, les bandes de poneys à tous crins à demi sauvages; elles affluent vers la capitale, se pressent autour des remparts, font irruption dans l'enceinte, envahissent les places, les carrefours, se disputent la possession d'un terrain vague, d'une cour de yàmen abandonné, d'une pagode en ruines. Les bêtes parquées, les hommes ont dressé la lourde tente de feutre, tandis que les femmes suspendent la marmite à trois perches disposées en faisceaux et que la marmaille s'éparpille à la recherche du combustible. Sur l'emplacement désert il y a quelques minutes, une ville a surgi, ville de nomades, qui met dans ce décor immuable la note imprévue et pittoresque, le provisoire d'un campement dont l'aspect change d'une heure à l'autre. Ces agglomérations improvisées deviennent de plus en plus nombreuses à mesure que la saison s'avance. C'est désormais dans la cohue de la cité chinoise et de la cité tartare, la poussée d'une autre plèbe, du Péking mongol représenté par de robustes gaillards de haute taille, coiffés de bonnets fourrés, vêtus de longues pelisses en peaux graisseuses et se dandinant dans leurs lourdes bottes avec la gaucherie de cavaliers qui mettent rarement pied à terre.

A les voir, ces rudes enfants des plateaux, errer par les rues, le regard étonné, presque inquiet, comme s'ils se sentaient à l'étroit et regrettaient leurs solitudes, on éprouve, plus aiguë que jamais, l'envie du départ, des longues chevauchées vers l'étrange contrée d'où il viennent, vers la prairie aux herbes grises semée de tentes blanches.

Depuis des mois, il me hantait, ce projet d'excursion aux plaines mongoles. Que de fois j'y avais songé durant mes lentes pérégrinations dans l'intérieur! C'était le complément obligé de ce grand voyage de deux années aux pays jaunes, une partie de l'empire d'un aspect très spécial, très différent de ce que j'avais observé jusqu'alors. Après la Chine proprement dite, Chine des circonscriptions administratives et du fonctionnarisme effréné, il me restait à voir une « colonie ». Car tel est le terme sous lequel les Célestes ont coutume de désigner les territoires situés en dehors des dix-huit provinces, tels que la Mongolie, l'Ili, le Turkestan chinois, le Thibet, pays semi-indépendants où l'allégeance à l'autorité suzeraine se traduit simplement par le droit de résidence accordé à un commissaire impérial ou par l'envoi plus ou moins régulier d'un tribut.

Dans cet empire soi-disant colonial, singulièrement diminué aujourd'hui, la Chine naguère prétendait englober les nationalités les plus disparates : la Corée, l'Annam, le Siam, la Birmanie et jusqu'au Népaul, lequel, soit dit en passant, n'a point rompu avec l'ancienne tradition, continue comme par le passé à envoyer, tous les quatre ans, à la cour de Péking une ambassade avec quelques cadeaux. Cette année même, les ambassadeurs népaulais sont arrivés dans la capitale. Ils y sont depuis deux mois et ne se remettront en route qu'au printemps. Rien ne presse, d'autant que, d'ici là, ils seront nourris et logés aux frais de l'empereur. Hospitalité des moins fastueuses d'ailleurs. Les largesses impériales se bornent à une distribution de riz deux fois la semaine et à la concession d'une cour boueuse bordée de hangars où gens et bêtes s'abritent pêle-mêle. Entre qui veut dans ce caravansérail ; l'ambassade est loin de s'en plaindre, ces visites de curieux lui valant toujours quelques sapèques acceptées avec reconnaissance par les dignitaires dont le piteux accoutrement révèle une bourse de voyage insuffisamment garnie. Le gouvernement anglais ne s'est jamais, que je sache, opposé à l'accomplissement d'une antique coutume impliquant un vasselage désormais tout platonique. Il estime que l'hommage de pure forme rendu par le rajah du Népaul au Fils du Ciel ne saurait porter ombrage à l'impératrice des Indes.

Peut-être la Mongolie, du moins une petite portion de la Mongolie orientale, mériterait-elle jusqu'à certain point cette épithète de colonie, en ce sens que, depuis quelques années, des immigrants chinois, établis sur les plateaux à la frontière du Chih-Li, défrichent et ensemencent en céréales les pâturages cédés à vil prix par les Mongols, refoulent peu à peu vers l'Ouest leurs anciens vainqueurs. Intéressante, à coup sûr, cette lente et pacifique revanche du laboureur sur le nomade des steppes. Mais là n'est point, tant s'en faut, le principal attrait du voyage. Ce qui en fait le charme, c'est, en définitive, la vie au grand air, loin des foules importunes, des miasmes et des poussières; c'est le calme des journées, le silence des nuits froides, les temps de galop, le matin, sur l'herbe raidie par le givre. D'un séjour tant soit peu prolongé dans la Chine populeuse, inquiétante et sordide, les plus aguerris rapportent je ne sais quelle souffrance, une lassitude tout aussi morale que physique. Au sortir de ce cloaque, une diversion s'impose, une cure de plein air. Il faut, aux regards comme à l'esprit, la libre étendue, un horizon tranquille, la mer ou la prairie.

Le moment est enfin venu de se mettre en route. Nous voici à la fin de septembre, la meilleure époque pour voyager dans la Chine du Nord. Depuis une quinzaine, les pluies ont cessé, le terrain s'assèche, les routes ou, pour mieux dire, les pistes, très mauvaises toujours, sont néanmoins praticables. Mes préparatifs ont pris peu de temps. J'ai choisi, dans les premiers arrivages de poneys amenés de Mongolie, deux bêtes de selle de premier ordre, loué pour les bagages et les provisions un chariot attelé de deux mules vigoureuses. Mon *ma-fou* est un serviteur précieux, à la fois palefrenier et maître-queux, guide sûr qui plus est, possédant non seulement le patois sino-européen du littoral, le *pidgin-english*, mais aussi le mongol et le mandchou. Il est homme d'expérience, apte à se tirer d'affaire en toute occasion, ayant accompagné pendant près de quatre années consécutives le voyageur américain Rockill dans ses explorations mongoliennes et thibétaines. En cet équipage, une tournée de trois à quatre cents lieues est chose aisée, et je suis à peu près sûr de ne pas rester en détresse.

Ainsi paré, je n'attends plus que le signal du départ. En effet, ma bonne étoile permet que je ne parte point seul. Il me sera donné d'effectuer la première partie du voyage, la moins longue, à mon vif regret, en très agréable compagnie. S. Exc. le comte Cassini, ministre de Russie, sur le point de partir en congé, se disposait à regagner l'Europe par la voie de terre. Son itinéraire était le mien, sur un parcours de 300 à 400 kilomètres. Il avait bien voulu m'offrir de cheminer de conserve jusqu'à Kalgan, et même un peu au delà, jusqu'aux premières stations de la route postale d'Ourga. A peine est-il besoin d'ajouter que la proposition fut acceptée avec joie. J'avais, dans mes différents séjours à Péking, rencontré à la légation de Russie le même accueil qu'à la légation de France, accueil d'une cordialité familiale et tout à fait charmante. Ces relations, je dirais presque ces affections, sont de celles dont le souvenir ne s'efface point; le malheur est qu'elles semblent toujours trop brèves. Celui qui en a connu tout le prix n'envisage pas sans tristesse le jour prochain où il lui faudra quitter des amis déjà chers. Aussi avais-je accueilli de grand cœur une combinaison qui me permettait de retarder de plusieurs fois vingt-quatre heures le moment des adieux.

Le 30 septembre dans la matinée, nous sortions de Péking par la porte Tien-Mèn. Notre troupe assez nombreuse se développait, pour le grand plaisir des badauds, sur une longueur de deux à trois cents mètres. Des soldats chinois, en casaque rouge et noir, armés de la lance et du mousquet, ouvraient la marche. Ensuite venaient cinq palanquins à mules dans lesquels avaient pris place le ministre et sa famille, le deuxième interprète de la légation, M. Kolésof, ainsi qu'un de nos compatriotes, le docteur Depasse, médecin des colonies, actuellement professeur à l'École impériale de médecine de Tien-Tsin. Lui aussi partait en congé, et retournait en France en traversant l'empire russe. A Kalgan seulement, les voyageurs devaient trouver des voitures (tarantass) envoyées de Russie au-devant du ministre, les premiers véhicules de provenance européenne qui aient jamais traversé l'Asie de part en part. Jusqu'à Kalgan le pays est montagneux, le chemin exécrable. La seule machine roulante qui puisse, non sans peine, franchir ce chaos de roches et de sables est le grossier char pékinois à roues bardées de fer, dont le coffre massif est posé directement sur l'essieu, un des pires instruments de torture qui soient au monde. Quiconque en a usé, fût-ce une fois, n'hésitera plus dorénavant à lui préférer la litière portée par deux mules ou même le palefroi mongol, indocile, rageur, mais infatigable. A l'arrière, chevauchaient des cosaques précédant les mulets chargés des bagages et quelques serviteurs tenant en main des bêtes de selle. Cela formait un imposant défilé; la marche dans les faubourgs populeux fut d'abord très lente. Enfin, au delà de Cha-La-Eul, nous débouchions en rase campagne, l'allure devenait plus vive; obliquant à travers la plaine vers le nord-ouest, dans la direction des collines, nous suivions la route ou, plus exactement, le profond labour creusé par le passage incessant des convois circulant entre Péking et Kalgan par la passe de Nan-Kou.

De Péking à Kalgan on compte environ 400 li, c'est-à-dire 225 à 230 kilomètres. L'unité de distance est ici plus forte que dans l'Ouest et dans le Sud. Au Sé-Tchouen et au Yun-Nan, le li correspond à 500 mètres ; il en représente ici 600 et même un peu plus. Les Chinois estiment qu'un marcheur ordinaire ne fait pas, en moyenne, plus de huit li à l'heure. Le trajet nous a pris quatre jours et demi en voyageant à cheval : avec un train moins nombreux, on l'accomplirait très facilement en trois étapes.

La route de Kalgan c'est, au début, celle qui conduit aux sites les plus fréquemment visités dans les environs de la capitale. J'ai déjà eu l'occasion de la décrire lors de mes excursions dans la grande banlieue pékinoise. C'est le chemin suivi par les touristes qui se rendent aux tombeaux des Mings et vont contempler la Grande Muraille ou plutôt une grande muraille, mais non pas précisément la vraie, la plus vénérable, celle qui fut élevée sous les Tsings deux siècles avant notre ère. Cette dernière, désignée également sous le nom de Mur-des-Dix-Mille-Li (Wan-Li-Tchang-Tching), part de Shan-Haï-Kouan, sur le golfe du Petchili, passe par Kou-Pei-Kou, Kalgan, et suit jusqu'au Kan-sou, pendant 2,500 kilomètres, la frontière de la Chine proprement dite. Ce que l'on montre au voyageur dans le défilé de Nan-Kou est un rempart de date beaucoup plus récente, construit au temps des Mings et s'embranchant sur la Grande Muraille à Kou-Pei-Kou. Les deux tronçons décrivent chacun un arc de cercle de près de trois cents lieues, celui-ci aux nord-ouest celui là au sud est et se rejoignent sur la rive droite du Hoang-Ho (Fleuve Jaune), un peu en amont de Piang-Kouang. Cette immense étendue de territoire muré constituait une zone militaire destinée à protéger la Chine contre les incursions des hordes nomades de l'intérieur. Ces peuplades ont passé, leur chef est devenu le maître de l'empire. La première idée qui vient à l'esprit en présence de la Grande Muraille, c'est l'inutilité de ce prodigieux effort, la somme de temps et de labeur gaspillée dans l'achèvement d'un ouvrage de proportions gigantesques et de conception enfantine. Lorsqu'on y réfléchit pourtant, on se dit que peut-être ce ne fut point là simplement une fantaisie de monarque affolé de grandeur. Sans doute, avec les engins de guerre actuels, le mur des Dix-Mille-Li ne résisterait guère mieux qu'un cartonnage de théâtre. Toute autre était sa valeur défensive au temps de l'arc et de la flèche. S'il n'a point, en 1210, arrêté les armées de Gengis-Khan, il n'avait pas moins contribué à retarder longtemps la catastrophe, protégé pendant quatorze siècles la Chine des Tsin, des Han, des Tang et des Sung. Quatorze siècles, c'est raisonnable; on ne saurait exiger davantage d'une clôture.

De la passe de Nan-Kou jusqu'aux approches de Kalgan, la contrée garde aujourd'hui encore cette apparence de camp retranché. Plusieurs fois par heure se dressent au bord du chemin d'énormes pans de murs, un fragment de bastion, tandis qu'à l'horizon de hautes tours de guet en pierres rougeâtres couronnent les sommets découpés en vigueur sur le ciel clair. On dirait des sentinelles en faction depuis des âges, impassibles, insoucieuses du temps et des décadences, veillant sur le dernier sommeil d'armées devenues poussière.

La poussière! Elle envahit tout. Des montagnes déboisées que corrode et effrite l'action combinée du soleil et du gel, elle descend, s'abat sur la plaine, s'accumule en dunes d'une blancheur aveuglante, puis, ressaisie par les grands vents du nord, s'envole de nouveau, assombrit les journées, fait tout à coup du plein midi le crépuscule, enfin va tomber en fine poudre sur Péking, bien au delà même, à plusieurs centaines de milles, emportée en tourbillons jusqu'à la vallée du Yang-Tsé, jusqu'à Shanghaï.

Toutes les dix lieues en moyenne, la route traverse une place forte ; You-Li-Pou, Huai-Laï-Sien, Dji-Ming-y qui commande l'entrée de la gorge sauvage où serpente la rivière Hun-Ho, Hsouan-Soua-Fou, vaste quadrilatère dont le périmètre égale, à peu de chose près, celui de la ville tartare à Péking. Imposantes à distance, ces vieilles cités rigoureusement closes au couvre-feu, comme au vieux temps, ces lignes de remparts hauts de vingt mètres, troués de quatre portes aux quatre points cardinaux, ces lourds donjons à toiture incurvée, défendant, de leurs cinq ou six rangées de meurtrières, l'accès de la demi-lune. A certaines heures, surtout lorsque le jour décline, l'impression est saisissante, malgré le délabrement des choses, la pauvreté des êtres. Les fossés sont en partie comblés, les voûtes fléchissent, la muraille, par endroits, disparaît enfouie sous les apports des dunes qui débordent dans la place. Tout cela n'est que décor. L'enceinte grandiose cache un hameau perdu au milieu d'espaces vides où, le soir, campent les caravanes. Un décor, rien de plus. La porte franchie, c'est le silence, l'abandon.

A la nuit, cependant, ces solitudes s'animent, la ville défunte semble ressusciter par magie. A la file, les convois arrivent, des milliers de chameaux et de mulets secouant leurs sonnailles. A la lueur des feux, à la flambée des torches, des campements s'installent, une rumeur de foule emplit l'air. L'aube venue, cette population instable est déjà loin. Le soleil levant éclaire un désert, des ruines. La ville, redevenue jusqu'au soir nécropole, reste délaissée, silencieuse au milieu des sables.

II

Au point d'intersection de deux vallées, à la base de coteaux pierreux, dominé de tous côtés par des pentes arides, par des arêtes de roche vive tailladées en dents de scie, Kalgan se développe tout en longueur sur la rive droite d'un torrent que franchit un pont de marbre à huit arches. Cet ouvrage, en assez bon état, l'un des plus élégants que j'aie vus en Chine, a été construit sous la dynastie des Mings. A chaque extrémité s'élève un *paï lou* (arc de triomphe) à grands décors polychromes.

Le premier aspect de cette ville de trente à quarante mille âmes n'est pas déplaisant. Les murs lavés au lait de chaux, les toits en terrasse où brillent çà et là quelques fragments de poterie enchâssés dans la brique crue, lui donnent de loin une vague ressemblance avec certaines localités de l'Asie antérieure. D'ailleurs, non moins malpropre que la pire des villes arabes. De la rue principale ou, plutôt, de l'unique rue que défonce l'incessant piétinement des caravanes, monte une odeur de « tout à l'égout ». La circulation est des plus malaisées par suite du grand nombre de charrettes, de bêtes de bât dont les charges occupent presque toute la largeur de ce long et sinueux couloir, éraflent les façades, font choir les enseignes. Il nous a fallu près d'une heure pour traverser la ville et atteindre la porte de l'Ouest. Cette partie de l'enceinte n'est autre que la Grande Muraille. Celle-ci se continuait, à droite et à gauche, sur les crêtes; mais il en reste seulement la trace, une ligne d'éboulis ponctuée de distance en distance par des monceaux de briques et

LES APPROCHES DE KALGAN.

ENTRÉE DE KALGAN.

de moellons marquant la place des bastions effondrés. C'est la limite de la Chine provinciale et des pays d'empire. Encore quelques pas, une dernière poussée à travers la cohue d'hommes et de bêtes qui se presse sous la voûte, nous voici hors des remparts, — en Mongolie.

Kalgan est flanqué d'un faubourg dissimulé dans une vallée latérale ou, plus exactement, dans une gorge aux parois abruptes. Blotties dans les anfractuosités des roches, des maisons enchevêtrent leurs escaliers et leurs terrasses. La rue, c'est le lit du torrent aux trois quarts desséché mais qui, au printemps, à la fonte des neiges, doit débiter un volume d'eau considérable, à en juger par la quantité de sable et de cailloux roulés épars sur cette singulière voie publique. Qui croirait que ce fond de vallée sauvage, enserré entre des escarpements de deux à trois cents mètres, est l'un des centres commerciaux les plus importants de l'Extrême-Orient, le grand entrepôt des thés réexpédiés de là par caravane sur la Sibérie et la Russie d'Europe? Le transit s'opère seulement durant la saison sèche, c'est-à-dire en hiver.

Au moment de notre arrivée, le mouvement était déjà très actif, la colonie russe au complet. Celle-ci compte en tout une vingtaine de personnes. Les trois journées passées au milieu de ce petit groupe, l'expression de ces physionomies à la fois énergiques et douces, le charme de ces intérieurs, l'exquise affabilité ne nos hôtes, MM. Batouïef et Kolosatof, ne s'effaceront pas de mon souvenir. Ces trois jours ont suffi pour me donner une idée du prodigieux courant d'affaires qui, pendant une moitié de l'année, met dans ce site désolé, dans ce chaos de roches et de sables, l'animation des grandes capitales.

Du lever du jour à la nuit tombante, les convois de thés venant de Tien-Tsin se succèdent sans interruption. J'ai vu, dans une matinée, s'amonceler sur les rochers, au pied de la demeure de mon hôte, trois mille quatre cents caisses pesant chacune de 25 à 30 kilogrammes. Le nombre de chameaux occupés à ces transports, entre la côte et la Sibérie, est évalué à un demi-million. A elle seule la maison Batouief en emploie, bon an mal an, de cent à cent vingt mille. Chacune de ces bêtes de somme représente une valeur d'environ 65 taëls ou 100 piastres (260 francs au cours actuel). Elle peut porter de 150 à 200 kilogrammes.

Quelques années encore et l'achèvement du transsibérien créera des loisirs à cette population errante des plaines qui possède pour toute richesse ses troupeaux, vit uniquement du trafic transcontinental. D'ici cinq ou six ans, les caravanes, dont la mouvante silhouette se détachait depuis des âges sur les horizons brûlés du Gobi, ne seront plus qu'un souvenir. Les vieilles routes d'Asie seront désertes. Le mouvement commercial ne s'y révélera désormais que par quelque traînée de vapeur bien vite dissipée et par la trépidation du train sur les rails. Les indigènes n'ignorent point, paraît-il, les changements qui se préparent; ils ne sont pas sans appréhender le trouble profond que ces innovations vont apporter dans leur existence : leurs allures, leurs discours trahissent une vague inquiétude, le pressentiment des lendemains difficiles.

A Kalgan, les caisses de thé, déjà protégées par une enveloppe de paille tressée, sont réempaquetées, recouvertes d'une deuxième housse en tissu épais de poil de chameau, afin de mieux les garantir des intempéries pendant le trajet de 70 à 80 jours qu'elles ont à parcourir avant d'atteindre les premières voies ferrées sibériennes. Étant données l'importance de la place et la valeur de la marchandise, je m'attendais à trouver ici de vastes magasins, des constructions solides et bien closes. Rien de pareil.

ARRIVÉE D'UNE CARAVANE DE THÉ. — KALGAN.

ENTREPOT DE THÉ. — KALGAN.

Les entrepôts sont en plein air, les caisses déposées sur le gravier ou empilées de-çi, de-là, partout où le rocher présente une surface plane. S'il survient une averse, chose rare en cette saison, en hâte on étale dessus des bâches en toile ou des nattes épaisses. Je me suis demandé plus d'une fois si, comme on le prétend, ce fameux thé dit « de caravane » évitait réellement la plupart des risques inhérents au transport maritime, notamment les atteintes de l'air salin, de l'humidité des cales. En fait, il commence par voyager pendant une semaine sur l'eau douce et sur l'eau salée : trois jours sur le Yang-Tsé de Han-Kéou à Woo-Sung, puis trois à quatre jours par mer jusqu'à Tien-Tsin. Dans ces conditions, sa saveur est-elle, à l'arrivée, plus délicate que celle des thés expédiés par vapeur et sans transbordement de Han-Kéou à Odessa? Les dégustateurs l'affirment, le public est de leur avis. Je ne demande pas mieux que de le croire.

Le 8 octobre, de bon matin, l'aumônier de la légation de Russie, venu de Péking tout exprès, célébrait un office pour l'heureux voyage du ministre et de sa suite. La cérémonie avait lieu dans une élégante chapelle élevée sur une sorte de terrasse naturelle, un peu en dehors du faubourg. L'édifice, construit aux frais de M. Batouief, a dû, malgré ses dimensions restreintes, coûter fort cher, toute la décoration intérieure ainsi que l'ameublement et les objets du culte, d'une finesse d'exécution extrême et d'un style très pur, ayant été apportés de Moscou. Le service terminé, on se mettait en marche, dans le même ordre qu'au départ de Péking. Les tarantass qui attendaient, remisées ici depuis plusieurs mois, et dans lesquelles les voyageurs vont franchir 2,000 ou 2,400 kilomètres avant d'atteindre la partie récemment achevée du transsibérien, entre Irkoutstk et Krasnoïarsk, ont pris les devants depuis la veille, remorquées tant bien que mal par des mules et par des bœufs. Ces voitures, dont la caisse oblongue en forme de berceau est suspendue sur deux brancards flexibles en guise de ressorts, sont d'une solidité à toute épreuve, faites pour résister à tous les chaos. Néanmoins, il a paru plus prudent de les laisser vides jusqu'à la sortie des montagnes. En effet, au départ de Kalgan et pendant toute une étape, le terrain est plus accidenté que jamais.

Nous avons jusque vers midi remonté, parmi les énormes galets et les débris d'avalanches, le lit d'un torrent que l'on traverse à gué une dizaine de fois. Arrêt d'une heure au misérable village de Tolo-Miao, dernière agglomération chinoise que nous rencontrons avant les plaines. Ici la piste se bifurque. Nous laissons sur la droite la route des caravanes pour suivre la route militaire et postale. Cette dernière est tant soit peu plus longue, mais, n'étant jamais encombrée par les chariots et les bêtes de somme, fait gagner beaucoup de temps. En outre, les points d'eau, plus abondants, ont permis d'y multiplier les stations. On en compte soixante de Kalgan à Ourga. Chacun de ces relais possède un millier de chevaux réservés pour les courriers impériaux et pour les voyageurs d'importance munis d'un passeport spécial.

Enfin la vallée, de plus en plus âpre, aboutit à une sorte de cirque dont les gradins s'étagent vers l'ouest jusqu'à une crête rocheuse, très régulière, où je ne distingue qu'une seule échancrure : la passe que nous gravirons le lendemain. De ce col, selon toute apparence, nous devons apercevoir à nos pieds la plaine mongole.

Il était presque nuit close lorsque nous arrivions à la première station : Tou-Tai (en mongol, An-Tolo-Oï), cour rectangulaire contenant, face à l'entrée, le logement principal ou chambre mandarine et, sur les côtés, deux pavillons plus petits ainsi que des abris pour les serviteurs et les bagages; le tout enjolivé de faïences peintes, badigeonné comme une façade de pagode, mais terriblement délabré. La nuit, à cette altitude (un peu plus de 1,000 mètres), au pied d'un couloir où s'engouffre un vent furieux, a été très fraîche et eût paru plutôt longue sans la présence de la colonie russe de Kalgan, qui avait improvisé un souper d'adieux, réunion d'un pittoresque achevé dans ce site perdu, au milieu du désordre d'un campement, sous ce toit qu'achevait d'émietter la bourrasque. On s'est séparé assez tard et chacun s'est casé de son mieux, qui dans les bâtiments, qui sous des tentes.

A sept heures du matin, l'ascension est reprise. La bise est toujours très forte, le sol blanc de givre. Le thermomètre marque — 6. Une escalade de trois cents mètres au plus nous sépare du sommet où se dresse un *obo*, monument votif des plus rudimentaires, quelques blocs de roches que surmontent trois figures bouddhistes. Les indigènes ne manquent jamais d'y faire une courte halte, le temps de déposer un caillou sur le *cairn* et de marmotter une formule propitiatoire. Mon ma-fou et le guide mongol nous ont précédés de quelques minutes; déjà je les aperçois occupés à leurs dévotions. Tous deux descendent de cheval, jettent leur poignée de pierres et deux ou trois sapèques, se prosternent à trois reprises, baisant la terre, puis se remettent en selle d'un élan joyeux, assurés de terminer leur voyage sans aventure fâcheuse. Cependant, je les ai rejoints et ne puis retenir un cri de surprise. Ce qui, de loin, me faisait l'effet d'un col est une simple dépression de terrain. Je me trouve, non sur une arête, mais au haut d'une falaise, au niveau même de la plaine. Cette plaine, d'un vert pâle, étendue jusqu'à l'horizon, c'est le plateau de Mongolie, la « Terre des Herbes ».

Désormais, le train s'accélère. Mes compagnons ont

échangé leurs chaises à mules pour les tarantass qui partent à toute vitesse; force m'est de prendre le galop sous peine de rester fort loin en arrière. Le procédé de traction imaginé par les Mongols qui, pour la première fois de leur vie, tiennent l'emploi de postillons, est assez singulier : une longue pièce de bois est posée en travers des brancards, comme un joug, et solidement assujettie par des lanières, après quoi deux hommes saisissent cette barre chacun par un bout, et la placent devant eux sur le pommeau de la selle, appuyée contre leur poitrine. Deux individus galopent en flèche, tirant sur de longues cordes dont une extrémité, nouée en boucle, forme bandoulière, tandis que l'autre est attachée à l'essieu. Ce curieux attelage réussit à remorquer des véhicules relativement lourds à une vitesse moyenne de 16 à 18 kilomètres à l'heure.

D'autres cavaliers, une cinquantaine environ, encadrent l'équipage, prêts à remplacer leurs camarades. Les changements ont lieu toutes les quatre ou cinq minutes avec une dextérité surprenante, sans qu'il soit nécessaire d'arrêter ou même de ralentir. Au galop toujours, au galop de charge ils vont, poussant de grands cris, debout sur leur étriers, le corps incliné en avant, le menton touchant presque les oreilles du cheval. Parfois l'animal s'abat comme une masse, l'homme s'en va rouler à vingt pas. En moins de rien il s'est remis sur pied, a ressaisi sa monture et repart. Déjà sa place a été prise, sans un arrêt, sans un accroc. Le voyageur emporté dans ce tourbillon n'a pas même eu conscience de l'accident.

La plaine d'abord paraît déserte. Peu à peu cependant, sur le ton neutre de la prairie, quelque taches apparaissent. Les contours, les reliefs se précisent; on distingue des tentes blanches en forme de chaudron renversé et, alentour, des troupeaux qui, dans ces vastes espaces, font l'effet d'un vol d'insectes abattu sur l'herbe.

Nous voici à Or-Taï, la deuxième station. Du plus loin qu'ils nous aperçoivent, les hommes du poste sautent à cheval, se mettent en devoir de rassembler parmi les mille ou quinze cents poneys qui paissent en liberté, un nombre suffisant de bêtes de relai. Ils partent ventre à terre, les rênes lâches, dirigeant seulement de la voix et du talon leurs montures dressées dès longtemps à cet exercice. Ils brandissent une sorte de chambrière longue comme une canne à pêche et dont la lanière très forte se termine par un nœud coulant; ils manient cet appareil avec une habileté au moins égale à celle des gauchos lançant le lasso. La bête poursuivie cherche en vain à se dérober. Cernée et saisie, hors d'état d'opposer la moindre résistance, elle est ramenée au bout de la longe, bridée, sellée en deux temps, prête à recevoir son cavalier.

C'est ici qu'il me faut, bien à regret, prendre congé de mes aimables compagnons de route qui continuent leur voyage vers l'ouest. Les derniers souhaits rapidement échangés, on se séparait. Bientôt tarantass, cosaques, mandarins, soldats de l'escorte mongole n'étaient plus que des silhouettes indécises, fuyantes, un trait sombre sur l'herbe sèche, un peu de poussière sur le ciel.

III

A Or-Taï, mon itinéraire s'écartait de la route postale de Sibérie pour incliner au nord, à travers la Terre des Herbes, dans la direction de l'ancienne Chang-Tou, capitale d'été des souverains mongols, aujourd'hui en ruines, et de Dolo-Nor ou Lama-Miao, la cité des plaines, fameuse par ses grandes bonzeries, la ville sainte de la Mongolie orientale. Cependant une circonstance toute particulière me force, non point à renoncer à ce programme, mais à en différer l'exécution de quelques jours. Je devrai, au préalable, pousser une pointe de vingt-cinq à trente lieues dans le sud jusqu'à Nan-Kou-Tchèn, sur la frontière du Chan-Si.

Nan-Kou-Tchèn, que les Chinois désignent également sous le nom de Si-In-Zé, est un centre agricole de création récente formé par des immigrants du Chih-Li qui ont acquis des Mongols une assez large portion de territoire ensemencé depuis lors en céréales. C'est aussi le siège d'une mission dirigée par des prêtres belges. Cette mission n'a point été fondée précisément dans un but de propagande. C'eût été peine perdue. Le Mongol bouddhiste est parfaitement irréductible. De mœurs paisibles, sans haine contre les nouveaux venus, il n'est pas pour cela disposé à modifier en quoi que ce soit ses coutumes et ses croyances. Nan-Kou-Tchèn, sur un millier d'habitants, compte environ cinq cents chrétiens. Mais il convient de remarquer que cette population est d'origine exclusivement chinoise. Les missionnaires, sur les terrains acquis par eux, ont installé des familles pauvres amenées du Chih-Li. Ils leur fournissent au début les instruments de culture, les semences, quelques têtes de bétail et reçoivent en retour une part de la récolte. C'est une sorte de grand métayage.

Ces missions belges placées, comme les autres communautés, sous la protection de la France étaient, depuis plusieurs mois, aux prises avec des difficultés sinon très graves, du moins de nature à leur causer un préjudice sérieux. Leurs ennuis ne provenaient pas de l'hostilité des indigènes mais du mauvais vouloir ou de l'inertie des autorités chinoises. Il s'agissait de terres mongoles régulièrement acquises mais dont la délimitation, promise maintes fois, était indéfiniment ajournée ; de là des contestations incessantes entre les colons et les vendeurs. Ceux-ci profitaient de ces retards pour dénier à ceux-là le droit de défricher telle ou telle parcelle, exigeaient de nouvelles sommes, puis, non contents d'avoir été payés deux fois, prétendaient un beau jour rentrer en possession du sol cédé, incendiaient les récoltes, faisaient main basse sur le bétail. Sur les réclamations des intéressés, transmises par la légation de France, le Tsong Li Yâmen prescrivait une enquête à la suite de la quelle ordre avait été envoyé, affirmait-il, aux autorités du Chan-Si de terminer au plus tôt l'affaire, en donnant toute satisfaction aux demandeurs. Le messager sans doute s'était égaré en chemin, car il ne paraissait pas que l'on eût tenu compte de ces instructions si péremptoires. Les discussions et les déprédations continuaient de plus belle. Mon itinéraire me conduisant dans ces parages, on m'avait demandé s'il ne me serait pas possible d'allonger ma tournée de quelques jours et d'aller voir où en était au juste la situation à Nan-Kou-Tchèn. Sur un voyage de quinze à seize cents kilomètres, un crochet d'une cinquantaine de lieues est peu de chose. Peut-être la seule apparition d'un Européen, que les autorités seraient en droit de supposer investi d'une mission spéciale, contribuerait-elle à secouer leur indifférence. L'événement devait justifier ces prévisions. Ici comme dans tout l'Orient, si les moyens de transport ne sont pas rapides, les nouvelles, en revanche, voyagent souvent très vite sans qu'il soit besoin d'user du télégraphe. En arrivant à Nan-Kou-Tchèn j'apprenais sans surprise que ma présence dans le pays était connue depuis plusieurs jours. Aussi, comme par hasard, l'avant-veille, le procureur de la mission avait-il reçu du mandarin de Si-En-Ouann, sous-préfecture du Chan-Si de laquelle relèvent ces territoires, invitation de se rendre au Yâmen, afin de tout conclure, séance tenante, et de recevoir, dûment libellés, timbrés de tous les cachets indispensables, les titres de propriété que l'on faisait attendre depuis si longtemps.

Du point où j'avais quitté la route millitaire d'Ourga jusqu'à Nan-Kou-Tchèn la distance est de 200 li (120 kilomètres). Le trajet, sous la conduite d'un cavalier mongol embauché à Or-Taï, a été effectué en deux étapes, la deuxième assez longue (72 kilomètres) et assez pénible, à travers les labours et les terres spongieuses. De route, aucune. Au début c'est, à perte de vue, la solitude, le plateau herbeux, coupé çà et là de bancs de roche qui font saillie et, poudrés de sable blanc, semblent à distance autant d'écueils sur lesquels briserait la houle. Puis des habitations reparaissent, d'infimes localités, moitié villages, moitié campements où, près des cases chinoises en terre battue, se dressent les yourtes (tentes de feutre) de moins en moins nombreuses. On sent que le nomade se dérobe, recule peu à peu devant la colonisation envahissante. D'année en année, le Chinois entame la Terre des Herbes, défriche, essaime, se substitue à la population primitive. Refoulement continu qui rappelle, avec des procédés plus pacifiques, la lutte engagée dans le Far-West américain entre l'immigrant yankee et l'homme rouge.

La différence, c'est qu'ici l'indigène n'est pas positivement chez lui. Le sol ne lui appartient pas; il en a seulement la jouissance concédée par l'empereur en échange du service qu'il est censé fournir aux armées. En principe, dans la Mongolie orientale, tous les habitants sont soldats, appelés à former le contingent des « huit bannières ». La « bannière » comprend dix-huit compagnies, chacune de 70 cavaliers. Bien entendu, il en est de cette organisation comme de beaucoup d'autres institutions de l'empire : elle n'existe plus guère que sur le papier.

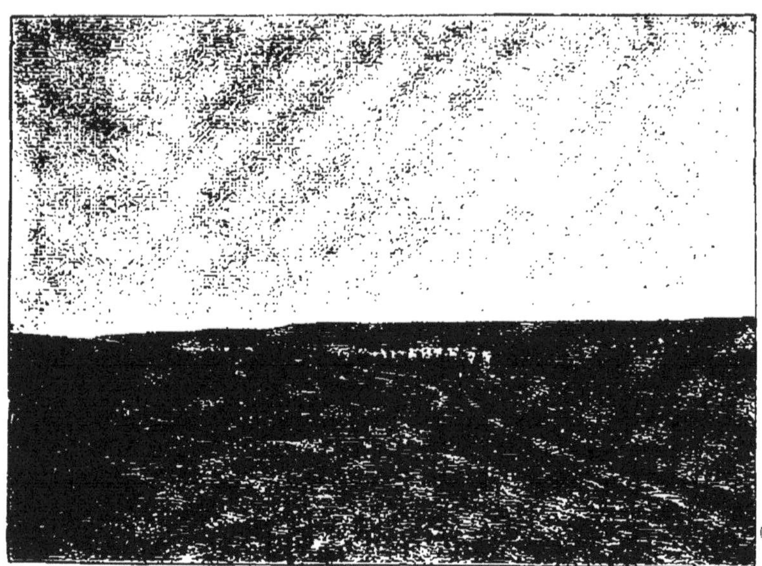

LA TERRE DES HERBES.

COUR DE FERME CHINOISE.
À Nan-Kou-Tchén. — Mongolie orientale.

Il n'en est pas moins vrai que, dans ces teritoires, le Mongol est toujours à la solde de l'État et perçoit une mensualité de 3 taëls. Ses terres qu'il occupe, le bétail et les chevaux dont, en fait, il dispose comme bon lui semble sont, cependant, de droit, propriété impériale.

Ces terres impériales sont, entre les mains d'ingénieux spéculateurs chinois, l'objet d'un trafic assez lucratif. L'aborigène, pour se libérer de dettes criardes, est tout disposé à céder ce qui ne lui appartient pas. Le Chinois, de son côté, vend à sa clientèle cette promesse de vente. Voici d'ordinaire comment les choses se passent : le Céleste s'improvise intermédiaire entre ses compatriotes désireux de s'établir en Mongolie et les détenteurs du sol. Aux premiers il propose, moyennant une somme proportionnée à l'étendue de terre convoitée, d'entrer immédiatement en possession, s'engageant à obtenir à bref délai, des autorités complaisantes et suffisamment « éclairées », la ratification du contrat, les formalités du transfert ainsi que la délimitation du terrain. Aux seconds, il se présente en qualité de marchand et de prêteur généreux toujours disposé à leur avancer quelques ligatures. Le Mongol, très enfant, est vite séduit par le déballage de menus articles de pacotille et ne résiste point à la tentation d'user du crédit qui lui est si libéralement offert. Il achète, il emprunte. Au bout d'un certain temps, le marchand réclame son dû, déclarant qu'à défaut de remboursement en espèces il se contentera de la cession d'un lopin de terre. Ces vastes espaces sont de peu de valeur aux yeux du nomade qui en sera quitte pour transporter sa tente et son troupeau un peu plus loin. Il expose donc à ses chefs sa situation embarrassée; ceux-ci à leur tour, moyennant une petite commission, sollicitent auprès des fonctionnaires mandchous ou chinois l'autorisation pour l'intéressant débiteur de se libérer par un payement en nature.

Dans l'intervalle, le colon, fort de la promesse achetée du traitant chinois et de la convention ébauchée entre ce dernier et les Mongols, a fait acte de propriétaire. L'installation est des plus simples. Il arrive d'abord avec une petite charrette, un bœuf, une charrue, un sac de semences. Le chariot dételé, brancards en l'air, et recouvert avec des nattes, lui sert de demeure provisoire. Quelques semaines après, une masure informe sort de terre. L'établissement devient définitif. Parfois, pourtant, les Mongols expropriés se ravisent. Sous prétexte que rien n'est encore terminé, que les mandarins tardent à envoyer leur acquiescement, que la délimitation a été mal faite, que sais-je? ils prétendent expulser le colon, pillent la récolte, jettent bas la baraque. Mais le colon est tenace. Dès le lendemain il a repris position, la cahute est rebâtie. A la fin, tout s'arrange; les nomades déménagent. Le trafiquant chinois les suit avec son bazar tentateur, sa bourse toujours à leur service pour de légers emprunts. Ils s'endetteront encore, ils reculeront de plus en plus. Peu à peu, sans lutte, de leur propre consentement qui plus est, ils se verront refoulés par delà le Gobi jusqu'à la frontière sibérienne et demanderont des terres aux Russes.

Le 10 octobre au soir, je traversais des prairies marécageuses d'où s'échappe un mince filet d'eau, une des sources de la rivière Hun-Ho. J'étais à la frontière du Chan-Si. A une demi-lieue sur la droite j'apercevais, disséminées, les maisonnettes de Nan-Kou-Tchèn et la chapelle de la mission. Lorsque j'entrai dans le village, la nuit était tout à fait close. J'avais dû, deux heures auparavant, abandonner au milieu d'une tourbière mon chariot dont l'essieu s'était rompu. Mes bagages n'arrivèrent qu'un peu avant minuit... à dos de chameau.

Le 11, au réveil, le temps est à la neige. Bientôt elle tombe dru ; lorsque le ciel s'éclaircit enfin dans l'après-midi, la couche n'a pas moins de 40 centimètres d'épaisseur. C'est le premier avertissement de l'hiver. Bourrasque passagère après laquelle, me dit-on, je pouvais encore espérer une série de belles journées. Mais il ne fallait pas songer au départ avant vingt-quatre ou quarante-huit heures. D'ici là mon chariot serait réparé, la neige aurait disparu. Il suffirait d'un rayon de soleil et d'un coup de vent pour sécher le terrain actuellement impraticable. Ces deux journées d'ailleurs ont passé vite chez les excellents missionnaires qui m'ont fait, avec une bonne grâce extrême, les honneurs de l'établissement et de ses dépendances, montré leur chapelle, leurs écoles, l'hospice, la métairie.

Les cinq ou six cents chrétiens qui représentent la moitié de la population ne vivent point, comme on pourrait le croire, à l'écart, à l'état de groupes distincts, pressés autour de la mission et, pour ainsi dire, dans son ombre. Les deux éléments, confondus en une même agglomération, semblent parfaitement unis malgré la diversité des croyances. L'aspect de la colonie est assez prospère. Les habitations, très modestes, témoignent pourtant d'une propreté relative; ce n'est plus, à beaucoup près, l'incurie et le délabrement qui caractérisent la plupart des bourgs et villages du Céleste Empire. Le sol se prête surtout à la culture des céréales, notamment de l'avoine, qui donne les meilleurs résultats. Une faible part de la récolte est utilisée pour l'alimentation; le surplus est expédié sur chars à bœufs vers Péking : le chiffre de ces envois, déjà considérable, grossit d'année en année.

N'étaient les sécheresses toujours à craindre, la région deviendrait vite une des plus riches de la Chine du Nord. Mais, pour peu que les pluies du printemps fassent défaut, c'est un désastre. En 1892, la famine fut terrible. Cette année-là, les choses en vinrent au point que des misérables rôdaient la nuit, comme des chacals, autour des tombes à peine refermées. Plusieurs sépultures furent violées ainsi. On m'a montré au milieu du village une maison abandonnée dont les habitants avaient été surpris au moment où ils procédaient à leur hideux repas de chair humaine. Nul n'ose plus approcher du seuil que l'herbe envahit; nul ne se hasarderait à toucher ces murs, fût-ce avec la pioche. On laisse au temps le soin de saper la ruine, d'effacer à jamais ce souvenir des jours douloureux. Les seuls hôtes de la maison maudite sont les chiens errants et les oiseaux.

CHAPITRE V

SUR LA ROUTE DE DOLO-NOR. — LES VILLES MORTES DE LA PRAIRIE. — DE DOLO NOR A JÉ-HOL.

I

Octobre.

Le 13 au matin, mon chariot à bagages réparé, le temps se maintenant au beau, j'étais en selle avant le jour et repartais dans la direction du nord. De la neige tombée l'avant-veille, il ne restait plus trace ; les fers des chevaux claquaient sur le sol durci par la gelée. Bientôt j'avais perdu de vue Nan-Kou-Tchèn.

Une étape encore dans les défrichements entrepris par deux autres missions de fondation récente, Sing-Lou-Tchèn et Pin-Ti-Obo, et désormais c'est l'espace, la plaine ensoleillée. Nous piquons droit à travers la Terre des Herbes dont les longues ondulations font songer à la mer lorsque, la bourrasque passée, elle commence à tomber, houleuse encore, mais poussant ses flots d'un rythme lent, sans colère. Très loin, dans l'est, le regard était arrêté un instant par les crêtes de Kalgan, toutes blanches. Puis, elles aussi, s'effaçaient sous l'horizon ; il n'y avait plus rien que le désert d'herbes desséchées, l'immensité grise, silencieuse, où rien ne se meut si ce n'est l'ombre portée des nuées balayées par le vent.

Une semaine passée à chevaucher de la sorte, à l'aventure, semble-t-il. Aucune piste, nul point de repère. Je me demande avec stupeur comment mon guide mongol parvient à reconnaître sa route. Il va cependant, impassible, avec la sécurité d'un pilote muni de la boussole et du sextant. Il va, le regard perdu, les rênes flottantes, réveillant sa monture de la houssine et du talon. Parfois, lorsque le chariot, au trot soutenu des trois mules, a pris un peu trop d'avance, est sur le point de disparaître ou de s'engager dans une fausse direction, il se dresse soudain sur les étriers, jette un cri guttural et s'élance à sa poursuite. Après une demi-lieue franchie aux grandes allures, on reprend le pas. On chemine ainsi, depuis l'aube à la nuit tombante, parcourant de cinquante à soixante kilomètres par étape. Une courte halte seulement au milieu du jour : dans quelque pli de terrain, au fond duquel miroite une flaque d'eau dormante, on s'arrête une demi-heure, afin de rafraîchir les chevaux et d'avaler un morceau de galette d'avoine arrosé d'une tasse de thé. Après quoi l'on repart du même train régulier, sur la plaine qui se déroule à l'infini dans le silence et la lumière.

Et quelle solitude! Des heures, des journées se passent sans que l'on rencontre figure humaine. Quelquefois, très loin, passe la silhouette d'un cavalier, indécise, comme suspendue entre terre et ciel, bientôt disparue. Les seules manifestations de la vie sont les grands vols d'oies sauvages descendant du nord et, çà et là, les troupeaux de chèvres blondes de Mongolie. Elles vont par bandes de deux ou trois cents : gracieuses, sautillant dans l'herbe avec une légèreté d'oiseaux, à notre approche, elles battent en retraite mais doucement, comme des bêtes que n'a point encore effarouchées le chasseur.

Sur le tard, le soleil déjà presque au ras de la plaine, nous arrivons au gîte. Trois ou quatre tentes, un enclos de terre battue pour les bestiaux, des monceaux d'argol (fiente desséchée), le seul combustible d'une région où l'on ne trouverait pas un arbrisseau à cent kilomètres à la ronde; des chameaux accroupis, leurs longs cous dressés, leurs museaux lippus tournés du côté du couchant, des vaches de petite taille, des moutons; plus loin, le gros du troupeau, les poneys à la crinière épaisse, aux yeux fous, hennissant dans le vent, les poulains gambadant autour des mères : voilà le village mongol. Les habitants, une vingtaine au plus, appartiennent à la même famille. Bonnes gens, d'humeur hospitalière, qui me font fête. Il semble que je ne suis point pour eux un étranger, un inconnu, mais l'allié, l'ami, dont la venue met tout le monde en joie. On devine dans leurs gestes, dans leur sourire le désir de me mettre à l'aise; ils laissent entendre que je suis chez moi, que le campement, gens et bêtes, est à mon service.

Le plus singulier, c'est le cri dont ils me saluent : « *Ouros! Ouros!* » « Un Russe!... Un Russe!... » Tel est le nom sous lequel ils désignent l'homme de race blanche, le représentant d'une civilisation supérieure qu'ils sentent toute proche, le suzerain attendu à qui dès maintenant on rend hommage : « *Ouros!* » Cette exclamation retentit d'un bout à l'autre du camp. La marmaille ravie se précipite à ma rencontre; avant d'avoir mis pied à terre, j'ai déjà reçu les compliments de mes hôtes, grands et petits. Les chiens eux-mêmes, les molosses au poil jaune, qui tout d'abord montraient leurs crocs, reviennent bien vite à des sentiments meilleurs.

L'empressement de cet accueil contraste avec l'extrême réserve gardée vis-à-vis de mes serviteurs chinois. Mon ma-fou lui-même, bien qu'il parle couramment le mongol, est regardé de travers. Ils sont suspects, cela est clair, dévisagés comme des intrus. On épie leurs moindres mouvements et, si on leur épargne les quolibets, c'est uniquement par égard pour leur maître.

Cependant, on me présente la coupe de bienvenue, une écuelle de crème ou de koumiss (lait de jument légèrement fermenté), on m'abandonne la meilleure tente. Quoique les Mongols soient justement réputés pour le négligé de leur toilette et leur absolu dédain des soins de propreté les plus élémentaires, il est rare que le camp ne contienne pas une tente en assez bon état. J'en ai vu même de vraiment confortables, vastes, presque neuves; elles servent de logis aux mandarins de passage et de chapelle pour les dieux lares. Les bandes de feutre appliquées sur le bâtis de perches et maintenues par des cordes en poil de chameau ont gardé leur blancheur. La tente renferme un petit mobilier, deux ou trois coffres peinturlurés; des tapis grossiers couvrent le sol. Piquées dans une motte de terre, deux bâtonnets d'encens brûlent devant le reliquaire d'une figurine bouddhique rudement modelée. Au centre est le foyer, une sorte de corbeille en fer où l'on entasse l'argol. La fumée s'échappe par une soupape ménagée dans le toit et que l'on rabat à volonté de l'intérieur au moyen d'une corde lorsque le combustible, réduit en braise, a cessé de dégager des gaz délétères. Ainsi calfeutrée, la chambre reste chaude pendant plusieurs heures.

Aucune parole ne saurait exprimer la quiétude absolue des soirs sur ces plateaux, les rapides et prestigieux changements d'aspects du paysage à la tombée du jour. Un peu avant le coucher du soleil, des cavaliers sont partis au galop, ont rassemblé et ramené près des tentes les troupeaux épars dans les pâturages. Maintenant, les bêtes à l'entrave ou parquées dans leur enclos déjà sommeillent allongées sur le sol. La plaine, si lumineuse tout à l'heure, est devenue d'un gris d'acier. L'air a fraîchi; sur la prairie, qu'éclaire pour quelques minutes encore un crépuscule hivernal, pèse un silence de mort.

Dans la soirée, mes hôtes viennent me tenir compagnie. C'est, pendant une heure, un curieux défilé de visiteurs des deux sexes et de tout âge. Les hommes, très dignes dans leurs pelisses fourrées, assis en demi-cercle, leurs faces luisantes empourprées par les lueurs du brasier, me font subir une interview, s'enquièrent du but de mon voyage, me questionnent sur mon âge, sur ma famille, ponctuant l'interrogatoire par de longs silences durant lesquels ils secouent gravement la cendre de leurs pipes. Les femmes, les enfants observent, très intéressés, mais sans mot dire. Trois marmots sur quatre, la tête rasée, ont revêtu la robe jaune des lamas. La coupe des vêtements est la même pour les deux sexes. La coquetterie féminine s'affirme dans la coiffure. Ces dames portent leur dot sur leurs cheveux divisés en deux lourdes nattes qu'emprisonnent des gaines d'argent ciselé et incrusté de corail. La curiosité de ces gens n'a rien d'importun ; ils mettent dans leurs assiduités une certaine discrétion. Après avoir sablé une tasse d'eau chaude et fumé une ou deux pipes, chacun se lève et prend congé en me souhaitant une nuit heureuse.

Un peu longues, les nuits. Lorsque je m'éveille, très reposé, supposant l'aube prête à poindre, je constate avec dépit qu'il est à peine trois heures. Le feu est éteint, la pièce n'est plus éclairée que par le lumignon fumeux placé devant le Bouddha. La fraîcheur, qui commence à s'insinuer dans la maison de feutre me gagne peu à peu au fond de mon sac en peau de mouton. Une flambée s'impose. A la hâte, j'entasse sur la grille des touffes d'herbes sèches quelques poignées de combustible animal ; bientôt la tente qu'envahissaient les ténèbres et le froid de la tombe s'emplit d'une clarté joyeuse. Et les heures coulent, plus rapides, tandis que, dans un demi-sommeil, j'écoute la chanson de la flamme.

Au dehors, paix complète. La nuit est glacée, le thermomètre marque — 10° ; la lune dans son plein descend sur l'horizon. Pas un souffle d'air, tout repose, tout se tait. Silencieux, les chiens rôdent autour des bêtes assoupies. Sur le sol couvert d'une épaisse couche de givre, des vapeurs traînent, fondant les contours, les reliefs, dans une blancheur laiteuse. La tente hémisphérique fait l'effet d'un aérostat trouant les nuées. Il semble par moments que l'on soit suspendu dans l'espace, à des hauteurs où n'arrivent point les bruits de la terre.

Le 16, dans la matinée, halte d'une heure à Eliou-Sou-Taï-Miao, lamaserie récemment remise à neuf. Le temple, avec ses ors et ses laques rouges, est d'un assez joli effet sur le fond grisâtre des plaines. L'établissement est habité par trois cents bonzes ; à certaines époques, il en abrite cinq ou six cents. On estime qu'en Mongolie la population est, en majorité, composée de lamas. Sur trois enfants, les parents en consacreront deux à la prêtrise. Parmi les marmots qui gambadent autour des tentes, la plupart sont des bonzillons, voués pour la vie au célibat. Ce qui ne veut point dire qu'arrivés à l'âge d'homme tous seront cloîtrés dans les lamaseries comme les prêtres spécialement affectés au service du culte. Ils y feront seulement chaque année une retraite de quelques semaines et, le reste du temps, vaqueront à leurs occupations, ne s'occupant guère de pratiques pieuses. Mon guide appartient à cette dernière catégorie. Le gouvernement de Péking favorise le maintien d'une coutume ayant pour effet de réduire de façon très sensible la natalité chez la race aventureuse et guerrière qui jadis subjugua la vieille Chine.

Le monastère est la résidence d'un Bouddha vivant, gar-

LAMASERIE D'ÉLIOU-SOU-TAI.
(Terre des Herbes.)

UNE RUE A DOLO-NOR.

çonnet d'une dizaine d'années. J'ai pu contempler à loisir cette incarnation de Çakya-Mouni quittant sa cellule pour se rendre au sanctuaire où la communauté l'attendait, prosternée. L'enfant, vêtu d'une tunique jaune safran, prit place sur une petite estrade, au pied du grand Bouddha doré. Assis sur ses talons, les mains jointes, dans la même attitude que l'idole, comme elle impassible et rigide, il recevait l'hommage des moines qui battaient du front les dalles tout en psalmodiant leurs litanies. Nous étions déjà loin que, de la lamaserie masquée par une éminence, la mélopée monotone nous arrivait encore très distincte. Étrange ce chœur invisible, dans le profond silence des steppes.

Le lendemain, une troupe nombreuse venant de l'ouest rejoignait notre route. Une centaine de cavaliers escortaient un chariot couvert de draperies pourpres. Un cortège de noce : l'époux caracolait en tête. Ce devait être un chef de bannière, un mandarin de marque. Son bonnet de zibeline était surmonté du bouton de corail et de la plume de paon, son cheval harnaché avec un certain luxe : rênes de soie verte, bride et poitrail en cuir rouge agrémenté de glands et de pompons. A l'arçon de la selle pendait un sabre à fourreau niellé. Des officiers de grade moins élevé, boutons azur et boutons blancs, se tenaient de chaque côté du char que deux belles mules enlevaient au trot allongé. A la suite venaient en tourbillon des hommes d'armes de tout genre, une collection de lances, d'arbalètes et de mousquets, enfin des valets avec des chevaux de rechange, des fauconniers leur oiseau sur le poing. Une vision d'un autre âge, cet enlèvement de la fiancée par son seigneur et maître, cette cavalcade ressemblant moins à un cortège nuptial qu'à une expédition de francs-routiers ramenant leur prise. Nous avons cheminé ensemble pendant près d'une heure, puis la troupe a brusquement obliqué à droite, se dirigeant vers un groupe de tentes plantées au pied d'un monticule, à une demi-lieue dans l'est.

Et, de nouveau, c'est le désert. Maintenant nous traversons le pays de Ho-Tou-Oua (les Terres Noires), où serpente dans les tourbières la petite rivière Chang-Tou, affluent du Loang-Ho. Dans cette région aujourd'hui désolée, de grandes villes avaient été fondées sous la dynastie des Yuen. De ces cités visitées par Marco Polo rien ne subsiste, sauf le tracé de leurs enceintes reconnaissable à certains renflements du terrain. Je traverse ainsi ce qui fut Olén-Khe-Tén (la ville rouge), Poro-Khe-Tèn (la ville grise), Khara-Khe-Ten (la ville noire), pour camper enfin sur l'emplacement de Tio-Nema-Soma (la ville des cent huit lamaseries) dont les Chinois ont fait Chang-Tou, du nom du cours d'eau qui s'étale en marécage dans les anciens fossés.

Chang-Tou, longtemps la capitale d'été des empereurs Mongols, était défendu par un triple rempart : 1° un mur en terre battue, de près de douze kilomètres de tour ; 2° un mur en pierre ; 3° un mur en briques. Le plan général est le même qu'à Péking. Les deux premières enceintes délimitaient, d'une part, la ville marchande, de l'autre, la ville des fonctionnaires. Au centre du système étaient les bâtiments et les jardins du palais dont l'ensemble formait la ville impériale. Mais tout cela n'est plus qu'un souvenir. La population actuelle de Chang-Tou tient dans deux tentes, les plus misérables que j'aie aperçues jusqu'à ce jour. Les seuls vestiges évoquant à l'esprit les splendeurs de la capitale défunte sont : trois lions de marbre, malheureusement mutilés, et une admirable stèle supportée par deux dragons ailés. Sur le bloc renversé, à demi enfoui dans l'herbe folle, sont gravés quinze caractères *Shuen-Chu*. C'est, après les signes idéographiques, le plus ancien mode d'écriture employé en Chine : très ornemental, il est utilisé de préférence dans la confection des sceaux et la décoration des monuments commémoratifs. Cette inscription, la seule qui subsiste dans les décombres de Chang-Tou, peut se traduire ainsi :

« *Stèle du seigneur d'éternelle mémoire Tsong-Kiun-Tcho-Won, décoré du titre de très illustre prince par ordre du souverain de l'impériale dynastie des Yuen.* »

Très illustre prince... Éternelle mémoire!... Promesses vaines, hélas!... Grandiloquence d'une ironie suprême au milieu de ces solitudes, dans la plus ruinée des ruines!

II

28 octobre.

Dolo-Nor, aujourd'hui la capitale des Plaines, est située à une dizaine de lieues à l'est des ruines de Chang-Tou. Agglomération de quinze à vingt mille âmes, moitié mongole, moitié chinoise, occupant plusieurs villages dans une même enceinte de terre. Les abords sont tristes : de maigres pâturages, des flaques d'eau saumâtre, de hautes dunes de sable apportées par les bourrasques qui soufflent du Gobi.

La place n'a d'une ville que le nom. Elle tient du campement et du champ de foire. C'est le grand marché aux chevaux de la Mongolie orientale; les affaires y sont des plus actives, spécialement à cette saison de l'année. J'ai réussi non sans peine à me caser dans la moins mauvaise des hôtelleries où s'était déjà installé, avec une suite nombreuse, un haut mandarin militaire chargé des remontes par le vice-roi du Chih-Li. Ce personnage était arrivé de Tien-Tsin l'avant-veille. Tous les éleveurs de la contrée, accourus en hâte pour présenter leurs bêtes, encombraient les rues, bousculant tout et tous comme en pays conquis. Du petit jour à la nuit close c'était, dans la cour de l'auberge, une cohue inexprimable, une rumeur de bataille, un libéral échange de horions et de ruades.

L'endroit est rien moins que séduisant; à peine arrivé, on songe au départ. J'ai dû cependant me résigner à y séjourner quarante-huit heures afin de laisser reposer mes chevaux. J'ai mis à profit ce délai pour visiter les grands monastères qui ont valu à la ville sa dénomination chinoise : *Lama-Miao* (le Temple des Lamas). Ces couvents sont situés dans la plaine à une demi-lieue de Dolo-Nor et d'un assez bel effet à distance, sans que l'ornementation ait par elle-même rien de très remarquable. C'est le style polychrome adopté pour les édifices du même genre dans le reste de l'empire. Ces bonzeries renferment 3,000 reliques; elles possèdent, cela va sans dire, un Bouddha vivant presque aussi réputé que celui d'Ourga, la cité sainte du Nord-Ouest. Ce dernier reste encore, à l'heure présente, le plus en faveur, bien qu'il soit, paraît-il, un Bouddha comme on en voit peu, un Bouddha fin de siècle. Des gens dignes de foi m'ont affirmé qu'il commence à trouver l'existence du cloître un peu morose. Sa résidence à deux pas de la grand'route de Sibérie, la vue des Européens de passage à Ourga, l'arrachant aux contemplations sereines, lui ont fait perdre de sa gravité rituelle. Ce Bouddha s'émancipe, monte à cheval et travaille depuis quelque temps... la bicyclette. Tout se perd!

Le 20, je me remettais en route. Il fallait se hâter. Le froid était déjà vif et 600 *li* (360 kilomètres) d'affreux chemins de montagnes me séparaient de Jé-Hol. Le trajet nous a pris exactement une semaine, ce qui n'est point trop, étant données les difficultés du terrain. Les mandarins de Dolo-Nor avaient tenu à me fournir une escorte de deux cavaliers. Ils affirmaient que toute la région comprise entre Jé-Hol et les plateaux était infestée de malandrins. Cela ne signifiait point qu'une attaque fût à craindre : les coupeurs de route, n'ignorant pas que l'Européen est, en général, doublé d'un winchester, se tiennent à distance prudente. Mes deux hommes d'armes munis, celui-ci d'une espingole, celui-là d'un fusil à mèche, ne m'eussent pas été d'un grand secours. Quoi qu'il en soit, le voyage s'est accompli sans alerte. Une fois seulement, au sommet d'un col, la vue d'une petite cage suspendue au bout d'une perche et contenant la tête d'un bandit exposée pour l'édification des passants, nous a prouvé que les représentants de l'autorité avaient de bonnes raisons pour nous mettre en garde contre les mauvaises rencontres.

Mais quelles routes! Finis désormais les temps de galop sur l'herbe sèche. Maintenant, c'est le chaos, un enchevêtrement de montagnes plus abruptes encore et plus sauvages que celles de Kalgan. Le chemin tantôt rampe à flanc de coteau surplombant des abîmes, tantôt plonge au fond d'une gorge parmi les pierres coupantes, au milieu des blocs éboulés. Dans la matinée du 22, remonté un vallon sinistre où gronde un torrent que nous traversons *trente-trois fois,* sur un parcours de vingt kilomètres. Le 23, mon chariot versait : quatre heures étaient employées à le retirer du ravin. C'est miracle que les mules et leur conducteur en aient été quittes pour de légères meurtrissures. Le 25, franchi onze gués sur le Tsin-Tsan-Ho et le Loang-Ho. Ces passages sont des plus scabreux. Les chevaux hésitent à s'engager à travers la glace qui frange les deux rives, trébuchent, se cabrent, manquent de s'abattre à chaque pas. Nous sortons de là ruisselants, grelottants; la bise aidant, les vêtements mouillés deviennent bientôt rigides, leurs plis coupants mordent sur la peau comme les dents d'une scie.

Le 27 enfin, après avoir gravi avec des peines infinies une pente très raide où le chemin, taillé dans la roche vive, était couvert d'un épais verglas, j'apercevais Jé-Hol étalé au pied des collines, dans une boucle décrite par la rivière Loang-Ho. Autrefois villégiature favorite des souverains, à l'époque lointaine où ceux-ci voulaient connaître de leur empire autre chose que le palais-prison de Péking et les jardins de Yuen-Ming-Yuen, Jé-Hol est aujourd'hui délaissé. De fâcheux souvenirs s'attachent à cette résidence. L'empereur Kiak'ing y succombait, le 20 août 1820, frappé par la foudre au milieu d'une fête. C'est à Jé-Hol que l'empereur Sien-Foung vint chercher asile en 1860, lorsque les armées alliées marchaient sur Péking. Il y mourut le 5 novembre de la même année. Depuis lors, la cour n'y vient plus; une crainte superstitieuse l'éloigne de ces murs dont le seul aspect rappelle les jours d'angoisse, l'humiliation de la dynastie.

Jolie pourtant, cette retraite. Les massifs calcaires du Lo-Han-San et du Pan-Toué-San l'abritent des vents du nord. Du sommet de cette dernière montagne, où l'on accède en une heure d'escalade assez rude, le regard plonge sur le parc qu'environne un mur crénelé de 25 kilomètres. Des kiosques dont les dorures luisent au milieu des cèdres, un lac, des îlots de verdure, des petits ponts couverts, des tours-pagodes, tout cela, vu de haut, dans la lumière éclatante, n'a point l'air abandonné, est presque riant. On s'attend à voir des cortèges de fêtes surgir aux détours des allées, la galère impériale mouillée dans une anse lever l'ancre, glisser doucement parmi les archipels verts en déroulant dans le vent son étendard bouton d'or. . . . . .

Le palais et ses dépendances occupent, à une heure de marche à l'ouest de Jé-Hol, de vastes espaces. Dissimulés dans un vallon et séparés du parc de chasse par un torrent

DANS LES MONTAGNES, ENTRE DOLO-NOR ET JÉ-HOL.

LA CIME DU PAN-TOUÉ-SAN.

en partie desséché, ils étagent en amphithéâtre, sur les pentes inférieures d'un coteau, leurs édifices multicolores : portiques massifs, colonnades en bois de teck laqué de vermillon, pagodes fuselées, pavillons de porcelaine. Cette débauche d'architecture d'une extraordinaire fantaisie et d'un coloris intense tient du rêve. Les bâtiments sont aujourd'hui transformés en monastère. L'empereur en a confié la garde à des bonzes qui les entretiennent à leur façon, c'est-à-dire peu ou point. L'intérieur est très délabré. Mais, de la vallée, à moins de 200 mètres, l'ensemble est d'un effet saisissant, d'une fraîcheur de tons inattendue. Les grands lions de marbre rosé se dressent menaçants le long des terrasses où les appliques de faïences peintes mettent des nuances changeantes, de singuliers jeux de lumière, surtout aux approches du soir. Autour des galeries ajourées rampe le dragon symbolique et, perché sur les toits de bronze doré, l'oiseau phénix est prêt à prendre son vol. Un enchantement, ces palais qui semblent achevés d'hier pour quelque impériale maîtresse ; caprice de monarque amoureux, fantaisie de poète obéi par les fées. Jamais la Chine ne m'avait montré rien de pareil.

Dans la montagne, autour de Jé-Hol, nombre de couvents ont été fondés jadis et richement dotés par les empereurs. Les plus importants sont : Pou-Tou-Lé, à un quart de lieue du palais, sur la rive droite du Loang-Ho, et Yuen-Tin-Si dont la pagode circulaire, de proportions grandioses, rappelle l'un des monuments les plus connus de Péking, le Temple du Ciel. Chacun d'eux renferme quatre ou cinq cents bonzes. La plupart de ces lamaseries comptent parmi les spécimens d'architecture religieuse les plus achevés de l'Extrême-Orient. Toutes sont admirablement situées : la disposition générale, le choix de l'emplacement révèlent chez leurs fondateurs une âme d'artiste, un réel sentiment de la perspective et du décor. Leurs cloîtres, leurs jardins emplis d'un murmure d'eaux vives, le bois de conifères qui les protège du soleil et des vents, apparaissent çà et là sur les pentes dénudées des monts, à l'issue d'une gorge sauvage, comme de riantes oasis dans un désert d'érosion.

Bien qu'abandonné à tout jamais par la cour, Jé-Hol possède encore une légion de fonctionnaires de tous grades, de mandarins civils et militaires. Une partie du contingent des « Bannières » et deux régiments de la garde impériale y tiennent garnison. J'ai eu la satisfaction de voir manœuvrer ces troupes devant un général envoyé de Péking pour procéder à l'inspection annuelle. Rarement il m'a été donné d'assister à un pareil déploiement d'étendards : un drapeau par escouade, et quels drapeaux! L'état-major, en robes d'apparat, avait pris place sous un grand pavillon décoré de tentures de soie jaune et rouge, au milieu de la plaine sablonneuse qui s'étend, au nord de la ville, entre le parc et la rivière. Une foule immense et visiblement charmée assistait à ces exercices d'une mise en scène très pittoresque, mais d'une utilité discutable.

Malgré les sommes gaspillées depuis des années pour l'achat de canons et de fusils à tir plus ou moins rapide, malgré les leçons d'instructeurs européens engagés à grands frais, il est évident qu'aujourd'hui, comme par le passé, l'art de la guerre est demeuré, pour les Célestes, à l'état de conception quelque peu incohérente et funambulesque. Le clou de la fête fut un simulacre de combat entre un détachement de tirailleurs, débris de l'ancienne armée de Li-Hung-Tchang et le régiment des « Tigres ». Les fantassins, équipés et commandés à l'européenne, manœuvraient, il faut le reconnaître, avec un ensemble digne d'éloge. Mais les sympathies de la foule et des mandarins inspecteurs allaient surtout aux corps d'élite respectueux des traditions nationales, aux « braves, » enjuponnés et empanachés brandissant le cimeterre et la lance.

Le gros succès fut pour les « Tigres » à maillots fauves striés de noir, le visage masqué d'un cartonnage hideux. Il va de soi qu'ils n'ont point d'armes; toute leur tactique consiste à bondir et à rugir pour jeter l'épouvante et le désordre dans les rangs de l'adversaire. L'emploi exige seulement des poumons à toute épreuve et une agilité de clown. Très remarqués aussi, les bataillons composés d'hommes-orchestre, lesquels s'inspirent du précepte formulé il y a trois mille ans par un éminent stratège, Sun-Tsé, dont les ouvrages sont toujours consultés avec fruit par les candidats aux honneurs militaires. Sun-Tsé a écrit, en effet : « Qu'une musique voluptueuse amollisse le cœur de l'ennemi ».

Novembre.

De Jé-Hol à Péking, soixante lieues, dont trente en montagne; quatre journées très dures. Entre Jé-Hol et Kou-Peï-Kou, où l'on refranchit la Grande Muraille, le chemin est affreux; pire encore entre Kou-Peï-Kou et Shy-Sia-Sing, où l'on débouche enfin dans les plaines du Peï-Ho. Des lits de torrents encombrés d'énormes débris d'avalanches, des bancs de roche glissante; puis des rivières charriant déjà des glaçons, des gués difficiles par des fonds de sable où les animaux enfoncent jusqu'aux hanches et se démènent affolés. Le paysage, du moins pendant les deux premières étapes, est d'une sauvagerie inexprimable. Le déboisement a fait son œuvre; sur les pentes, toute trace d'humus a disparu depuis des siècles. La montagne ne montre plus que son ossature attaquée, elle aussi, par les coups de vent et par la foudre, et dont les fragments se dressent pareils à des bastions démantelés. Dans ce pays où tout est décrépitude, la nature elle-même semble tomber en ruines.

De loin en loin, la route longe un petit bois de pins; un vieux mur aux brèches béantes entoure cette relique de la forêt primitive. On distingue à travers les branches des bouts de charpentes, un lambeau de toiture. C'est là tout ce qui reste des maisons impériales où la cour, voyageant à petites journées, s'arrêtait pour la nuit. Paysage mort, horizons décolorés, des décombres, de la poussière, l'image réduite du vieil empire. Jamais je n'ai éprouvé de façon aussi forte l'impression de cet effondrement..

Non qu'il s'agisse ici de la décadence d'une race. Le peuple a gardé ses qualités essentielles, aujourd'hui comme hier, dur à la peine, d'une activité endiablée. Sur ce triste chemin abandonné des empereurs, devant ces palais en miettes et ces forteresses qui tombent, défilent chaque jour par centaines les marchands, les chariots pesamment chargés, les bêtes de somme. Ce que l'on a sous les yeux, ce n'est pas la déchéance d'une nation, mais l'écroulement d'un régime, la fin d'une dynastie. En Chine, les gouvernés valent mieux que les gouvernants; dans cet organisme si complexe, la tête seule est malade, le corps est sain. Le peuple, indifférent, poursuit son labeur de fourmi sans se demander quand et comment il lui faudra changer de maîtres. Que lui importe? En définitive, cette Chine si obstinément murée, en apparence inaccessible aux influences du dehors est, de toutes les nations du monde, celle qui a toujours accepté avec le moins de répugnance la domination étrangère. Elle s'est pliée sans peine à la loi du conquérant mongol; elle se laisse, depuis bientôt trois siècles, gouverner et rançonner par une poignée de Tartares. Cela étant, rien ne s'oppose à ce que, dans l'avenir, elle s'accommode, sans plus de façon, d'une autre tutelle. Si, comme on l'a prétendu, l'histoire est un perpétuel recommencement, pourquoi d'autres n'accompliraient-ils pas à leur tour ce qu'ont accompli autrefois les Mongols et les Mandchous? Les procédés seraient différents, la réussite ne serait point douteuse.

Quels seront ces maîtres de demain? De quelle contrée doit venir la dynastie future? Pendant les longues causeries le soir, sous la tente, mes hôtes mongols m'ont demandé plus d'une fois avec insistance si mon empereur était le *Tcha An Patr* (le tsar blanc)! A les entendre prononcer ce nom, il est aisé de deviner de quel côté vont leurs rêves, leurs espérances. On sent à quel point ils ont foi dans les promesses des légendes populaires dont fut bercée leur enfance.

Et comme j'approchais de Péking, au fur et à mesure que se détachaient tristement sur un ciel d'hiver les vieux remparts, la Montagne du Palais avec ses kiosques à toitures jaunes menaçant ruine, elle me revenait à l'esprit avec une insistance singulière, la prophétie mongole où il est parlé d'un puissant pasteur de peuples qui doit, quelque jour, reconstituer l'empire de Gengis et de Kû-Blai...

Décembre.

Voici l'hiver, le dur hiver de Mandchourie. Une bise aigre soulève de la plaine pulvérente d'immense tourbillons qui envahissent tout le ciel, semblables à des nuées chargées de neige. D'un jour à l'autre les glaces peuvent envahir le golfe de Petchili; Péking sera bloqué pour trois mois. Le moment est venu de songer au départ, de gagner enfin la vallée du Yang-tsé-Kiang. C'est d'ailleurs l'époque des eaux moyennes, la saison la plus favorable pour remonter le grand fleuve, pour atteindre à travers ses gorges et ses rapides les lointaines provinces de l'intérieur, le

Kouei-Tchéou, le Sé-Tchouèn, puis rejoindre, par delà les vastes plateaux du Yunnan, la vallée du fleuve Rouge, la France indo-chinoise.

Mon passeport est prêt, un passeport incomparable, calligraphié sur du papier pelure, élaboré par le Tsong-li-Yâmen, à la demande de la Légation de France, et qui promet monts et merveilles. Il faut en prendre et en laisser. J'ignore si, comme l'affirme, paraît-il, cette feuille enluminée de vermillon, les autorités de ces zones reculées sont dès à présent avisées de ma venue et se disposent à m'accueillir comme un hôte espéré. C'est bien possible. Mais je compte surtout que ma bonne étoile m'épargnera la peine d'invoquer leur aide et protection.

Dans quelques heures, j'aurai perdu de vue Péking. Il y aura bientôt trois mois que j'y pénétrais, au soleil couchant, par la porte de Ratamen. Trois mois déjà : comme ces semaines ont coulé vite! Il me semble que c'était hier. Ce n'est point sans regret que je m'éloigne, tant j'ai été pris par ces vieilleries, par l'étrangeté de ce décor terriblement élimé et souillé, mais unique au monde, majestueux encore dans sa guenille; par des amitiés aussi, nouées hier, qui ont déjà acquis la force d'affections anciennes et font reculer de jour en jour l'instant redouté du départ.

Au bord d'un ancien canal dont les fanges ont disparu sous les floraisons du gel, j'ai arrêté mon poney; je m'oublie à regarder, avec la même stupeur que le premier soir, la vieille capitale au-dessus de laquelle le vent de Sibérie fait tournoyer en épaisses volutes la poussière des édifices en ruines, la cendre des générations mortes.

LES PALAIS DE JÉ-HOL.

TEMPLE CIRCULAIRE DE YUÈN-TIN-SI. — ENVIRONS DE JÉ-HOL.

DEUXIÈME PARTIE

SUR LE YANG-TSÉ

CHAPITRE PREMIER

LE BAS YANG-TSÉ. — DE SHANGHAI A HANKÉOU ET A I-TCHANG.

I

1er janvier.

Le soir du présent jour de l'an j'aurai quitté Shanghaï, me dirigeant cette fois vers l'ouest, dans la vallée du fleuve Bleu, avec l'espoir de remonter les gorges et les rapides du grand fleuve, d'atteindre la lointaine et montueuse province du Sé-Tchouen pour gagner ensuite, par les hauts plateaux du Yun-Nan, le bassin du fleuve Rouge, puis le Tonkin.

Depuis longtemps j'étais hanté par ce projet de voyage à travers la vieille Chine. Dès le départ de France, — il y a déjà quatorze mois de cela! — l'itinéraire était fixé dans ses grandes lignes. Je ne cessais d'y songer, tout en parcourant la péninsule indo-chinoise, du Siam au Tonkin; j'y pensais au cours de mes promenades japonaises. Et le même rêve m'accompagnait sur les routes poudreuses de Péking, dans le galop du poney mongol.

Il y a trois semaines enfin, j'étais de retour de la capital, passeport en poche, un passeport plein de promesses, délivré par le Tsong-li-Yâmen, Il ne restait, semblait-il, qu'a boucler sa valise et à repartir presque incontinent.

Mais, en ce pays, et pour une expédition de ce genre, les préparatifs sont infiniment plus compliqués. Si désireux que l'on soit de réduire les *impedimenta* au strict nécessaire, le bagage n'en constituera pas moins un volume et un poids considérables. Aux effets personnels, contenus dans deux ou trois mallettes chinoises, il convient en effet d'ajouter les objet de campement, la petite batterie de cuisine, quelques provisions. Ces provisions dont, à la rigueur, on pourrait se passer, il est cependant indispensable de les emporter, sinon pour soi, du moins pour les cadeaux à distribuer, à l'occasion, le long de la route, les Célestes de tout grade étant en général fort curieux des conserves, liquides et autres produits de provenance étrangère.

Il faut enfin recruter son personnel, ce qui n'est point une petite affaire. Alors même qu'une parfaite connaissance de la langue vous permettrait de voyager seul, force sera de vous encombrer d'un interprète, d'un boy, d'un cuisinier, d'avoir en un mot maison montée, sous peine de passer pour un homme de rien à qui l'on ne doit aucun égard. Ce qui rend la tâche particulièrement ardue, c'est que les Chinois lettrés sont gens d'humeur plutôt sédentaire, ayant pour la plupart leur situation faite et peu soucieux, par conséquent, de se lancer dans les aventures. Bref, avec la volonté d'en finir au plus tôt, vingt jours francs auront été employés à mener à bien les emplettes et les pourparlers. Il y a seulement une heure que mes caisses, une dizaine, — il est vrai qu'elles sont de dimensions bien modestes, — et mes gens, au nombre de trois, sont à bord du *Fuh-Wo*, en partance cette nuit pour Hankéou.

2 janvier.

Un peu avant minuit, je prenais congé des amis de Shanghaï qui m'avaient escorté jusqu'à l'embarcadère des vapeurs de la Compagnie Jardine Matheson, dans la concession américaine, fort loin, sur le quai de Hong-Kew. Le capitaine et l'équipage s'étant attardés à terre à fêter l'année nouvelle, il était près de deux heures quand les amarres furent larguées. Le froid était très vif (— 8°), mais la nuit admirable, la lune montait dans un ciel immaculé. Bientôt, nous avions laissé derrière nous le « Bund », les innombrables navires ancrés dans la rivière, devant la grande ville endormie que baignait une clarté bleue.

L'aube nous a trouvés dans le Yang-Tsé-Kiang. Pendant que je dormais, nous avions dépassé Woosung, incliné à l'ouest. Maintenant s'étalait devant nous la majestueuse coulée qui, salie de sable et de vase, charriant les terres diluées de ses berges, n'en garde pas moins le beau nom de Fleuve Bleu sous lequel les Thibétains désignent le torrent clair issu de leurs montagnes. Les Chinois l'appellent plus justement le « Kiang » — le Fleuve. C'est bien, à leurs yeux, le Fleuve par excellence, le principal, on peut dire l'unique voie de communication entre le littoral et les provinces occidentales de l'empire. Il coupe la Chine en deux parts presque égales, draine un bassin de 700,000 kilomètres carrés. Le volume de ses eaux, calculé à Hankéou, à 1,000 kilomètres de l'Océan, représente un débit moyen de 60,000 pieds cubes par seconde. Actuellement il se révèle à nous sous l'aspect d'une nappe jaunâtre démesurément étendue où l'on distingue à peine, à l'horizon, une double ligne, de teinte plus sombre, menue comme un fil, indiquant les rives basses, à demi noyées.

Je vais parcourir sur ces eaux troubles un peu plus de 600 lieues.

La navigation du Yang-Tsé peut se diviser en trois parties. Seule la dernière présente, en raison même de ses difficultés, un intérêt réel, l'attrait particulier de l'imprévu et du mystère. Le cours inférieur du fleuve a la banalité des chemins battus. Le mode de transport y est rapide, confortable, sans surprises et, par le fait, sans agrément. Sur ce magnifique vapeur à deux étages, l'existence est celle que l'on mène à bord des bateaux de touristes, sillonnant les rivières américaines, les lacs de Suisse et d'Italie, n'étaient nos compagnons de voyage chinois installés à l'arrière avec leurs familles, leurs collections de nattes et de coussins, leurs baluchons de toutes tailles et leurs pipes à opium. Le service est assuré par plusieurs compagnies. Les plus importantes sont : *Jardine, Matheson and C°;* la *China Navigation company* (Butterfield et Swire) et la *China Merchant Steam Navigation Company ;* cette dernière est une entreprise chinoise dont le principal actionnaire est Li Hung Chang. Les deux compagnies anglaises et la compagnie chinoise, naguère en lutte, forment actuellement un syndicat qui accapare la majeure partie du fret, tant pour le grand cabotage entre Hong-Kong et Tien-Tsin que dans les ports du Yang-Tsé. Je ne parle que pour mémoire des services intermittents effectués par toute une flottille de cargo-boats et de chaloupes appartenant à des armateurs indigènes et des grands paquebots qui, chaque printemps, à l'époque des hautes eaux, remontent à Hankéou prendre les chargements de thé à destination de l'Europe et de l'Amérique.

Les départs sont quotidiens. Toutefois les steamers d'un fort tonnage ne dépassent point Hankéou. Là j'échangerai mon palais flottant contre un bâtiment plus modeste qui me conduira jusqu'à I-Tchang, limite extrême de la navigation à vapeur. A I-Tchang seulement commencera le véritable voyage, plein d'émotions et d'incidents, la montée des gorges et des rapides, durant un mois ou six semaines, dans la jonque remorquée à la cordelle. Jusque-là les jours se suivent et se ressemblent. C'est la monotonie suprême, la coulée des eaux troubles et, déroulée de part et d'autre à l'infini, la plaine d'alluvion où pointent çà et là quelques éminences pareilles à des îles désolées apparues sur un horizon de mer; un paysage uniforme, un profond silence à peine troublé par la soudaine envolée d'une bande de mouettes; par le chant mélancolique des bateliers aidant de la perche et de l'aviron la lourde jonque aux voiles de nattes, à la poupe surélevée en forme de château comme celle des galères antiques; le repos forcé, l'inaction, la captivité endormante, les cent pas sur le pont, les longues rêveries, le soir, dans un salon doré. C'est le cas d'employer ces loisirs à vous faire faire connaissance avec mon personnel, à vous présenter en quelques mots les coadjuteurs indigènes dont les noms reviendront plus d'une fois dans ce journal de route

D'abord, mon lettré-interprète, Ching King Son. Sur le contrat passé entre nous, en bonne et due forme, par devant le Consul Général de France, il s'intitule pompeusement lettré-linguiste. S'il ignore notre langue, du moins parle-t-il fort bien anglais. Il a passé plusieurs années à New-York et affecte volontiers les allures américaines, la démarche assurée du Yankee, ce qui ne l'empêche point de posséder sur le bout du doigt les règles singulièrement compliquées de l'étiquette chinoise et de conserver, dans ses relations avec ses compatriotes, le décorum qui sied à un mandarin. Notre homme en effet, décoré du bouton bleu, est en passe d'obtenir une préfecture. Vingt-cinq à trente ans, peut-être davantage. Rien de plus difficile que de deviner, sur la mine, l'âge d'un

Céleste. Celui-ci m'a été recommandé par les personnes les plus honorables de Shanghaï, non pas précisément en raison de ses vertus, mais pour son expérience des rites et usages officiels. Il ne me volera pas plus qu'un autre, me sera d'un réel secours dans mes démêlés avec les autorités provinciales, et pourra me fournir, en cours de route, d'utiles renseignements sur les êtres et les choses. Ce phénomène exige, à titre d'honoraire, 75 dollars par mois, ses frais de voyage payés, bien entendu. Ce n'est pas exagéré. On ne pourrait certes s'assurer, en Europe, à des conditions pareilles la collaboration assidue d'un homme de lettres doublé d'un aspirant-préfet. Ensuite, mon boy A Kim, qui baragouine quelque peu le français, et A Po, mon cuisinier. De ce cordon-bleu je ne connais encore que le visage réjoui. Reste à savoir si sa cuisine répond à son sourire.

3 janvier.

Ce matin, avant l'aube, nous étions devant Nanking. Laissant le *Fuh-Wo* poursuivre sa route avec le gros de mon bagage, j'ai consacré la journée à parcourir cette vieille ville ou plutôt le peu qu'il en reste. Nanking n'est qu'une vaste ruine, un amoncellement de décombres. Avec son enceinte de 35 kilomètres de tour, où des millions d'habitants tiendraient à l'aise, cette cité de 200,000 âmes, aux ruelles étroites et nauséabondes, blottie dans un angle du rempart, du côté sud, fait l'effet d'un village. De ce qui fut la ville impériale, on n'aperçoit que les débris émiettés, comme si cette dévastation attestait non point les luttes récentes et les fureurs humaines, mais l'action dissolvante du temps, les efforts d'une longue série de siècles. Cependant cette ruine irrémédiable date de trente-cinq ans à peine. Nanking est aujourd'hui tel que l'ont laissé le roi Taïping et ses hordes. On retrouve à chaque pas les traces, toutes fraîches encore, du long siège, des combats acharnés entre les rebelles et les Impériaux : terrassements, tranchées, brèches béantes, pans de mur criblés de mitraille, façades croulantes d'édifices incendiés. Dans le quadrilatère occupé jadis par la ville tartare, quelques maisons subsistent où végète une population composée, comme par le passé, des descendants des conquérants. Ces Mandchous sont censés tenir ici garnison, représenter la dynastie régnante et n'avoir d'autre occupation que le métier des armes. Ils sont, comme autrefois leurs pères, nourris par le souverain, « mangent le riz de l'empereur », s'exercent au tir à l'arc et ne reconnaissent d'autre autorité que celle de leur général tartare.

A une heure de marche, à l'est de la ville, sont les vestiges de l'imposante sépulture où repose le second des empereurs Mings. Pagodes et temples ont été culbutés ou livrés aux flammes. A la plate-forme du tombeau, énorme cube en maçonnerie, de vingt mètres de haut sur cent mètres de côté, on accède par une avenue le long de laquelle, comme aux approches des tombes impériales, dans la banlieue de Péking, des figures géantes font la haie : dragons rampants ou dressés, éléphants armés en guerre. Des cavaliers de pierre, la lance au poing, des princes et des mandarins en tenue de cour, seuls debout dans cette nécropole en ruine, veillent sur le repos suprême du maître, tandis que des galopins en guenilles, errent à travers les blocs épars, parmi les entassements de tuiles polychromes et de marbres, recueillant, pour les offrir au visiteur, quelques tessons, derniers et pitoyables souvenirs des splendeurs disparues.

Nanking est la résidence d'un vice-roi très remuant, fort ambitieux qui, dit-on, songerait à reprendre, dans les affaires de l'Empire, le rôle prépondérant si longtemps tenu par Li Hung Chang et dont le vieil homme d'État fut dépossédé à la suite des cruels déboires de la dernière guerre. Ching Chi Tong, vice-roi de Nanking, jouit d'une réputation tant soit peu surfaite. Ce n'est point, comme le donneraient à entendre nombre d'articles publiés dans les gazettes extrême-orientales, un rénovateur inspiré, mais plutôt une imagination capricieuse et brouillonne, un touche-à-tout qui n'achève rien. Il a, lui aussi, ses troupes d'élite, mille à quinze cents hommes éduqués par un état-major allemand, sa flotte, ses arsenaux. Il passe son temps à élaborer, sur le papier, un vaste réseau de voies ferrées concédées à des compagnies exclusivement chinoises, dont il serait l'âme; il parle également de faire appel au crédit, de fonder des banques nationales; celles-ci, sous sa haute inspiration, fourniraient les capitaux indispensables pour l'exécution de ces vastes projets. Seulement les capitalistes chinois font la sourde oreille; ils connaissent trop le fond et le tréfond du monde officiel, ce que représente, pour l'actionnaire, une entreprise conduite par les mandarins. A défaut de leur flair naturel, l'exemple fourni par la *China Merchant Navigation company*, création de Li Hung Chang et dont les répartitions de dividendes sont aussi rares que fantaisistes, suffirait à les mettre en garde contre les sollicitations vice-royales. Ching Chi Tong, l'apôtre de cette idée originale, mais chimérique : la Chine régénérée par des Chinois, en est pour ses frais d'éloquence. Son œuvre maîtresse, dont on a fait grand bruit, est la chaussée de huit kilomètres qui relie Nanking à l'embarcadère des steamers; une chaussée assez bonne, mais absolument plane, qui n'a nécessité aucun travail d'art et que le premier agent voyer venu eût construite tout aussi bien sans tant de réclames ni de millions. J'allais oublier de mentionner la dernière innovation du vice-roi. Il vient, il y a de cela quinze jours, d'installer, sur sa route neuve, un service de *jinrickshas*. Instruit par la défaite, ce patriote, pour commencer, emprunte aux vainqueurs leur carrosserie, la frêle charrette à bras du Nippon.

A l'exemple de Péking, aussitôt la nuit tombée, Nanking ferme ses portes pour ne les rouvrir qu'au soleil levant. Or, comme le vapeur montant vers Hankéou passe, entre deux et quatre heures du matin, les voyageurs doivent sortir de la ville la veille du départ, dans l'après-midi, et passer la plus grande partie de la nuit sur un ponton. J'y ai, pour ma part, séjourné une dizaine d'heures, plutôt maussades, en compagnie de deux ou trois cents passagers chinois entassés pêle-mêle, qui tuaient le temps de leur mieux, sans manifester la moindre impatience, nullement incommodés, semblait-il, par la gelée, bavardant, riant, expectorant, au milieu des fumées des pipes à opium et du parfum des fritures débitées par des restaurateurs en plein vent.

4 janvier.

Ce matin, entre cinq et six, le bateau accostait, en retard de deux heures à la suite d'un échouage, et j'échangeais avec joie le ponton glacial pour la tiédeur de la cabine. J'avoue n'avoir qu'une notion très vague des événements qui ont pu se passer à bord durant cette matinée et des détails de la route parcourue par le *Kiang-Yu* de la *China Merchant company*.

De midi à quatre heures, nous avons fait escale devant Wou-Hou, localité qui exporte chaque année une quantité considérable de riz. Nous en avons chargé cinq ou six cents tonnes à destination du Hou-Nan et du Hou-Pé où la dernière récolte a été fort mauvaise.

Dimanche 5.

Au petit jour, sur l'horizon morne, quelques hauteurs isolées se montraient enfin. A onze heures, nous dépassions le « Petit Orphelin », un îlot rocheux en forme de pain de sucre, surmonté d'une pagode et d'une petite bonzerie. Un peu après midi, nous étions par le travers du grand lac Po-Yang, dont l'entrée s'ouvre à notre gauche; nappe immense, longue de 45 milles sur 15 de large. D'un accès difficile à cette époque de l'année, elle se transforme, à la crue du printemps, en une véritable mer intérieure dont les eaux se confondent avec celles du Yang-Tsé débordé.

Vers quatre heures, une courte escale à Kiou-Kiang, port des plus animés, le plus important marché du bas fleuve pour le commerce du tabac. Cette ville de 70,000 âmes n'est point mal à distance : un long quai (le « Bund ») avec quelques maisons à l'européenne; en arrière, étagé sur un coteau, un fouillis de bâtisses chinoises au-dessus desquelles des drapeaux bariolés s'agitent dans le vent. A l'arrière-plan, dans le sud, se dresse un massif montagneux, élevé de 1,000 à 1,200 mètres, déployé en amphithéâtre, qui marque, croirait-on, la limite de l'un des grands bassins lacustres formés jadis par le Yang-Tsé entre son issue des monts du Sé-Tchouen et la mer, bassins figurés de nos jours encore par les dépressions du lac Ton-Ting, dans le Hou-Nan, du lac Po-Yang dans le Kiang-Si et du lac Taï-Ho, à 20 milles à l'ouest de Shanghaï.

A la nuit, la navigation devient très pénible, bien que le fleuve s'étende encore sur une largeur de seize à dix-huit cents mètres. Mais les eaux sont fort basses, les bancs de sable nombreux. On avance à toute petite vitesse, crainte des échouages. Nous avons croisé tout à l'heure

WOU-HOU.

LE YANG-TSÉ ENTRE WOU-HOU ET HAN-KÉOU.

un vapeur chinois qui venait seulement d'être remis à flot, à grand'peine, après être demeuré trois semaines cloué dans la vase. Il nous reste 150 milles à franchir pour atteindre Hankéou. De ce train-là, nous n'y serons guère que demain dans la matinée.

Je ne sais pas de voyage plus monotone que cette navigation sur les fleuves géants. Que le cours d'eau s'appelle l'Amazone, le Mississipi ou le Yang-Tsé, du moment où les dimensions extraordinaires de son lit ne permettent plus d'entrevoir les rives, si ce n'est à l'état de bandes grisâtres, indistinctes, flottantes, comme des traînées de vapeur à l'horizon, le paysage a la mélancolie des mers boréales et brumeuses, mais non la majesté du large. C'est l'Océan, moins ses alertes, ses rumeurs, sa respiration de colosse endormi, l'Océan sans le clapotis du flot, les soudaines intumescences des vagues, je ne sais quoi d'infiniment triste et morne d'où la vie semble absente. De temps à autre, un vol d'oiseaux blancs, une flottille de jonques dérivant, leurs grandes voiles éployées, se détachent sur l'immense nappe grise. Puis, de nouveau, tout est solitude, la rivière aux berges invisibles s'écoule sans un frisson, silencieuse.

II

Hankow, lundi 6 janvier.

Après avoir cheminé depuis hier soir avec une prudente lenteur entre les bas-fonds, dans une brume épaisse, le *Kiang-Yu* faisait, à dix heures, son entrée dans le port de Hankéou. Juste à ce moment la brise se levait, dispersant les vapeurs qui masquaient le fleuve, les rives et, du ponton où nous étions amarrés, j'apercevais en enfilade toute la ville européenne : de coquettes villas alignées sur une berge haute de vingt-cinq mètres, un boulevard planté d'arbres, le « Bund » de Shanghaï en miniature. Il n'y manque que les foules cosmopolites, le va-et-vient incessant des équipages et des charrettes. Hankéou ne connaît d'autre véhicule que la brouette indigène : encore celle-ci ne se montre-t-elle guère que dans la cité chinoise. Dans les spacieuses avenues de la concession, on ne circule qu'à pied ou à poney.

Les distances, d'ailleurs, sont brèves. La ville nouvelle, très peu profonde, n'est en quelque sorte qu'une façade édifiée le long du fleuve sur une longueur d'environ huit cents mètres. Dans les campagnes environnantes, inondées sept mois durant, il n'existe aucune route. La seule voiture qui se risque sur ces plaines de boue à peine séchée est le chariot du paysan, le char primitif à roues pleines, remorqué par un buffle.

Depuis l'ouverture de la rivière au commerce européen, c'est-à-dire depuis trente-cinq ans révolus, l'Angleterre est jusqu'ici la seule nation qui se soit établie à demeure à Hankéou. Aussi l'aspect général ne diffère-t-il en rien de ce que l'on observe dans la plupart des *settlements* du littoral. Mêmes cottages de briques enguirlandés de plantes grimpantes, mêmes pelouses soigneusement peignées, le sempiternel *tennis-ground* et le club où, les affaires expédiées, on se réunit pour commenter, autour du bar, entre deux cock-tails, les télégrammes du jour.

La France songe enfin à occuper sa concession dont l'emplacement n'est point encore définitivement arrêté, mais qui, selon toute apparence, se développera au bord du fleuve, en aval de la concession britannique. (1) Avant

(1) Peu de temps après mon passage à Hankéou, la Russie y créait à son tour un établissement à la suite de la rétrocession consentie par la France d'une partie de ses propres terrains.

qu'il soit longtemps, le Hankéou moderne possédera un quai qui pourra rivaliser, pour la longueur, avec ceux de Shanghaï et de Tien-Tsin. Mais, malgré le mouvement d'affaires, plus important d'année en année, la colonie étrangère est et restera vraisemblablement longtemps encore réduite à un très petit groupe. Le mécanisme du trafic avec l'Occident s'est, en effet, quelque peu modifié en Chine depuis les premiers traités, au moins en ce qui concerne l'importation. Aujourd'hui, la création d'entrepôts de marchandises européennes dans l'intérieur, dans les ports du Yang-Tsé notamment, ne paraît plus destinée à donner les résultats espérés tout d'abord. De jour en jour, les grandes maisons chinoises tendent davantage soit à se passer d'intermédiaires dans leurs transactions avec l'Europe, soit à effectuer leurs commandes, sinon directement dans le pays de production, du moins dans les marchés établis de longue date sur la côte, tels que Hong-Kong et Shanghaï, délaissant de parti pris les emporia de moindre importance inaugurés plus récemment sur le Fleuve Bleu.

C'est ainsi que la plupart des commerçants anglais de Shanghaï qui avaient installé des succursales à Chin-Kiang et à Kiou-Kiang se sont décidés à fermer leurs magasins de vente et à se faire représenter dans ces ports par de simples agents commissionnaires.

L'Européen, désormais, viendra surtout dans ces contrées moins pour s'adonner au négoce que pour y développer des industries encore à l'état d'ébauches : filatures et tissages de coton, forges, fonderies. A cet égard, quelques tentatives ont été déjà faites par le remuant vice-roi de Nanking, Ching Chi Tong ; à l'aide de capitaux allemands, il a créé ici un arsenal et une manufacture de cotonnades. Mais si l'outillage est de premier ordre, l'administration laisse fort à désirer. Cela est mené à la chinoise, c'est-à-dire de façon tant soit peu lâche et décousue. Les tissus, malgré l'excellence de la matière première, sont de qualité tout à fait inférieure. Les forges ont produit en tout et pour tout quelques tonnes de rails, de quoi poser les premiers kilomètres des fameuses voies ferrées qui, dans la pensée vice-royale, devront être construites et exploitées uniquement par les Célestes. L'arsenal est activement occupé à confectionner des engins de destruction d'un modèle suranné, en particulier les jolis petits fusils à mèche dont vient d'être pourvue la garnison de Péking. J'ai vu de mes yeux, dans la capitale, il y a quelques semaines, déballer nombre de caisses contenant ces armes extraordinaires qui arrivaient en droite ligne de Hankéou. Était-ce la peine de mettre en branle, à si grands frais, des machines fin-de-siècle et d'engager des ingénieurs d'Essen pour leur faire fabriquer ces foudres de guerre d'opéra-bouffe?

Hankéou, pour les Européens, est avant tout le grand marché des thés. La saison s'ouvre en avril et dure à peine deux mois. Alors la population de la concession est soudain doublée et atteint le chiffre imposant de 250 à 300 âmes. Dans ce décor britannique, le premier rôle appartient non point aux Anglo-Saxons mais aux Russes. Les dégustateurs arrivent de Pétersbourg et de Moscou. Les grandes usines où l'on prépare le thé en briquettes qui doit être expédié par vapeurs sur Tien-Tsin, et, de là, par caravanes, à travers la Sibérie, allument leurs fourneaux. Devant le Bund, des steamers de 6,000 tonnes viennent jeter l'ancre à mille kilomètres de l'Océan.

A présent, c'est la saison morte, l'époque des basses eaux. Les usines sont muettes, la plupart des habitations ont leurs persiennes closes. Il n'y a dans le port que les bateaux de rivière faisant la navette entre Shanghaï et Hankéou et une petite canonnière mouillée devant le consulat britanique. Il faut, si l'on veut retrouver le mouvement et la vie, les embarcations sillonnant le fleuve, les milliers de lourdes jonques pressées contre la berge, pousser une demi-lieue plus loin, jusqu'au cœur de la ville indigène, une des plus affairées, des plus bruyantes, des plus malpropres et des plus admirablement situées du Céleste Empire,

Hankéou — la traduction littérale est « la bouche du Han » — est placé au confluent de cette dernière rivière et du Yang-Tsé. Le Han est lui-même un cours d'eau navigable pour la batellerie sur une distance de près de 1,000 milles. Il descend des montagnes du Chen-Si, traverse la province du Ho-Nan (1) et la partie nord du Hou-Pé. La ville et ses faubourgs occupent le centre d'une immense plaine d'alluvions où pointent çà et là, comme des récifs sur l'Océan, quelques cimes rocheuses. De l'une de ces hauteurs, la colline de Han-Yang, on découvre un panorama très étendu, la ville entière où, plus exactement, trois villes qui, sous des noms différents, n'en forment en fait qu'une seule et dont la situation respective rappelle d'assez près le trio figuré à l'embouchure de l'Hudson par les cités sœurs : New-York, Brooklyn et Jersey-City : d'abord, Hankéou proprement dit, puis Han-Yang, sur la rive droite du Han ; juste en face, sur la berge sud du Yang-Tsé, Ou-Tchang, la ville mandarine, capitale du Hou-Nan.

La population a été évaluée à 5 millions d'habitants. Il est bon d'ajouter que cette évaluation est celle du P. Huc et que celui-ci visitait ces régions avant qu'elles eussent été ravagées par la rébellion des Taïpings. Aujourd'hui, les trois villes n'ont guère plus d'un million d'habitants, ce qui est déjà un chiffre respectable. Elles constituent le plus important et le plus florissant marché de l'intérieur.

(1) Province située sur la rive droite du Hoang-Ho, entre le Chan-Tong, le Kian-Sou et le Hou-Pé (qui lui-même est au nord du Hou-Nan et en est séparé par le Yang-Tsé).

Là viennent s'accumuler non seulement les thés, mais les cotons du Hou-Pé et du Hou-Nan, les soies, les peaux, les graines oléagineuses, la cire végétale, l'opium et les plantes médicinales récoltés dans les montagnes du Sé-Tchouen.

Les Chinois, gens très pratiques, mais aussi, comme chacun sait, très experts en géomancie, attribuent la prospérité de Hankéou non pas précisément à sa situation exceptionnelle au centre d'une des plus vastes et des plus fertiles vallées du monde, sur les bords d'un fleuve accessible aux plus grands navires, mais surtout à la configuration de son sol dont les rares reliefs, paraît-il, reproduiraient à miracle les trois emblèmes dont la conjonction est considérée comme indispensable pour un *Fêng-Shui* de première qualité, autrement dit pour présager un heureux sort : le dragon personnifiant la force, le serpent emblème de la longévité et la tortue qui symbolise la stabilité dans la puissance. Le coteau de Han-Yang forme la carapace de la tortue ; la tête serait représentée par une petite roche à fleur d'eau, au point de réunion de la rivière et du Yang-Tsé. Sur ce rocher a été bâtie une mignonne pagode, aujourd'hui fort dégradée, qui devait avoir pour effet d'immobiliser le précieux animal. Sur l'autre rive, la ligne sinueuse des collines que couronnent les remparts crénelés de Ou-Tchang, ne serait autre que le dragon couché. Quant au serpent, sa tête apparaît, parfaitement reconnaissable pour les initiés, à l'extrémité d'un promontoire escarpé sur lequel, au temps des Mings, il fut jugé à propos de construire une grande pagode à quatre étages dont le poids s'opposerait à la fuite du reptile. Hélas! la pagode fut, il y a dix ans, complètement détruite par un incendie. Mais, par bonheur, rien n'a été troublé dans le Fèng-Shui, le serpent est demeuré à son poste. Affaire d'habitude.

De Hankéou, à I-Tchang, les communications sont assurées au moyen de cinq steamers de 400 à 600 tonnes. Le service fonctionne de façon très irrégulière, selon que le bâtiment a réussi plus ou moins vite à compléter son fret. Mes bagages arrimés à bord du *Sha-Sé,* de la « China Steam Navigation company », ma cabine retenue, le départ annoncé pour le 7 a été, par deux fois, retardé de vingt-quatre heures. J'ai donc eu tout loisir de flâner dans les trois villes à pied, en chaise et en barque.

A part le mouvement qui rappelle les cohues de Canton et de Tien-Tsin, Hankéou ressemble à la plupart des agglomérations chinoises. Un labyrinthe inextricable de ruelles et de passages dont les dalles disparaissent sous une couche de boue et d'immondices où il est malaisé de conserver son équilibre, tant cette pâte aux effluves empestés est rendue glissante par les allées et venues des porteurs d'eau, le résidu des vaisselles et le suintement des latrines. C'est, comme partout en Chine, l'ordure et l'incurie, les lèpres rongeant les visages et les façades, les boutiques avec leurs enseignes pendantes en forme de longues fiches, leurs ors et leurs enluminures maculés de crasse et de fumée; la gaieté aussi de cette vie commerciale qui, à l'inverse de la vie de famille hermétiquement murée, s'exhibe en plein air, de ces étalages débordant sur la rue, de ces écroulements de marchandises hétérogènes, ferrailles et guenilles, de ces intérieurs de vingt pieds carrés où, de l'aube au crépuscule, une population d'artisans et de commis rabote, cloue, taille, lamine, manipule les cuirs et les étoffes, au tintement des sapèques de cuivre, des piastres et des lingots d'argent.

D'édifices, peu ou point. Rien de monumental, si ce n'est quelques bâtiments tenant à la fois du temple et du club dans lesquels certaines corporations s'assemblent pour discuter leurs affaires ou pour festoyer en pique-nique. A noter, dans le nombre, le Chen-Si-Miao, c'est-à-dire le cercle des banquiers du Chen-Si qui constituent à Hankéou et dans les principaux marchés de l'intérieur une sorte de puissant syndicat. L'immeuble, qui date seulement d'une quinzaine d'années, avec ses pavillons étagés, ses laques rouges, ses dorures, ses toits et ses frises en tuiles émaillées, ses jardinets à rocailles, est un spécimen assez plaisant de l'architecture chinoise.

Passé une journée entière, en compagnie du très aimable consul de France, M. Dautremer, sur la rive droite du Yang-Tsé, à visiter Ou-Tchang ou plutôt ce qui subsiste de cette capitale naguère populeuse, aujourd'hui presque aussi désertée et démolie que Nanking. Dans cette enceinte qui pouvait contenir deux millions d'habitants, c'est tout au plus si l'on en compte actuellement trois cent mille. Comparée à Hankéou, la ville est morte. Ou-Tchang est habité surtout par les mandarins, civils et militaires. Là s'étendent de spacieux yâmens, au-dessus desquels flottent des étendards bariolés. Aux alentours rôde une soldatesque en haillons, une valetaille fainéante et bruyante qui se divertit aux jongleries des bateleurs, des diseurs de bonne aventure, et se dispute les mixtures élaborées par les restaurateurs en plein vent.

Déjeuné sur la colline qui se dresse au centre de la ville et se prolonge en promontoire jusqu'au Yang-Tsé. De ce belvédère, la vue s'étend sur les trois cités, sur la majestueuse coulée du fleuve où se croisent les lourdes jonques, les canots à vapeur, les gabarres, les sampans et, au loin, sur la plaine alluviale déroulée à l'infini, miroitante, lumineuse et blonde, qui se confond à l'horizon avec le ciel empourpré. La journée était superbe, d'une douceur presque printanière. Le couvert avait été dressé dans un de ces jardins de plaisance entretenus à frais communs par des corporations marchandes ou par des lettrés enrichis dans les fonctions publiques. Le même enclos renferme un petit temple dédié au mânes du patriote Tseng Kô Fan, le père du marquis Tseng, ancien ministre de Chine à Paris. Ce Tseng Kô Fan s'est surtout signalé à l'admiration et à la reconnaissance de ses contemporains par sa haine farouche de la civilisation occidentale. Le dernier mémoire que, près d'expirer, il adressait à l'empereur, roulait sur ce thème : « Mettons à profit nos relations forcées avec les barbares. Mais ne leur empruntons que leurs engins de guerre. Apprenons d'eux le moyen d'être les plus forts et de les chasser un jour. » Le pauvre Tseng Kô Fan doit bien souffrir, si du haut de l'autel où est plantée sa tablette, il lui est permis d'entrevoir le panorama des trois villes et du fleuve, les steamers au mouillage, les cheminées des usines empanachées de fumée. Les occidentaux ne paraissent point disposés à lâcher pied. Plus que jamais ils arrivent, ils se hâtent, de jour en jour plus encombrants et plus avides, sapant à qui mieux mieux l'édifice vermoulu du vieil empire. Le patriote intransigeant dort, hélas! son dernier sommeil sous l'œil des barbares.

III

Lundi 13.

Le 9 enfin le *Scha-Sé* se décidait à lever l'ancre, à deux heures de l'après-midi. Nous voici en route pour I-Tchang où nous arriverons, Dieu sait quand, dans trois jours ou dans huit. La distance n'est que de 412 milles, mais il faut compter avec les échouages. D'ailleurs, en amont de Hankéou, les difficultés du chenal ne permettent plus de voyager la nuit. Trois heures après avoir quitté le port, nous stoppions, dès les premières ombres du soir, non loin de la petite ville de Kiou-Kao.

Ensuite, quatre journées de marche lente, laborieuse, coupée par de fréquentes pauses sur les bas-fonds. Le fleuve, toujours très large, est encombré de sables mouvants. Plusieurs fois par jour la coque heurte contre quelque seuil vaseux. Un petit canot à vapeur est mis à l'eau, s'en va en éclaireur explorer et jalonner le chenal. Après quoi l'on repart, pour renouveler l'opération une lieue plus loin. Pour comble d'ennui, le temps, magnifique depuis le départ de Shanghaï, s'est soudain gâté, la pluie est tombée à torrents pendant quarante-huit heures. Nous avançons péniblement, comme à tâtons, à travers la brume. La vaste nappe d'eau est à présent solitaire. C'est à peine si, de loin en loin, nous dépassons deux ou trois jonques à qui leur tirant d'eau ne permet pas d'emprunter la voie plus rapide des canaux et des lacs. La plupart des embarcations indigènes nous ont, en effet, faussé compagnie. Les unes ont disparu par une échancrure de la rive gauche afin de couper au plus court par des passes étroites, peu profondes, mais évitant les innombrables méandres que le fleuve décrit entre Hankéou et Shasé. Les autres à destination du Hou-Nan, pénétraient dans le grand lac Toung-Ting qui se prolonge à plus de 50 milles dans le Sud-Ouest et dont l'entrée est commandée par la cité marchande de Yo-Tchéou.

Au delà, tout est silence et solitude. Çà et là seulement quelque groupe de huttes en torchis d'où s'élancent des bandes de vauriens dépenaillés courant sur la berge en vociférant des injures et qui, pour peu que le bâtiment rallie la terre, nous lancent à poignées des morceaux de brique et des mottes de boue, projectiles en général parfaitement inoffensifs, malgré les efforts désespérés de cette aimable jeunesse. Il semble que, les champs ensemencés et la récolte faite à la hâte, entre deux inondations, les habitants aient battu en retraite vers les villes, édifiées sur les rares points plus élevés, comme autant de refuges. Devant ces plaines limoneuses, on croirait assister à l'éclosion d'un continent lentement émergé des abîmes. On sent que cela n'est point encore le terrain solide, définitif, et qu'une portion considérable de cette Chine si vieille dans l'histoire est, géologiquement, bien jeune. A une époque relativement récente, ce qui forme aujourd'hui le bassin du Yang-Tsé n'était qu'une vaste nappe liquide, une succession de lacs et de marais s'étendant des contreforts du grand plateau central d'Asie à l'océan Pacifique. Six mois sur douze, l'immense vallée reprend encore son aspect lacustre. Au-dessus des eaux débordées, tourbillonnantes, les seuls points de repère sont ces villes murées, derniers vestiges d'un monde englouti.

Stoppé ce matin pendant une heure devant Shasé « le marché des sables », jadis, à en juger par son nom, simple agglomération d'abris temporaires, de paillotes où les trafiquants s'établissaient pour vaquer à leurs échanges, chaque hiver, durant la saison sèche, sur les bancs laissés à découvert par le fleuve, aujourd'hui l'une des villes commerçantes les plus affairées de la Chine centrale. Shasé, situé au milieu des cultures cotonnières qui ont atteint, dans cette partie du Hou-Pé, un développement considérable, est l'un des ports récemment ouverts aux termes du traité de paix entre la Chine et le Japon. Les Japonais ne perdent pas de temps pour mettre à profit la convention nouvelle. Déjà ils sont là; de concert avec les autorités chinoises, leur consul général, venu tout exprès de Shanghaï, s'occupe à délimiter leur concession sur laquelle, sans doute, ils auront installé avant peu des filatures et des tissages. Les cotonnades fabriquées par la main-d'œuvre chinoise sous une direction japonaise feront bientôt, sur les marchés du Sé-Tchouen, une concurrence redoutable aux articles importés jusqu'ici de Manchester et de Bombay.

La délimitation cependant ne va pas toute seule. Les commissaires sont en conférence depuis bientôt trois semaines; ils ont élu domicile dans des jonques protégées contre les insultes de la plèbe par deux embarcations chinoises bondées de soldats, et par les milices du Taotaï montant la garde sur la berge. Ils ne peuvent s'aventurer à terre que sous bonne escorte, dans des chaises bien closes. La population de Shasé n'est pas d'humeur accommodante et déteste cordialement l'étranger. Elle vit surtout de la batellerie et redoute que l'inauguration des services à vapeur sur le Yang-Tsé ne lui enlève son gagne-pain. Craintes au demeurant assez puériles, le mouvement des jonques n'ayant pas diminué de façon appréciable sur le cours inférieur du fleuve depuis l'apparition des nombreux steamers circulant entre Shanghaï et Hankéou.

Shasé est bâti sur la rive droite, sur une étroite levée, longue de quatre à cinq kilomètres et soutenue par un quai en partie écroulé. Avec les puissantes assises de ce quai en ruine, une vieille pagode flanquée d'une tour à six étages, où foisonnent les herbes folles et la broussaille, témoigne de ce que fut la ville aux temps lointains de la splendeur chinoise.

Mardi 14.

Hier enfin, dans l'après-midi, nous laissions derrière nous la plaine morne et grise. Le fleuve, maintenant, se déroule dans une nature plus riante, entre des collines aux ondulations molles, piquées de blanches maisonnettes, de petites pagodes aux clochetons bistournés

Ce matin, les rives sont franchement escarpées. Nous

GORGE D'ITCHANG.

pénétrons dans le premier défilé du Yang-Tsé qui, à vrai dire, n'a rien de très menaçant en dépit de son nom : la « Dent du Tigre ». Le fleuve a encore plus d'un kilomètre de large, l'élévation des parois calcaires ne dépasse guère cent mètres. Mais ces soulèvements affectent, surtout sur la rive droite, des formes géométriques d'une régularité singulière, élancés en pyramides, découpés en troncs de cône.

A midi, nous jetions l'ancre en face de I-Tchang, terminus de la navigation à vapeur sur le Yang-tsé-Kiang. Ville de trente à quarante mille âmes, sordide, puante, pittoresquement allongée à la base des collines rousses bossuées de tertres tumulaires; d'un effet charmant à distance, avec sa plage où s'alignent des centaines de jonques et de sampans, ses remparts à créneaux, le faubourg accotant à la haute berge ses masures perchées sur pilotis; avec ses petites pagodes plantées au loin sur les pentes, sa tour à cinq étages au bord de l'eau, le cadre de végétation semi-tropicale, les touffes de bambous, les bois d'orangers emplissant le creux des vals. A l'arrière-plan, dans l'Ouest, s'estompent en tons bleuâtres les hautes montagnes qui vont m'emprisonner pendant longtemps.

Me voici déjà à 1,600 kilomètres de la mer, à l'entrée des gorges et des rapides du grand fleuve, de ce couloir de roches long de deux cents lieues, par où l'on accède au Sé-Tchouen. Je ne retrouverai pour un moment les longs horizons que dans six semaines, deux mois peut-être, en atteignant la haute vallée du Min-Kiang et Tcheng-Tou, l'ancienne capitale des monarques-soldats, des conquérants mongols, des empereurs Kouang Yü et Liu Peï qui y tenaient leur cour au deuxième et au troisième siècle de notre ère, le lieu où naquit et où repose Li Lao Tchouen, l'inventeur révéré du Taoïsme; Tcheng-Tou, la ville sainte, assise au pied des montagnes thibétaines.

CHAPITRE II

A BORD D'UNE JONQUE SUR LE FLEUVE BLEU

I

I-Tchang, 14-22 janvier.

Aux gens d'humeur patiente et contemplative, amis de la locomotion lente, enclins à déplorer la disparition des modes de transport d'autrefois, estimant qu'on ne saurait bien voir un pays, si ce n'est posément, à petites journées, je ne saurais trop recommander la route fluviale du Sé-Tchouen, le cours sinueux du Yang-Tsé, de I-Tchang à Tchoung-King. Ils auront, de la sorte, tout loisir de goûter le charme des somnolentes allures, l'illusion des déplacements féconds en surprises, en vicissitudes tragi-comiques, tels que les pratiquaient les rares touristes du bon vieux temps. Ils apprécieront, très magnifiés, les agréments du coche d'eau cher à nos pères.

La distance entre les deux villes est, à vol d'oiseau, d'un peu plus de cent lieues, de près du double, en tenant compte des méandres décrits par le fleuve. Le trajet, accompli dans les conditions les plus favorables, à la saison des basses eaux et des courants atténués, c'est-à-dire en plein hiver, n'exige pas moins de quatre semaines. En cas de mésaventures, toujours à prévoir, échouages, fausses manœuvres, rupture d'amarres, avaries survenues au passage des rapides, mauvais temps, vents contraires, que sais-je encore, l'excursion occupera facilement deux mois entiers, peut-être même davantage. Il faut, pour se rendre du littoral dans le Far-West chinois, à peu près autant de temps que pour venir de Marseille à Shanghaï. C'est, on le voit, un train plutôt modéré.

Il semble que la location d'un bateau, sur les bords d'un aussi grand fleuve, dans une ville de trente à quarante mille âmes comme I-Tchang, qui vit presque uniquement de la batellerie, soit l'entreprise la plus aisée du monde. Plus de cent jonques sont alignées le long de la grève et, dans le nombre, une douzaine d'embarcations spécialement construites pour le transport des passagers. On n'a donc que l'embarras du choix. Mais, en ce pays, les choses en apparence les plus simples sont, en fait, extraordinairement compliquées. Le Chinois professe une sainte horreur pour la ligne droite et les transactions hâtives. Il lui est doux de biaiser, de ruser, de causer, d'employer des heures et des jours en prolégomènes. Il en coûte moins de démarches et de paroles pour noliser, dans un port d'Europe, un navire de 3,000 tonnes que pour s'assurer, contre argent comptant, la jouissance paisible et indiscutée d'une jonque dans les eaux du Fleuve Bleu.

Grâce à l'obligeance du personnel européen des Douanes dont l'intervention active nous a épargné bien des difficultés, les négociations ont été relativement brèves. Elles n'ont pris, en tout, que huit jours, ce qui, paraît-il, est aller vite en besogne. Nous avons dû, au préalable, visiter toutes les jonques disponibles ; notre choix fait, les pourparlers furent aussitôt entamés avec le patron. Celui-ci demandait la bagatelle de 280 taëls (environ 1,100 francs, au cours actuel). Mais ce n'était là qu'une entrée en matière, une façon d'engager la conversation plutôt qu'un chiffre à discuter. Dans une première entrevue l'on ne discute jamais; on se borne à parler vaguement de l'affaire comme d'un projet en l'air. Le patron, incidemment, articule ses prétentions du ton d'un homme qui, lui non plus, ne prend pas la chose au sérieux. Sur ces bonnes paroles, le client se retire, après avoir avalé une tasse de thé. L'accord ne s'est point fait, ce qui ne veut pas dire que tout soit rompu. On en recausera demain, plus tard, un jour ou l'autre. Le lendemain, les conditions du nautonier étaient beaucoup moins dures. Il se contenterait de 200 taëls. Nous en offrons 100, et là-dessus il s'esquive en souriant comme quelqu'un qui trouve la plaisanterie excellente. De vingt-quatre heures notre homme ne reparut pas. Il réfléchissait et le surlendemain dans l'après-dîner, se décidait à nous faire connaître le résultat de ses méditations. La jonque était à nous pour 160 taëls : c'était son dernier prix. — Mettons 120. — Impossible !... Cette fois nous entrions dans le vif de la discussion. Après une argumentation des plus serrées, de part et d'autre, au bout d'une petite heure, le marché était conclu à raison de 140 taëls.

Après quoi la prudence la plus vulgaire voulait qu'on examinât à nouveau et très attentivement l'esquif, que l'on procédât à une inspection rigoureuse de la coque à l'effet de s'assurer si, suivant une habitude malheureusement trop fréquente, de fâcheuses fissures n'avaient point été dissimulées sous une couche de terre glaise badigeonnée au noir de fumée. Il convenait de vérifier si les agrès étaient neufs, les cordes de halage et les amarres en bon état. Cette enquête terminée, il était nécessaire que les conventions fussent constatées par un contrat en bonne et due forme, que le propriétaire de la jonque obtînt, qui plus est, la signature de quelque négociant honorablement connu sur la place, qui lui servirait de caution. Le contrat libellé par les soins de la Douane une fois paraphé, il s'agissait de solder le prix, ce qui est encore toute une affaire. Le payement s'effectue en trois termes : moitié lors de la signature du contrat, vingt taëls en arrivant à Kouéi-Fou, soit au tiers de la route, et le reliquat en débarquant à Tchoung-King. Ici la piastre n'a plus cours : le taël représente non point une monnaie, mais un poids; le prix doit être payé en lingots d'argent marqués à l'estampille d'une bonne banque chinoise. Afin d'éviter, par la suite, toute contestation, il est indispensable que l'argent soit pesé devant témoins, en présence du maître de la jonque. Le montant des termes à régler, l'un en cours de route, l'autre à l'arrivée, est enfermé à part dans deux paquets cachetés, et le patron le timbre de son sceau, c'est-à-dire de son pouce appliqué sur la cire chaude. Cela lui suffit. Il reconnaîtrait son coup de pouce entre mille. J'ai peine à le croire. Mais c'est son affaire.

Vous pensez que ce qui précède ne s'est pas accompli en une séance. Nous voici en possession de la nef qui nous tiendra lieu de domicile pendant plusieurs semaines. Il ne reste donc qu'à larguer l'amarre. Erreur. Un petit délai supplémentaire s'impose, le temps d'embaucher une équipe de haleurs, de permettre à l'équipage de vaquer à ses derniers préparatifs, d'acheter sa provision de porc salé, de riz et de fèves, de prendre congé des amis et connaissances. La voile aussi exige quelques coutures, le gouvernail a besoin d'être mieux assujetti. Les rames tiennent bon; toutefois, il serait plus prudent de les consolider. Puis, ne faut-il pas aménager le logement, mettre en place les cloisons mobiles qui, de la salle oblongue édifiée à l'arrière, feront trois chambres très habitables et surtout parfaitement ventilées; faire préparer deux grosses lanternes en papier huilé portant les noms des voyageurs et que, le soir, on appendra à tribord et à bâbord pour l'édification des populations riveraines en général et des mandarins en particulier; inscrire sur une longue banderole que l'on hissera au mât je ne sais quelle phraséologie pompeuse, en caractères multicolores, attestant que la jonque véhicule des voyageurs de marque? Rien à répondre. C'est l'usage. Ci, deux jours, trois peut-être, et nous aurons complété la semaine.

Ces retards, au surplus, ne sont point pour m'exaspérer. En voyage, il faut savoir attendre. D'ailleurs, le plus important est fait. Me voici installé dans ma maison flottante, en situation de voir, sans trop d'impatience, filer les heures alors même que je m'y trouverais seul avec mes pensées. Tel n'est point le cas. J'ai la chance en effet de posséder un agréable compagnon de route en la personne de M. Henri Bleton, fils d'un notable commerçant de Haïphong qui m'avait fait l'accueil le plus cordial, il y a quelques mois, lors de mon séjour au Tonkin. Ce jeune homme m'avait, à plusieurs reprises, témoigné un très vif désir de m'accompagner pendant mon voyage projeté à travers la Chine, de Shanghaï à Hanoï par le Sé-Tchouen et le Yun-Nan, ce à quoi j'ai consenti de grand cœur. Au commencement de décembre, il débarquait à Shanghaï et prenait les devants jusqu'à Hankéou où je le retrouvais il y a quelques jours. Mon camarade est un garçon charmant, de belle humeur, d'allures décidées et, ce qui ne gâte rien, quelque peu familiarisé avec la langue mandarine. Un collaborateur lettré, précieux à tous égards.

A propos de lettré, j'ai été forcé de congédier mon interprète linguiste, ce joli petit mandarin à bouton bleu qui devait nous aider de son expérience et de ses lumières. Il professait au sujet du tien et du mien des idées par trop larges, dépassant de beaucoup la mesure des escamotages tolérés couramment en pays jaune de la part de MM. les interprètes indigènes, *compradores* et serviteurs de tout genre. En outre, très bavard de sa nature, aimant à singer l'homme d'importance, ne s'était-il pas avisé de répandre par la ville les histoires les plus fantaisistes. Il se donnait pour attaché à la personne d'un Français envoyé au Sé-Tchouen pour y procéder à une enquête relative aux derniers troubles. Un beau moyen vraiment de nous préparer partout bon accueil! Je n'avais que faire de ce compromettant et encombrant personnage. S'il parlait l'anglais couramment, en revanche, il m'avait semblé n'avoir, sur la littérature et l'histoire de son pays, que des notions assez rudimentaires. Nous visitions il y a trois jours une vénérable pagode, très démolie, très moussue, mais admirablement située sur un des coteaux qui dominent la vallée d'I-Tchang. Mes regards furent attirés par des caractères gravés en plein roc au bord du sentier, à quelques pas du temple. Qu'est-ce que cela? demandai-je à mon lettré. Celui-ci s'arrêta, assujettit ses besicles, considéra longuement l'inscription d'un air entendu, et répondit : « Oh! rien d'intéressant : « des mots écrits sur la pierre ». On ne saurait être mieux renseigné. Un peu plus loin, sur le seuil même de la pagode, nous faisions halte devant une stèle de dimensions colossales dont je le priai de vouloir bien nous déchiffrer très sommairement les hiéroglyphes. « Voilà qui est curieux, déclara-t-il après avoir considéré le texte, tout à fait curieux. Cela ne date pas d'hier. » — « Mais qu'est-ce que cela veut dire? » — « Je ne sais pas. Peut-être ceux qui l'ont écrit le savaient. » J'étais fixé. Il avait reçu, sur ses honoraires, un mois d'avance; j'y ai ajouté le prix de son vogage de retour à Shanghaï, et la séparation s'est opérée sans douleur. Mon boy A Kim, qui a passé quelques mois à l'école des interprètes, baragouine le français d'une façon très intelligible affecte, sous ses habits neufs, les manières d'un gentleman, remplacera, le cas échéant, avec avantage, le pseudo-savant à lunettes d'écaille. La seule idée d'un avancement aussi rapide l'emplit de fierté.

Mon compagnon n'a pas été plus heureux avec son boy O Mo qu'il a dû remercier avant-hier. Les missionnaires d'I-Tchang qui ont mis tout en œuvre pour nous rendre le séjour agréable, lui ont, séance tenante, procuré un autre serviteur, un chrétien. Ce Chinois ne sait ni le français ni l'anglais : ses études ont porté sur les langues mortes. A défaut de Noël et Chapsal et de Robertson, il a pioché son Lhomond et parle latin comme vous et moi, c'est-à-dire un latin qui n'a rien de commun avec celui des *Tusculanes*. Tel quel, il n'est certainement pas banal. Il répond au nom musical de Petrolo, — *Petrus*, prononcé à la chinoise, — et n'aurait, si la propreté figurait au nombre des vertus cardinales, que peu de chances d'entrer jamais en paradis. Mais nul n'est parfait et le soleil lui-même a des taches. Au demeurant, le meilleur garçon du monde.

Ces occupations et exécutions ont pris une bonne part de notre temps, mais non la meilleure : nous avons pu explorer tout à notre aise la ville et les alentours. La ville est un cloaque. Les alentours sont exquis : un paysage méridional, un horizon de collines fauves et, vers l'ouest, dans un lointain perdu, de hautes crêtes calcaires découpées en dents de scie. Un peu partout, couronnant les cimes, des petits sanctuaires, des pagodes détachent en vigueur sur le ciel leurs tours fuselées, leurs enceintes lavées au lait de chaux. Blotties au creux des vallons, des cabanes montrent leurs chaumes parmi les plantations d'orangers et de citronniers. Devant ces campagnes de teintes très douces, dans la température quasi printanière, on a peine à se croire sous la même latitude que Shanghaï, où, à pareille époque, soufflent en tempête les froides bises arrivant de la Mongolie lointaine.

I-Tchang compte à peine une vingtaine d'Européens : les missionnaires, le personnel des Douanes, un consul de Sa Majesté britannique, l'état-major et l'équipage d'une cannonière anglaise l'*Esk*, ancrée au milieu du fleuve pour tout l'hiver. La mission catholique, en même temps siège d'un évêché, est desservie par des prêtres belges. La France est représentée à I-Tchang par des femmes, cinq bonnes Sœurs franciscaines qui dirigent une école et un orphelinat. Elle est charmante leur maison, avec son jardinet plein de rosiers, ses salles claires et son préau où s'ébat la marmaille. C'est le sourire de cette ville noire. Les pauvres filles, bien que n'appartenant pas à un ordre cloîtré, ne sortent pas de chez elles, fût-ce pour se rendre à l'église, distante seulement de deux à trois cents mètres. Cette existence murée leur est imposée depuis des émeutes assez graves durant lesquelles, il y a cinq ans, les différentes missions, catholiques ou protestantes furent assez malmenées. Elles nous accompagnèrent jusqu'à la porte donnant sur l'étroit passage dallé qui longe la berge et, quand nous l'ouvrîmes, s'éloignèrent de quelques pas, dissimulées contre la muraille, crainte de s'exposer, en se montrant, aux injures de quelque butor. Mais, sur le seuil, nous nous étions arrêtés, saisis par la beauté du paysage inopinément révélé à cette heure si douce de la tombée du jour. La puissante rivière, à peine issue des gorges, s'épanouissait reposée, égayée par le va-et-vient des sampans, par la flottille des jonques butées contre la grève, leurs oriflammes bariolées frissonnant au vent ; elle descendait doucement, sans une ride à la surface, léchant la base des collines en forme de cônes, la terrasse d'où s'élance la tour-pagode à six étages, gagnait la plaine infinie et semblait se perdre à l'horizon, dans les vapeurs bleues, confondue avec le ciel.

Nous ne pûmes retenir un cri : « Dieu que c'est beau ! »

Alors les religieuses se rapprochèrent, tentées ; l'une dit : « Si nous regardions. Lorsque nous sommes arrivées, il y a quatre ans, c'était la nuit, il pleuvait. Nous n'avons pas encore vu tout cela . » Elles pouvaient regarder : le quai, par grand hasard, était désert. Timidement, elles avancèrent. Et, dans l'encadrement de la porte ensoleillée par le couchant, ces jeunes visages, penchés dans une curiosité émue, s'éclairaient d'un sourire à la vue de l'espace, des coteaux étagés, du vaste fleuve coulant sans bruit dans la paix du soir. Une minute à peine de contemplation muette, et elles disparurent. La petite porte du jardin claustral se referma sur cette escapade.

En nombre infime, au milieu d'une cité populeuse, les Européens sont constamment sur le qui-vive. La paix dont ils jouissent n'est jamais qu'une trêve. Non point que la situation soit menaçante et que l'hostilité des foules se manifeste à tout propos. Mais, ici comme partout ailleurs en Chine, l'émeute se produit soudaine, imprévue, alors que la tranquillité paraît assurée pour longtemps. Le coup de tonnerre éclate dans un ciel serein sans qu'il soit possible de reconnaître à quelque indice avant-coureur, que le temps va se mettre à l'orage. C'est ainsi qu'il y a trois semaines, après quatre années de calme absolu, un événement regrettable a failli causer des désastres. Il s'en est fallu de bien peu que I-Tchang ne vît se renouveler les scènes de pillage et les incendies de 1891. L'alerte s'est produite à l'occasion d'un tir à la carabine auquel procédait l'équipage de la canonnière anglaise. En dépit des précautions prises pour tenir les curieux à distance, quelques imprudents réussirent à se rapprocher des cibles : l'un d'eux fut atteint en plein visage par une balle perdue qui le tua raide. La victime était un Chinois employé des douanes impériales, fort brave homme estimé de tous. Le coup de feu avait été tiré non par un Anglais, mais par un

MA JONQUE.

A BORD DE LA JONQUE. — LA CUISINE.

Céleste au service de l'Angleterre. Le bruit ne s'en répandit pas moins par la ville que le meurtrier était un Européen. Aussitôt la population se précipita furieuse, hurlant des cris de mort, assiégeant et criblant de pierres les missions, s'efforçant d'enfoncer les portes, qui par bonheur tinrent bon. Le consul d'Angleterre, assailli en pleine rue, fut blessé, C'est à grand'peine que l'on parvint à faire embarquer les femmes et les enfants, tant sur l'*Esk* que sur un steamer arrivant de Hankéou fort à propos. Cependant, grâce à l'intervention des autorités et surtout à la présence de la troupe de débarquement, le tumulte s'apaisa. Mais les esprits étaient très excités, la bagarre pouvait recommencer d'un moment à l'autre. Bientôt, des placards s'étalaient sur tous les murs et conviaient le peuple à des représailles sanglantes.

Le danger était accru par les agissements d'une jeunesse turbulente accourue dans la ville à l'occasion des concours annuels : quatre mille étudiants qui, pour la plupart, avaient amené avec eux des parents, des amis tout prêts à leur prêter main-forte. Un télégramme de Péking imposa silence à ces enragés. Le gouvernement, déjà aux prises avec tant de questions épineuses, n'entendait pas qu'on lui créât de nouvelles difficultés. Le moyen auquel il recourait pour prévenir les troubles est au moins original et bien chinois. On avisait messieurs les aspirants lettrés que, si tout ne rentrait pas immédiatement dans l'ordre à I-Tchang, le concours serait annulé. La paix, sinon point de diplômes. La ville et les faubourgs sont calmes.

Hier enfin tout était paré ; à midi, la grande voile hissée, nos vingt rameurs penchés sur les avirons et chantant à plein gossier, nous gagnions la rive droite du Yang-Tsé, où le halage est plus facile. Malgré la rapidité du courant, la mousson de N.-E., qui soufflait dur, nous appuyait et permettait d'atterrir sans trop de dérive. Mais ce n'était là qu'un faux départ : une demi-heure encore fut employée par notre équipage aux cérémonies propitiatoires de rigueur au début d'une navigation longue et hasardeuse. De petites bougies furent allumées; on immola aux bons génies du fleuve un coq dont le sang fut répandu sur la proue. Ensuite quantité de pétards furent tirés pour effrayer et mettre en fuite les esprits malfaisants : le tout accompagné de génuflexions et d'adjurations à voix basse, et exécuté avec un tel sérieux que l'évidente bonne foi de ces pauvres gens en eût imposé au plus sceptique. D'ailleurs, pour peu que l'on réfléchisse à la somme d'énergie, au superbe sang-froid nécessaires à ces mariniers qui vont, un mois durant, plusieurs fois par jour, accomplir de véritables tours de force dans les conditions les plus périlleuses, on n'a nulle envie de rire. Votre existence est désormais entre leurs mains; c'est gravement, non sans quelque émotion, que l'on assiste à ces pratiques enfantines qui les tranquillisent et leur mettent l'espoir au cœur.

Notre première étape n'aura pas été longue : quatre lieues à peine et, la nuit tombante, nous pénétrions dans la gorge d'I-Tchang. Le fleuve resserré entre de grands escarpements calcaires a tout au plus 200 mètres de large. Chose singulière, dans ce défilé, le courant perd de sa force et, le vent aidant, nous glissons rapidement sur des eaux dormantes.

Mouillé pour la nuit devant Ping-Chang-Pa, station douanière occupée par un seul agent que l'on relève tous les trois mois. Celui-ci habite une grande jonque qu'il est parvenu à aménager avec le confort et la propreté d'un cottage de la banlieue londonienne. C'est peut-être le dernier visage européen que nous rencontrerons d'ici Tchoung-King; aussi sommes-nous allés faire visite à cet isolé avec l'intention de l'inviter à venir à bord partager notre frugal souper. Mais, avisé de notre passage, depuis quelques jours, c'est lui qui nous retient à sa table. La veillée s'est prolongée tard : dans la cabine bien close, à la chaleur enveloppante du poêle, tout en conversant avec notre aimable hôte nullement affecté de sa solitude, nous oublions très vite le site sauvage, le lieu où nous sommes, si loin d'Europe, entre la montagne aux parois verticales et l'eau profonde.

De grand matin nous repartions. Mais il est écrit qu'aujourd'hui encore nous ne parcourrons pas beaucoup de chemin. Nous avions à peine pris notre élan qu'une jonque était signalée, descendant le fleuve, une jonque battant pavillon français ! Elle aussi avait reconnu nos couleurs et faisait force de rames pour nous joindre. En quelques minutes les deux embarcations étaient liées bord à bord et nous avions le plaisir de serrer la main d'un compatriote, d'un parisien, M. Maderolle. Nous allons au Tonkin, lui en arrive. Son itinéraire ne sera point tout à fait le nôtre. Mais, néanmoins, nous recueillons de précieux renseignements, tandis que, tout en déjeunant, il nous conte ses aventures et mésaventures au Yun-Nan, au pays des Lolos et dans les hôtelleries du Sé-Tchouen. Ce n'est d'ailleurs pas la première fois que nous nous voyons. La physionomie de notre visiteur ne m'est point inconnue. De son côté, avant même que sa barque eût accosté la mienne, il s'était écrié : « Mais je vous ai déjà rencontré. — En effet ! — Où donc était-ce ? — A la Société de Géographie, peut-être ? — Oui, mais ailleurs encore... avec Binger et M. le lieutenant Braulot, aujourd'hui capitaine... Vous reveniez d'Afrique... Eh ! parbleu ! Au théâtre, au Gymnase, à l'orchestre ! — Oh ! parfaitement ! »

Et de bavarder pendant des heures. C'était si plaisant : des Français, race si peu voyageuse, comme chacun sait, se croiser en pareil endroit ; s'être serré la main dans les couloirs du Gymnase, et se retrouver dans les défilés du Feuve Bleu !... Aussi la journée tirait-elle à sa fin lorsque, les derniers souhaits cordialement échangés, on se décida, non sans peine, à se remettre en route, lui vers l'Est, nous vers l'Ouest.

II

25 janvier.

Si la lecture d'un journal de bord, des feuillets détachés du carnet de route, peut offrir quelque intérêt, c'est surtout pour le voyageur. Il se plaît, en les parcourant, à revivre les heures écoulées, à évoquer dans sa netteté première, l'image estompée par le temps. Ils lui rappellent les moindres péripéties de la route, mille détails insignifiants, mais qui, dans un cadre étroit, dans la monotone poussée des jours ramenant avec une régularité implacable les mêmes actes accomplis à la même minute par les mêmes êtres, ont pris par contraste une importance capitale. Au lecteur, ce récit haché, mémorandum d'impressions notées au jour le jour, semblerait à bon droit tant soit peu futile et diffus. Aussi n'entreprendrai-je point de lui décrire une à une les passes difficiles du Yang-tsé-Kiang, entre I-Tchang et Tchoung-King. On en compte plus de cent, de quoi fournir la matière d'un volume ; l'espace me manquerait pour reproduire ici, fût-ce en abrégé, le copieux travail dû au pinceau d'un très éminent mandarin, M. Ho, naguère grand amiral et historiographe du Yang-Tsé. Son ouvrage imprimé à la diable sur papier pelure, est agrémenté de dessins où les proportions et la perspective sont traitées avec un sans-façon magistral. Il contient en revanche les renseignements les plus précis concernant la navigation du haut fleuve, énumère les écueils, les courants, les tourbillons dangereux, les meilleurs points d'atterrissage. Le livre, qui est entre les mains de tous les mariniers a pour titre : *Hin-Tchouan Pi Yao*, ce qui pourrait se traduire par le « Manuel du parfait pilote sur le Fleuve Bleu ». Ce texte est de ceux qui n'ont pas besoin de commentaires.

Le nombre et l'importance des rapides varient considérablement suivant les saisons. Tel, redoutable à l'époque des crues d'été, ne présente aucun danger sérieux pendant les basses eaux. A l'inverse, tel autre se manifeste dans toute sa force, en hiver. Pour le moment, celui qui nous donnera le plus de mal est le Sin-Tann, devant lequel nous arrivons le soir du quatrième jour, après avoir parcouru tout au plus une quinzaine de lieues. En effet, à trente-six heures d'I-Tchang, les difficultés commençaient. L'apparition d'un gros village de paillotes, Ouan-Ling-Miao, habité par des fabricants de cordages en fibres de bambou pour la batellerie, et par des haleurs de renfort, annonçaient l'approche des premiers rapides : Paï-Toung et Yang-Pei, déjà très sérieux. Le chenal, encaissé entre d'énormes bancs de roche est réduit aux dimensions d'un couloir large de vingt-cinq mètres à peine où le fleuve tumultueux se précipite avec un bruit de tempête.

Le passage d'un rapide est toujours émouvant. Bien que la manœuvre, à peu de chose près la même, se répète chaque jour plusieurs fois, on ne laisse pas d'en suivre toutes les phases avec un intérêt soutenu. C'est là une de ces minutes excitantes, où le cœur bat plus vite, où l'on se sent bien vivre.

Les préparatifs sont assez longs : les dispositions sont prises, les postes distribués comme à la veille d'une bataille ou d'un assaut. L'embarcation rallie la rive, s'amarre à l'abri de quelque rocher formant brise-lames. Puis les haleurs prennent leurs distances, déroulent un câble supplémentaire, s'assurent que les cordelles sont en parfait état; le maître de manœuvre vérifie la solidité du point d'attache, veille à ce que le mât soit bien assujetti, passe avec un soin minutieux l'inspection du gouvernail et des rames.

Lorsque tout est prêt pour l'attaque, l'équipage se recueille pendant quelques secondes. S'agit-il d'un passage vraiment scabreux? En ce cas, aux précautions matérielles on ajoute une courte conjuration à l'adresse des puissances invisibles. Le patron allume deux ou trois baguettes d'encens, fait flamber une liasse de petits papiers jaunes et les éparpille en offrande aux génies des eaux, aux bons commes aux méchants esprits qui hantent les passages dangereux du fleuve. S'assurer la neutralité de ceux-ci, l'appui de ceux-là, est d'un homme avisé. Cela fait, le signal est donné, l'action s'engage.

Les amarres détachées, la jonque s'écarte, très doucement d'abord, quitte son refuge momentané, la proue dirigée vers le chenal blanc d'écume; quelques mètres encore et elle aura doublé le bec de roche qui la protège, se trouvera brutalement, sans transition, aux prises avec les vagues. L'instant a quelque chose de solennel. Les vingt haleurs, auxquels est venue s'adjoindre une équipe de renfort empruntée au village voisin, sont attelés aux cordelles tendues à se rompre et déroulées souvent sur une longueur de plusieurs centaines de mètres. A grand'peine ils avancent, pliés en deux, arrêtés net par moments, contraints de piétiner sur place, réussissant tout juste à ne pas reperdre du terrain, sur le point d'être renversés, enlevés comme des poissons au bout de la ligne. Mais ils repartent d'un élan plus vigoureux, sautant de bloc en

DANS UN RAPIDE. — L'AVANT DE LA JONQUE.

LE HALAGE.

bloc, tantôt enfoncés dans le sable jusqu'à mi-jambe, tantôt cheminant sur les pierres coupantes, scandant leurs efforts par un chant entonné par les deux chefs d'équipe, repris ensuite à l'unisson par toute la bande avec, tour à tour, des cris de rage ou des clameurs de triomphe.

Ils vont, les deux chefs élus, un bout de corde à la main; ils courent d'une extrémité à l'autre de la longue file, stimulant les zèles, invectivant les défaillances, le martinet haut, mais s'emportant seulement en gestes et en paroles, ne frappant jamais. Deux hommes les secondent, chargés ceux-là d'une tâche particulièrement délicate et périlleuse. Leur besogne consiste à dégager, sans perdre de temps, la cordelle lorsque celle-ci est accrochée par une aspérité de roc. L'embarcation alors, brusquement tirée par le travers, donne de la bande prête à chavirer ou, ce qui ne vaut guère mieux, à présenter le flanc au courant. Une minute de retard pourrait être fatale. Et l'homme s'élance, bondit avec une agilité de singe, s'égratigne les pieds, se met les mains en sang, mais arrive à temps pour conjurer le désastre.

Parfois c'est la portion submergée de la cordelle qui se prend dans un écueil. L'homme en ce cas se précipite dans l'eau glacée, plonge à plusieurs reprises et, la corde dégagée, regagne la terre, haletant, meurtri, la peau plaquée de taches rouges et reprend sa course de plus belle. Il fera ce métier avec entrain, un mois durant, pour un salaire de trois ligatures (moins de 10 francs). Tandis que haleurs et repêcheurs de cordelles se démènent sur la rive, à bord, les mariniers, cramponnés au long aviron fixé à la proue, s'efforcent de maintenir le bateau debout au courant.

Le personnel de notre jonque comprend : le patron (*lao-pann*), deux pilotes, le pilote de l'avant (*taï-koung*) qui est également maître de manœuvres et, en fait, le véritable capitaine. Le pilote d'arrière n'est autre que le barreur. Ce petit état-major est complété par un maître d'équipage (*lao-kim-koung*), dont la principale fonction est de transmettre aux haleurs les commandements du pilote. Les signaux consistent en un certain nombre de coups frappés sur un tambour. Trois coups largement espacés signifient : « Halte! » Six coups : « En route! » Un roulement prolongé : « Tenez bon, tirez ferme, le plus vite possible! » Enfin, trois matelots et un cuisinier. Ce dernier a établi son officine dans un trou qui s'ouvre au milieu du gaillard d'avant. Il a les pieds à fond de cale, la tête au niveau du pont, auréolée par les vapeurs du riz bouillant. C'est dans cet antre que ce maître-queux, d'une maigreur spectrale, coiffé de la loque graisseuse dont il essuie les vaisselles, drapé d'autres loques qui n'ont jamais connu la lessive, prépare de ses mains négligées d'étranges brouets et aussi les doses d'opium nécessaires à la pipette du soir. En tout huit hommes constituant le personnel embarqué, ne quittant jamais le bord. Les vingt haleurs opèrent, suivant les circonstances, sur terre ou sur eau. Quand le vent est favorable, et dans les paliers où le courant se ralentit, ils empoignent les rames. La nuit venue, une paillote est dressée au-dessus du pont. Après le repas, rapidement expédié, ils s'allongent côte à côte, serrés comme des harengs. Un bout de causette ponctuée de gros rires; une pipe ou deux, et l'on s'endort.

Tous ces bateliers sont originaires de Sé-Tchouen : ils portent la coiffure particulière aux indigènes de cette province : la natte roulée sur le crâne et un turban blanc ou soi-disant tel. Leur adresse et leur sang-froid tiennent du prodige. Très différents des Chinois de l'Est. Là-bas, toute réunion de travailleurs est la parfaite image de l'anarchie. La besogne s'exécute à grands fracas, au milieu des glapissements et des disputes. Tout le monde veut commander; on s'invective Dieu sait comme. Ici, en dépit des allures très libres, règne une vraie discipline. Notre équipage, lui aussi, dans les heures de répit, quand la brise gonfle la voile, fait un assez beau vacarme, crie, chante, hulule des onomatopées étranges pour appeler le vent. Très bons enfants, mais un peu rudes, ces gaillards-là en usent familièrement avec le patron et les passagers. Cependant, au moment critique, l'ordre se rétablit. Chacun est à son poste, sans hésitation ni bousculade, attentif au commandement du pilote. Celui-ci, debout sur l'avant, surveille le fleuve, indique la manœuvre d'un ton bref, parfois même d'un simple geste aussitôt obéi.

A vivre au milieu de ces gens, on s'explique leur attachement pour un genre d'existence qui, si rude soit-il, a cependant de quoi les séduire, je ne sais quel attrait mystérieux fait de la tyrannie des vieilles habitudes et de l'entraînement inné vers les aventures. On conçoit mieux leurs répugnances entêtées pour toute innovation tendant à bouleverser les coutumes établies, le mode de travail auquel, de père en fils, ils ont été façonnés depuis des siècles; leur haine farouche pour ceux qui prétendent substituer la vapeur à l'aviron, l'hélice à la cordelle, et ouvrir aux steamers la haute vallée du Yang-Tsé. Ce qu'ils défendent en réalité, c'est non seulement le métier dont ils vivent, mais aussi le patrimoine de traditions et de légendes légué par les aïeux, augmenté chaque jour de quelque exploit nouveau que l'on aime, après des heures de luttes et de fatigues, conter aux camarades étendus sous la paillotte, dans ces causeries du soir où la voix du narrateur est souvent couverte par le grondement des eaux.

Ils sont trop prompts à s'émouvoir. A supposer, ce

dont je doute, que des vapeurs d'un modèle spécial parviennent à remonter au delà d'I-Tchang (1) et à effectuer la descente sans catastrophe, d'ici longtemps, ces bâtiments ne seront pas assez nombreux pour faire une concurrence victorieuse aux moyens de transport actuels. Les cinq steamers qui, depuis quatre ans, ont été lancés entre Hankéou et I-Tchang, n'ont point affecté de façon appréciable le mouvement de la batellerie. Il en serait certainement de même un jour sur le haut fleuve. Les nouveaux bateaux coûteraient cher, leur mise en service serait fort onéreuse. Ils devraient être de dimensions restreintes, pourvus d'une machine très puissante qui occuperait une place considérable, à l'exclusion du fret. Ils jaugeraient au plus 250 ou 300 tonneaux. Or, les grandes jonques transportent aisément 150 tonnes de marchandises et naviguent à très bas prix. Nous en croisons tous les jours quinze ou vingt chargées des produits du Sé-Tchouen, de caisses d'opium, de cire, de plantes médicinales. La plupart sont manœuvrées par trente ou quarante rameurs. Ces équipages, à la descente, ne touchent aucune paye et n'ont droit qu'à la nourriture. A la montée, chaque homme reçoit comme solde 3,000 sapèques (environ 9 francs) pour un voyage de cinq à sept semaines. Etant donné le bon marché inouï de la main-

(1) Au printemps 1898, M. Archibald Little, l'un des doyens de la colonie européenne de Shanghai, a réussi, après des années d'efforts infructueux, à amener un petit vapeur jusqu'à Tchoung-King. Mais il s'en faut que le problème soit résolu. Ce steamer a franchi les rapides du Yang-Tsé comme les chaloupes de Cochinchine sont arrivées aux biefs supérieurs du Mé-Kong, en remontant les chutes de Khône et de Kemmerat, moitié sur terre, moitié sur l'eau, halé et traîné tour à tour. La descente serait des plus hasardeuses. Ce vapeur, selon toute probabilité, sera mis en service sur le haut fleuve, lequel, en amont de Tchoung-King, est libre d'obstacles sur un parcours d'une centaine de lieues.

d'œuvre, les barques, selon toute vraisemblance, ne sont pas près de céder la place aux vapeurs. Elles vont moins vite, mais les Chinois ne sont point pressés. Longtemps, bien longtemps encore, les coups de gaffe résonneront le long des parois rocheuses et les files de haleurs tireront la cordelle en jetant leurs mélopées monotones aux échos des gorges.

C'est peut-être ce qu'il serait utile de faire comprendre aux populations marinières du Yang-Tsé. Mais la plupart de ceux qui, soit dans leurs entretiens, soit dans leurs brochures abordent ce sujet, raisonnent de tout autre sorte, et leurs paroles consolantes sont plutôt faites pour exaspérer les colères. « Parfaitement, disent-ils, les jonques seront avant peu remplacées par des engins moins primitifs : elles disparaîtront, c'est là, bonnes gens, une nécessité inéluctable, sachez-le. Mais où est le mal? Vous n'en serez pas plus à plaindre. Vous gagnerez votre vie aussi bien, beaucoup mieux même que par le passé. La vapeur aidant, des industries nouvelles vont éclore; les mines seront exploitées comme il convient, la contrée sera égayée par des usines. Vous peiniez le long du fleuve. Eh bien, vous travaillerez à terre. A la place de l'aviron, vous manœuvrerez le pic et le marteau. N'est-ce point une honte que des êtres humains soient attelés de la sorte au bout d'une corde? il nous appartient de vous arracher à ce métier de bêtes de somme. Bénissez-nous comme des bienfaiteurs. » Ainsi pensent nombre de personnes, entre autres un Américain, M. Virgil-C. Hart, de la « China Inland Mission », qui, dans le remarquable volume où il relate son voyage dans la Chine occidentale, signale à l'indignation du monde civilisé la besogne dégradante à laquelle s'assujettissent les tireurs de jonques du Yang-tsé-Kiang, et appelle de tous ses vœux la vapeur libératrice. Les braves mariniers ne sont point de cet avis; ils n'ont pas honte de haler, la corde à l'épaule, leurs pesantes barques. Ils n'estiment point que piquer le charbon ou battre le fer soit une carrière beaucoup plus libérale que la lutte de chaque jour contre les rapides du terrible fleuve. Ils n'entendent point besogner sous terre, mais dans le plein air, au grand jour, comme leurs pères ont vécu.

Notre jonque est assez vaste. Elle a, de bout en bout, 23 mètres 50 et 4 mètres 50 de large, au maître-couple; la partie antérieure est fort basse, entièrement découverte, le plat-bord arrêté au ras du pont, qui se trouve seulement à un mètre au-dessus de l'eau. Par contre, l'arrière est surélevé à la façon des galères antiques. Les deux tiers de l'espace compris entre le mât et la poupe sont occupés par le logement réservé aux passagers. Il se compose d'une salle oblongue subdivisée en quatre compartiments au moyen de cloisons mobiles. Les domestiques s'installent dans l'arrière-chambre communiquant avec la cuisine : celle-ci est traversée diagonalement par la longue barre du gouvernail que manœuvre un timonier juché sur le toit. Cette disposition, soit dit en passant, n'est pas des plus commodes pour le service; elle met à l'épreuve l'ingéniosité de notre chef, obligé de protéger, à chaque minute, contre les heurts de la lourde pièce de bois, son petit brasero et sa casserole.

L'embarcation est d'une propreté rigoureuse. Les bateliers du Yang-Tsé, négligés dans leur accoutrement, affichent une véritable coquetterie dans la tenue de leurs jonques. Ils les lavent, les astiquent plusieurs fois par jour. Pas un détritus ne traîne sur le pont. Les cabines sont badigeonnées de tons vifs, décorées de peintures où la fantaisie de l'artiste a entremêlé les motifs champêtres et les scènes guerrières, les démons et les dieux. Trois panneaux étalent en beaux caractères dorés des souhaits

GORGE DE MI-TANN.

MOUILLAGE AU PIED DU RAPIDE DE SIN-TANN.

à l'adresse de l'Empereur, ainsi que des passages empruntés aux Classiques. Sur le premier, on lit : « Que le fils du Ciel vive dix mille années! » Les deux autres ne contiennent que ces formules d'une concision énigmatique : « Radieux chemin des étoiles! » — « Onde limpide et brise fraîche! » Les Chinois appellent cela un poème.

Dans ce logis gai, quelques petits détails laissent à désirer. Les portes ne ferment point, les fenêtres guillochées laissent passer la bise : çà et là, par une fente de la toiture, un pan de ciel apparaît. Cependant, avec le secours d'un petit poêle assujetti tant bien que mal dans la pièce qui tient lieu d'antichambre et de salon, on peut vivre là-dedans avec un réel confort en dépit des courants d'air.

Derrière la cuisine, sur la poupe, est ménagée une soupente où habitent le patron et sa famille. L'entrée ressemble à un portail de pagode sculpté à jour, chargé de festons et de dorures. Un Bouddha y trône sur son lotus au fond d'une niche devant laquelle brûlent des baguettes parfumées. C'est au seuil de ce temple, dans ce cadre étincelant que se présente à nous l'épouse du *lao-pann*, la ménagère aux très petits pieds. Elle fait peu de bruit, Mme la lao-pann, et pas beaucoup d'ouvrage. Elle passe la majeure partie de son temps assise devant sa porte, à respirer le frais, immobile et contemplative. A la voir ainsi, de bleu vêtue, les bras croisés, froide et calme comme une figure de porcelaine, on se demande laquelle des deux idoles a la primauté, dans ce sanctuaire, du Bouddha ventripotent ou de la petite femme aux yeux fendus en amandes.

CHAPITRE III.

DANS LES RAPIDES. — ENTRÉE AU SÉ-TCHOUEN. — KOUÉI-TCHÉOU-FOU. — OUAN-SIÉN. — FÈNG-TOU-SIEN, LA VILLE SAINTE. — LÉGENDE DE YEN-LO-WANG, DIEU DES ENFERS, ET DE LA BELLE KOUAN-YIN. — TCHOUNG-KING.

I

Dans ce lent voyage, l'impétuosité du courant n'est point l'unique cause du retard. Il faut souvent stopper plusieurs heures aux approches des rapides par suite de l'encombrement occasionné par les jonques qui nous précèdent. Point de passe-droit, ni de coupe-file. On doit faire queue, comme au théâtre, trop heureux si l'on en est quitte pour une demi-journée d'attente. Il convient de cempter encore avec les bourrasques aussi violentes que soudaines. C'est tout au plus si nous avons, aujourd'hui, avancé de trois lieues. Nous avions eu cependant un beau départ, ce matin; la mousson de nord-est nous faisait, sans autre aide que la voile, filer près de huit kilomètres à l'heure. Tout à coup une saute de vent nous arrête court, une véritable tempête qui soulève le sable des berges en tourbillons aveuglants. Force est d'atterrir et de demeurer, sous cette averse pulvérulente, à l'attache durant six heures.

Dans l'après-midi, heureusement, tout s'apaise. On

franchit sans accident le rapide, puis le défilé de Tong-Ling que dominent des escarpements de 1,200 mètres. La nuit nous a surpris en face des rapides de Sin-Tann, dont on entend les mugissements répercutés au loin par les échos des gorges. Le fleuve, à peine remis de sa course folle, a des sursauts, des soulèvements houleux qui, toute la nuit, au mouillage, au fond d'une anse très abritée pourtant, imprimeront à notre bateau tirant sur ses amarres les oscillations d'un navire au large.

Lundi 27 janvier.

Parcouru, hier, moins d'une lieue. Mais que d'émotions dans ces trois kilomètres si péniblement conquis! La montée des deux rapides situés en aval du pittoresque village de Sin-Tann a exigé six heures pleines et les efforts de soixante hommes. On a remis au lendemain l'attaque du troisième rapide, de beaucoup le plus violent. Nos haleurs avaient bien droit au repos. Le chenal, au surplus, était obstrué par une dizaine de grosses jonques qui peinaient depuis l'aube. Nous nous sommes, les amarres doublées, accotés aux rochers, sur la rive droite, à quelques mètres de la formidable coulée. Le bruit des eaux était presque assourdissant et nous étions secoués aussi rudement que sur une mer en furie.

Ce matin, à dix heures, le passage est libre; 50 mètres à franchir, pas davantage, et cela nous prend une heure et demie — qui paraît un siècle. On avance de façon imperceptible, centimètre par centimètre. Les soixante hommes tirent en désespérés, rampent cramponnés des mains et des pieds aux aspérités du sol. Le Yang-Tsé, au sortir des gorges de Mi-Tann, se heurte contre un barrage formé de débris d'avalanches; de chaque rive, d'énormes escarpements ont glissé dans le fleuve, déterminant moins un rapide qu'une véritable chute; la dénivellation est au moins d'un mètre. Ce sera l'obstacle le plus sérieux pour les vapeurs qui tenteront un jour le voyage entre I-Tchang et Tchoung-King. Peut-être même, suivant l'opinion que j'ai entendu soutenir, il y a peu de jours, par le plus expérimenté des capitaines au service de la « China Merchant Company », est-il insurmontable. Les difficultés seraient moindres lors des grandes crues d'été où les eaux s'élèvent à 15 ou 20 mètres au-dessus de l'étiage, noyant tous les brisants. Encore l'expérience, pour avoir chance de réussir, exigerait-elle des bâtiments d'un type spécial qu'il s'agit de créer. Mais, selon toutes probabilité, on devrait, six mois sur douze, recourir à un transbordement. Et je crois qu'il en sera de même sur d'autres points. Longtemps encore la question servira de thème à des conférences éloquentes, sera l'objet d'ardentes controverses ; des années s'écouleront avant que les steamers accèdent au Sé-Tchouen sans rompre charge.

Il existe deux passages : le chenal de montée longe la rive droite, serpente parmi les rochers qui permettent de s'aider de la perche et de la gaffe. Le chenal de descente est le milieu du fleuve, le glissoir où l'eau se précipite en vagues gigantesques. Les grandes jonques manœuvrées par cinquante rameurs, leur mât abattu, y défilent avec la rapidité d'un express. Et c'est un spectacle émouvant de les voir s'engager dans ce passage où la rencontre du moindre écueil les réduirait en miettes. Les accidents sont fréquents. Ce matin même une d'elles a fait naufrage. Elle a réussi cependant à aller s'échouer deux cent mètres plus bas sur les galets où elle gît couchée sur le flanc, la quille rompue. Ce qu'on a pu sauver de la cargaison est entassé pêle-mêle sous une tente; l'équipage très philosophe, a formé le cercle, se réchauffe au soleil, fait sécher ses hardes et fume ses pipes.

Des barques de sauvetage, peintes en rouge et battant pavillon impérial, croisent en amont et en aval des rapides. On les rencontre aux approches de toutes les passes dangereuses du Yang-Tsé. Cette flottille a été organisée, il y a quelques années, par les soins de l'amiral Ho. C'est, dans ce pays du laisser-faire et des vains simulacres, l'un des très rares services fonctionnant avec régularité.

Ce même soir, entre six et sept, nous abordions le Yeh-Tann, terrible seulement aux hautes eaux, bien qu'en ce moment la vitesse du courant y soit encore en moyenne de six à huit nœuds à l'heure. Nous l'avons franchi sans accroc grâce à l'entrain de nos mariniers qui, pendant cette rude journée, ont fait preuve d'une endurance rare.

29 janvier.

Ce mode de transport a ceci de bon qu'il permet au voyageur de combiner, à son gré, les douceurs, un peu mornes, de la navigation et le plaisir de la promenade. Tous les jours, dès que le terrain paraît propice, la rive modérément escarpée, nous prenons terre et parcourons à pied trois ou quatre lieues. C'est une joie d'échapper pendant quelques heures à l'emprisonnement du bord. Par malheur, c'est toute une affaire d'obtenir qu'on veuille bien nous débarquer. Notre équipage ne peut se faire à l'idée que des gens comme il faut aient besoin d'user leurs jambes. Ce sont, chaque fois, de nouvelles difficultés, des palabres interminables. L'accostage est malaisé, le sentier à peine praticable; on va, dans un instant, passer sur l'autre rive. Que sais-je encore? J'insiste et, à force de patience, finis généralement par avoir le dernier mot.

Traversé de la sorte hier plusieurs hameaux accrochés à la montagne : Niang-Ko, Kuo Loung-To, dont les habitants exploitent, d'une manière très primitive, les gisements de houille qui abondent sur les deux rives. Ils n'extraient bien entendu que les couches supérieures, un combustible de mauvaise qualité, mélangé de terre et de pierrailles. Ils le pulvérisent, le triturent, y ajoutent une certaine quantité de glaise, de charbon de bois et, de cette pâte, confectionnent des briquettes. Les autorités se sont jusqu'ici refusées à permettre l'emploi des procédés européens. Elles préfèrent attendre, avec l'espoir chimérique de réussir un jour à faire exploiter les mines par des moyens plus perfectionnés, mais à leur profit, sans aucune ingérence étrangère. Vers midi, laissé sur la gauche Pa-Toung, chef-lieu de district, ville de cinq à six mille âmes, d'aspect misérable. Les habitants attribuent le peu de prospérité de la place, non pas à l'exploitation trop superficielle d'un sous-sol fort riche, mais à de fâcheuses influences résultant d'un *feng-shui* déplorable. Le bourg est exposé au nord, d'où descendent les génies malfaisants; la montagne lui dérobe les favorables brises soufflant de l'ouest et du sud. Afin d'atténuer le mal, on a édifié au bord du fleuve, à très grands frais, une élégante tour-pagode à six étages. Mais les gens n'en sont pas devenus plus riches.

Devant Pa-Toung, la jonque est accostée par un grand sampan qui m'apportait la carte et les compliments du mandarin. Ce fonctionnaire me faisait savoir que la barque contenait quatre militaires de son yâmen : ils avaient pour consigne de nous escorter jusqu'à Ou-Chan-Sien où nous devions arriver le jour suivant. Je lui ai fait passer nos cartes rouges avec nos remerciements. Nous sommes très touchés de la prévenance, mais nous nous serions bien volontiers passés de l'escorte. Deux heures plus tard, au rapide de Moudhou, un incident : la cordelle casse. Mais nous en sommes quitte pour une petite émotion

TEMPLE SOUTERRAIN SUR LA RIVE GAUCHE DU YANG-TSÉ.
Près de Paï-Toung.

GORGES DE KOUAN-LOU-KÉOU.

et pour une pause d'une heure. La nuit nous a trouvés dans la gorge de Kouán-Lou-Kéou, longue de 32 kilomètres, une des brèches les plus grandioses pratiquées dans ces massifs calcaires par l'effort combiné des eaux et des siècles.

Aujourd'hui, sur le tard, au sortir de ce couloir sombre, nous apercevions à notre droite, à mi-coteau, la petite ville de Ou-Chan-Sien. Nous pénétrons dans le Sé-Tchouen au jour tombant. A défaut des caractères gravés sur le rocher au milieu du défilé de Kouan-Lou-Kéou, l'aspect du ciel, subitement voilé de nuées, suffirait à nous avertir que nous sommes dans la province réputée à juste titre la plus brumeuse de tout l'Empire.

La chaloupe mandarine qui nous escortait depuis Pa-Toung a fait demi-tour. En revanche, tandis que nos hommes s'épuisent en vains efforts pour remonter, la nuit presque faite, les deux rapides situés juste en face de Ou-Chan-Sien, un émissaire du magistrat accoste avec un canot et demande : 1° à nous saluer ; 2° à prendre copie de nos passeports. La transcription de ces documents volumineux a pris une bonne heure, pendant laquelle la jonque a continué, ou plutôt essayé de continuer sa route. Par deux fois la cordelle s'est rompue. A la troisième tentative, le câble de bambou a tenu bon, mais les haleurs ont fléchi. La secousse fut si violente que tous ensemble ont été renversés, traînés sur les pierres ; l'un d'eux, même, a été assez sérieusement contusionné. La jonque est partie en dérive, reperdant en quelques minutes la distance franchie en une heure de halage forcené. Ingouvernable, tournoyant sur elle-même, elle s'en allait comme un cheval qui a cassé sa longe, nous emportait dans les ténèbres, parmi roches, au petit bonheur. Et pendant ce temps-là, dans la cabine, à la douce lueur de la lampe, le scribe copiait paisiblement nos passeports, insoucieux des péripéties de la navigation, des dangers de cette descente vertigineuse à pareille heure. Enfin nous réussîmes à gagner la rive sans avarie. On s'est amarré tant bien que mal, le batelier meurtri a été réconforté par une friction et de bonne paroles, et la quatrième épreuve fut renvoyée au lendemain.

30 janvier.

Escaladé ce matin les deux rapides qui, hier soir, nous avaient pris tant de temps en pure perte et, après ces deux là, une demi-douzaines d'autres à la file, pas bien effrayants, mais qui ont suffi pour nous empêcher de dépasser, du petit jour jusqu'à midi, une allure moyenne de deux kilomètres à l'heure. J'en ai profité pour flâner à terre, sur un joli sentier taillé à flanc de coteau, à une centaine de mètres au-dessus du fleuve ; un sentier des mieux entretenus avec, de loin en loin, des travaux d'art, un mur de soutènement, des ponts de pierre. Sur les pentes, nombre de fermes, quelques hameaux assez propres, rappelant les villages du Nippon.

Depuis hier la vallée est plus large ; toujours les grands massifs calcaires avec leurs rochers posés en diadème sur les crêtes, mais assez loin, à l'arrière-plan. Le pays est déboisé. Seulement, des touffes de bambous grêles autour des villages, quelques bouquets de pins. Terres bien cultivées : des champs de blé, de fèves ; peu de rizières. La population a l'aspect rude mais l'humeur pacifique. On nous dévisage avec étonnement, on chuchote, les enfants nous saluent — à distance prudente — de l'éternel *yang-kouei-dzu !* appuyé d'un éclat de rire. Mais c'est plutôt de leur part une plaisanterie qu'une injure haineuse à l'adresse des « diables étrangers ».

Le soir, en approchant des gorges de Feng-Chien, le

paysage est redevenu sévère. La vallée se rétrécit de nouveau, sinueuse : le Yang-Tsé gronde, coupé de grands bancs de roches. Des hameaux encore, mais de plus en plus rares, perchés comme des nids, en encorbellement sur l'abîme; puis plus rien que des cimetières, des tombes par centaines, très anciennes pour la plupart, très oubliées, envahies par l'herbe, toutes placées de biais, regardant le sud-ouest d'où viennent les vent tièdes et les bienfaisants génies. Près de ces sépultures, une vieille paysanne et un bambin agenouillés pleuraient à chaudes larmes. C'était la première manifestation de douleur sincère à laquelle j'assistais depuis mon arrivée en Chine où les funérailles sont célébrées presque aussi gaiement que les noces. Et, dans ce site austère, dans cette fin de jour, c'était d'une inexprimable mélancolie, ce groupe de l'aïeule et de l'enfant mêlant leurs plaintes à la rumeur profonde du fleuve.

1er février.

Passé la journée d'hier à Koueï-Tchéou Fou. Les mariniers ont coutume de s'y arrêter à la montée pour s'y reposer après une semaine et plus de durs labeurs dans les rapides et les défilés. Nous avons, en huit jours, franchi seulement cent soixante-dix-sept kilomètres; ce sont, il est vrai, les plus accidentés du long voyage fluvial; désormais nous avancerons de façon moins irrégulière, la moyenne de vitesse restant toujours bien inférieure à celle du pas accéléré.

Koueï-Tchéou Fou est une préfecture de 40,000 âmes, d'un assez bel effet à distance, derrière ses remparts. Mais le mouvement commercial y est presque nul. Les habitants vivent surtout de l'exportation du sel extrait des eaux-mères. Les puits et les fours évaporatoires sont situés sur un banc de sable à un kilomètre en aval. Le travail n'est possible qu'en hiver. Dès les premières crues du printemps, l'orifice des puits est clos, recouvert de béton ; on démonte hangars et paillotes, et l'exploitation est suspendue pour cinq ou six mois. Somme toute, un marché sans grande importance mais agréablement situé et pas trop malpropre. Beaucoup de temples, pagodes et bonzeries qui ne sortent pas de l'ordinaire. La banlieue n'est qu'une vaste nécropole; la montagne à laquelle s'adosse la cité est, de la base à la cime, bossuée de tombes. En Chine, les défunts sont très encombrants.

Le seul Européen résidant à Koueï-Tchéou est un missionnaire français. Nous l'avons trouvé grelottant la fièvre, au fond d'une antique bâtisse chinoise qui menace ruine. En y pénétrant, je n'ai pu m'empêcher de songer aux belles églises, aux procures, aux séminaires de certaines villes du litoral, et le contraste m'a été pénible. Jamais je n'oublierai la physionomie de l'homme : il a soixante ans à peine, on lui en donnerait quatre vingts. Dans la chambre humide, étroite et sombre, le sol battu tient lieu de plancher; cloués contre le mur lézardé, un crucifix, des images de piété, quelques souvenirs de France, un képi de soldat. Nous sommes sortis de là le cœur serré.....

Il a plu toute la nuit : pluie dans la vallée, neige sur les hauteurs. Ce matin, les cimes environnantes étaient poudrées à frimas. Nos hommes, hier, ont fait la fête dans les maisons de thé et ne sont rentrés à bord que très tard, ce qui ne les a pas empêchés d'être debout au premier chant du coq, un coq attaché sur le toit de la cabine, et dont les heures sont comptées.

3 février.

Vent contraire, temps maussade et gris paysage embrumé, et c'est vraiment dommage, car il mériterait le plein jour. Au delà de Koueï-Tchéou Fou, la vallée est plus ouverte, le fleuve s'étale, créant des sortes de lacs larges parfois d'un quart de lieue. Hier, dans la journée, une courte embellie, le temps d'apercevoir, sur la droite, les pagodes peintes de Yun-Yang-Sien, simple chef-lieu de district, mais plus populeux et autrement animé que la préfecture, avec son port encombré de jonques, ses villages de mariniers, installations temporaires, hangars et paillotes qui disparaîtront dès les premières crues.

Ensuite, des rives presque désertes, des cultures, mais un très petit nombre d'habitations. Le long du Yang-Tsé-Kiang, dans la région montagneuse comme dans les plaines alluviales du Hou-Pé, la campagne donne souvent l'impression d'une solitude. De loin en loin seulement, quelque ville murée où toute la population semble chercher un abri contre les maraudeurs. Depuis hier, sur les plus hautes cimes, commencent à apparaître les *chai-tsé*, enceintes fortifiées édifiées du temps des Mings. Quelques-unes sont encore habitées; plusieurs sont de dimensions imposantes; des centaines de familles y pourraient tenir à l'aise. Ces cités de refuge ont rendu de réels services pendant la rébellion des Taï-Pings et paraissent assez bien entretenues. Ces vieilles murailles ont leur éloquence : elles en disent long sur les mœurs du peuple, sur la paix intérieure, la sécurité douteuse des routes. On croirait que les gens sont toujours sur le qui-vive, hantés par la crainte des bandes pillardes. C'est le moyen âge.

Nous n'avons abattu aujourd'hui que 29 kilomètres. Un grand rapide, Chang-Chan-Loung, formé par un archipel de roches où les vagues brisaient avec fureur, nous a fait perdre beaucoup de temps. Les haleurs sont restés attelés à la cordelle pendant dix heures; aussi leur lassitude est extrême. Les bols de riz avalés, ils ont déroulé leurs nattes et reposent maintenant d'un lourd sommeil. Les grosses lanternes en papier huilé projettent sur ces corps tassés pêle-mêle une lueur funèbre. On se représente ainsi le pont d'un bâtiment de guerre après l'action, jonché de morts. Pour la première fois depuis bientôt une semaine, la soirée est belle, le ciel plein d'étoiles.

II

4-6 février.

Le pays, depuis deux jours, est redevenu riant. Toujours pas de soleil, mais on le devine prêt à trouer le léger rideau de nuées. Une vapeur translucide et bleutée enveloppe toutes choses, traîne sur les eaux couleur de cendre, sur les berges rocheuses, sur les cimes lointaines. Pour la première fois, le Fleuve Bleu m'a paru mériter son nom. Le pays, à mesure que nous avançons dans le Sé-Tchouen, est plus peuplé ; les bourgades, les villages, les petites fermes à demi-cachées sous les bambous se succèdent à courts intervalles. Le paysage, dans ses grandes lignes, rappellerait d'assez près certaines vallées du versant méridional des Alpes, n'étaient les tours fuselées, les pagodes à toitures polychromes plantées çà et là sur les coteaux.

Passé l'après-midi du 4 à Ouan-Sien, la ville la plus importante que nous ayons rencontrée depuis I-Tchang. Cent mille âmes ou peu s'en faut ; commerce très actif. Des centaines de jonques se pressent dans le port, à l'embouchure du Si-Ho. Cette rivière, avant de mêler ses eaux à celles du Yang-Tsé, entaille la rive gauche en une gorge profonde qui sépare Ouan-Sien de ses faubourgs. Un très beau pont de pierre, d'une seule arche de trente mètres d'ouverture, enjambe le précipice. Sur ce pont sont juchés de petits sanctuaires, des habitations, des boutiques qui semblent soutenues par un fil, tant l'ouvrage a d'élégance et de légèreté.

Traversé la ville de bout en bout. Une bonne heure de marche par des ruelles où s'agite, dans la pénombre, une foule affairée, occupée à mille petits métiers, disposant sur les dalles boueuses des étalages de tout genre. Un dédale d'escaliers, de couloirs, de passages couverts; des voûtes surbaissées où luisent les feux des rôtisseries, où les bouchers exhibent à des crocs fichés dans la muraille des quartiers de viande pantelante. Quelques vieilles cités d'Europe recèlent encore de ces coins noirs où s'exercent de vagues trafics : il me semble avoir déjà vu cela dans telle bourgade de l'Italie moyenâgeuse, en Toscane ou en Ombrie. Mais ici le modernisme n'a point mis sa note. C'est la Chine d'il y a mille ans. Rien n'a changé, dans cette cité aux rues montueuses et fétides qu'emplit un bourdonnement de ruche.

Sur notre passage, la curiosité était des plus vives. Aucun Européen ne réside à Ouan-Sien. La mission est desservie par un prêtre chinois. Nous avons visité sa chapelle et son jardinet. Mais le missionnaire était absent. Nous lui avons laissé nos cartes avec nos salutations en latin, seule langue d'Occident que le digne homme comprenne.

Un sampan nous a reconduits à notre jonque, le *laopann* ayant jugé prudent de s'amarrer sur l'autre rive, de crainte que l'équipage ne se dispersât jusqu'au lendemain pour courir les fumeries d'opium, les maisons de thé et les bayadères dans les prix doux. Un millier de spectateurs assistaient à notre embarquement. Pas une insulte.

Il n'en a pas été de même aujourd'hui, à Tché-Pao-Tchaï, un très joli bourg étalé à la base d'un grand roc isolé auquel s'accote une pagode en bois à onze étages. La population entière, très intriguée, nous serrait de près, mais sans manifester d'abord aucune intention hostile. Tout à coup une voix cria : « Ce sont de mauvaises gens ! » Aussitôt les mottes de terre, les cailloux, les briques de pleuvoir, sans d'ailleurs nous atteindre, les spectateurs placés aux premiers rangs demeurant neutres. Les projectiles — quelques-uns d'un calibre inquiétant — étaient lancés d'assez loin par des individus dispersés sur les pentes, en tirailleurs, et dissimulés derrière les buissons. La situation n'était pas bien grave ; elle avait même son côté comique à voir l'effarement, la stupeur inénarrable de nos boys devant ce tir plongeant dont les éclats maculaient leurs blouses neuves. Être lapidés par des compatriotes, cela passait leur entendement. De retour à bord, je les ai dépêchés, en leur adjoignant dix de nos haleurs les plus solides, au petit mandarin de l'endroit, à qui je faisais demander de vouloir bien nous donner quelques explications au sujet des procédés au moins étranges de ses administrés envers des voyageurs inoffensifs.

Une demi-heure plus tard, un envoyé venait, avec force révérences, nous supplier d'agréer les regrets et les excuses du représentant de l'autorité. On découvrirait les coupables et ils seraient châtiés d'importance. Je n'en crois rien. Mais la démarche nous suffisait. Les très humbles courbettes exécutées devant une assez nombreuse assistance accourue sur la berge ne pouvait manquer de produire bon effet. Notre dignité était sauve.

8 février.

Les populations se suivent et ne se ressemblent point. Mal accueillis, avant-hier, à Tché-Pao-Tchaï, on nous reçoit aujourd'hui à Chang-Tchéou, avec un empressement plutôt gênant. Nous avions atterri à quatre ou cinq kilomètres de cette sous-préfecture, plantée parmi les feuillages sur une hauteur formant promontoire, à l'un des coudes les plus accusés du fleuve. Le site est délicieux : des coteaux très verts où les essences d'Europe se mêlent à la végétation semi-tropicale; les érables aux banians et aux bambous. C'est la première fois que la campagne chinoise, en général si dégarnie d'arbres, se montre à nous sous cet aspect. L'effet est imprévu et charmant. Il ne manque qu'un rayon de soleil. Le ciel, par malheur, est plus voilé que jamais; un ciel du Nord; un paysage amusant du Japon entrevu dans l'atmosphère blafarde de Londres ou des Pays-Bas.

A la porte de la ville, la foule qui guette notre arrivée est tellement compacte que nous sommes contraints de monter en chaises pour nous frayer un passage. Les porteurs, qui ont reçu l'ordre de nous faire purement et simplement traverser la ville, se croient obligés de nous conduire tout d'abord chez le mandarin, et les curieux que rien ne décourage se hâtent de suivre, pénètrent sans façon dans le yâmen, envahissent les cours et les antichambres malgré les admonestations des gardes. Bien mal logé, le mandarin. Les bâtiments sont délabrés, les murs suintent; la pièce où l'on nous introduit, à peine éclairée par des fenêtres à carreaux de papier huilé, est d'une humidité glaciale. Aussi la visite est-elle brève : exhibition des passeports, échanges de cartes, deux tasses de thé, après quoi nous prenons congé, cérémonieusement escortés jusqu'à la rivière par quatre soldats d'assez bonne mine, et deux argousins armés de triques qui nous ouvrent un chemin à travers la cohue. La foule, cependant, grossit de minute en minute, s'écrase au seuil des boutiques, sur le pas des portes. C'est à qui coulera un regard au fond de la boîte dans laquelle on emporte l'étranger. Et l'on éprouve une sensation singulière à être de la sorte promené en cage, passé à l'état de phénomène, pour l'émerveillement des badauds.

Depuis Ouan-Sien, nous avons aperçu plusieurs fois par jour, sur les rives, quantité d'individus occupés à diluer à la battée les sables aurifères. Le métier n'est pas précisément rémunérateur; tout autre qu'un Chinois n'y gagnerait pas sa vie. Les parcelles d'or recueillies par ces patients laveurs leur assurent, pour huit ou dix heures de travail, un revenu moyen de 100 sapèques, environ 25 centimes. Le Yang-Tsé n'offre, on le voit, qu'une analogie très imparfaite avec le Pactole.

Fengtou-Sien, 11 février.

Une ville sainte qui ne vit que des pèlerins, où l'on vend surtout des prières et des amulettes. Pagodes et monastères constituent une cité à part, étagée sur les pentes et coiffant la cime d'une colline isolée en forme de cône. Des tours ajourées, des clochetons se dressent parmi les frondaisons touffues, détachant sur le vert foncé des banians les tons vifs de leurs laques rouges et de leurs faïences; un arrière-plan de montagnes bleuâtres, aux lignes douces, la majestueuse rivière étalée en un lac que sillonnent les grandes jonques, voiles éployées. Hier soir, à l'arrivée, Fengtou-Sien nous a semblé charmant dans le crépuscule.

Traversé ce matin la ville, gravi la colline de Tien-Sou-Chân, visité temples et bonzeries. Déception : tout cela n'est que trompe-l'œil, plâtras et gâchis. Les sanctuaires, comme toute la friperie chinoise, ne gagnent point à être vus de près. Il faut à ces frêles édifices, d'une grâce achevée parfois, toujours plantés au bon endroit avec un rare instinct du décor, mais prodigieusement décrépits, le coup d'estompe de la pénombre et du lointain. Les murs ont donné coup, les terrasses croulent, les laques s'effritent sur les charpentes vermoulues. A l'intérieur traîne un affreux relent de moisissure, d'encens et de graillon. Des bonzes en longue robe grise, le crâne rasé, aux allures louches, musent sous les péristyles et dans les chapelles, vaquent à leur petit ménage, font leur cuisine et le reste sous le regard approbateur des divinités. Un de ces temples est consacré au fabuleux empereur Yu qui, selon la croyance populaire, employa plus de cent ans à creuser dans le grand fleuve un chenal praticable, soulevant des montagnes, pulvérisant les roches, pas toutes, malheureusement. Les écueils ne sont encore que trop nombreux. Il est regrettable que le divin empereur, pendant qu'il y était, n'ait point parachevé le déblayage.

Mais de toutes les pagodes édifiées sur la montagne sainte, la plus vaste, la plus vénérée, celle où affluent chaque printemps des milliers de pèlerins venus de toutes les provinces, est consacrée au dieu des Enfers, à Yen Lo Wang, le Pluton chinois et à sa femme Kouan Yin, déesse de la miséricorde — la Kouanon des Japonais, — invoquée par les malades, par les épouses stériles, la souriante déesse que les vieux maîtres céramistes ont représentée, avec tant de bonheur parfois, dans une attitude de madone. Ici, l'artiste ne s'est point mis en frais. Les deux statues de bois qui ornent le temple sont modelées de la façon la plus sommaire, drapées de toiles d'araignée, noircies par la fumée des cierges de suif et les flammèches envolées du monceau de paperasses brûlées par les fidèles. Le seul joyau du sanctuaire, c'est une légende, vieille comme le monde, que, sous des noms divers, la plupart des mythologies ont contée, l'éternelle histoire d'un dieu épris d'une mortelle.

Il était une fois, — il y a de cela douze cents ans, — sous la dynastie glorieuse des Tangs, dans la ville de Tchoung-

King, une jeune fille merveilleusement belle. Ses parents étaient de riches marchands, estimés de tous parce qu'ils se plaisaient à alléger les misères, donnaient sans compter au pauvre peuple, aux pauvres bonzes, et craignaient les dieux. Or il advint que la famille s'en alla en pèlerinage à Fengtou-Sien, comme elle avait coutume de le faire chaque année, pour rendre hommage et porter une offrande à Yen Lo Wang. Les dévotions terminées, au moment de sortir, Kouan-Yin, — c'était le nom de la jeune fille — s'aperçut qu'un de ses bijoux, une boucle d'oreille d'un grand prix, à laquelle elle tenait fort, avait disparu. Vol ou malechance, on ne savait. Elle en fut très chagrine. A tout hasard, on chercha. Les prêtres, penchés sur les dalles, promenèrent leurs torches et leurs balais dans les moindres recoins, fouillèrent les interstices des pierres, secouèrent les nattes; on ne trouva rien. Soudain, l'un d'eux, en se relevant, poussa un cri de surprise. Miracle! Le bijou perdu étincelait, non point à terre, mais au-dessus de l'autel, entre les mains de l'idole. Le dieu manifestait ainsi sa volonté; bientôt après, il daignait l'exprimer d'une façon plus explicite. Le soir même, le grand prêtre eût une vision. Yen Lo Wang lui apparaissait environné de flammes et lui signifiait qu'il avait jeté son dévolu sur la belle Kouan Yin. Elle serait sa femme. Le jour qui venait de finir avait éclairé leurs fiançailles. Elle devait se préparer à le rejoindre à bref délai.

L'émoi fut grand. Cependant, en gens pieux, les parents s'inclinèrent, séchèrent leurs pleurs et, de retour chez eux, virent, sans révolte, mais non sans tristesse, s'écouler rapidement les derniers jours que la magnanimité divine leur laissait pour s'emplir les yeux à tout jamais de la chère image de l'enfant, espoir de leur vieillesse, lumière de la maison.

Et voici qu'un matin, très doucement, sans agonie, Kouan-Yin expira. Au même instant, le ciel s'obscurcit, le sol trembla, des abîmes s'ouvrirent, d'où jaillissaient des flammes. A peine remis de leur terreur, le père et la mère se disposaient à ensevelir la morte. Mais, ô surprise, la couche était vide, le cadavre avait disparu. Tous deux de se rendre en toute hâte à Fengtou-Sien pour raconter aux prêtres ce qui s'était passé. Et, comme ils entraient dans le temple, ils aperçurent la trépassée, transportée là on ne sait comment, étendue devant l'autel, la figure souriante, ravie, semblait-il, dans l'extase d'un beau rêve.

Le corps fut enveloppé d'étoffes précieuses, puis déposé dans une châsse aux pieds de la statue de l'infernal époux. On m'assure qu'il est toujours-là, que les siècles ne l'ont point altéré. J'ai demandé à voir la relique, mais me suis heurté à un refus formel. Cela ne se peut, cela ne s'est jamais fait. Il est des choses que l'on ne doit voir qu'avec les yeux de la foi. Nous avons dû nous contenter de l'histoire et nous retirer sans avoir pu contempler les traits de la divine Kouan-Yin. Proserpine et Pluton ! Je ne m'attendais guère à rencontrer, au fond de l'Asie, chez cette humanité si différente des autres races, d'aussi vieilles connaissances ; à retrouver sous ce ciel chargé de brumes, ces mythes familiers évoquant la Grèce lointaine et lumineuse.

13 février.
1er jour de la 22e année de Kouang-Sou.

Amarrés depuis hier devant le village de Tié-Sèn-Tchi, nous ne repartirons que demain. Cette escale nous est imposée pour cause de nouvel an chinois. L'équipage a procédé à sa toilette annuelle, a lessivé plus ou moins ses hardes. Puis la paillote a été dressée et la jonque pavoisée de longues banderoles où sont inscrits des souhaits et devises de circonstance. Enfin le cuisinier, l'homme le plus important du bord en un tel jour, a attisé ses fourneaux, entassé dans ses chaudrons des quartiers de porc, de la volaille et des pelletées de choux. Les hommes, nonchalamment étendus, fumaient leurs pipes, tout en suivant des yeux les moindres détails de ces préparatifs affriolants. Avant le festin, les petites bougies furent allumées et chacun a fait flamber des liasses de papier emblématiques en l'honneur des aïeux, avec les génuflexions de rigueur. On a également offert aux ancêtres le sacrifice du coq, lequel ira rejoindre le porc aux choux, réjouira les morts et régalera les vivants. Le lao-pann nous a présenté sa carte avec ses compliments de nouvelle année. De notre côté, nous avons distribué aux mariniers une gratification de mille sapèques et plusieurs paquets de cigares. Cela fait, les grosses lanternes peintes suspendues à tribord et à bâbord, il ne restait plus qu'à nous exhorter l'un l'autre à la patience, à écouter nos gens jaser, la pluie ruisseler sur le toit et à compter lentement les heures.

Aujourd'hui tout le monde se repose, festoie selon ses moyens, s'esbaudit et se congratule d'un bout à l'autre du vaste empire, et jusque dans ce pauvre hameau du Sé-Tchouen. Nous redoutions cette halte forcée, le vacarme que ne devaient pas manquer de faire nos bateliers en goguette, excités par de fréquentes rasades d'alcool de riz. Tout s'est passé de la façon la plus calme et la plus innocente. A peine, çà et là, quelques pétards pour chasser les mauvais esprits; puis le repas, suivi d'une partie de dés. A terre, la gaieté n'a pas été beaucoup plus bruyante. Pour ces paysans, le clou de la fête a été notre présence. Jamais peut-être Européens n'avaient mis le pied dans le village. Aussi avons-nous été très entourés pendant nos promenades Mais les gens ont de bonnes figures. Cent cinquante à deux cents spectateurs sont demeurés jusqu'au soir sur la

LA DÉESSE KOUAN-YIN.
Porcelaine blanche Kièn-Loung (XVIIIe siècle).

berge, épiant et commentant nos mouvements : des enfants pour la plupart, dans leurs habits de fête, des cotonnades bleues à peu près immaculées ; des fillettes à petits pieds, très drôles avec leurs frimousses de chattes maigres, leurs chignons piqués de fleurs artificielles. Ce petit monde rit et s'amuse de nous, mais sans malice. Nous lui jetons quelques poignées de sapèques et cette munificence nous vaut une sérénade sur le gong et les cymbales.

Et demain, à l'aube, nous poursuivrons notre route vers Tchoung-King. Toujours la montée morne du fleuve, sous un jour funèbre, cheminant comme hier à la cordelle, péniblement, sous le ciel gris, sur l'eau grise.

Mardi, 18 février.

Aujourd'hui enfin, vers quatre heures de l'après-midi, nous distinguions, sur la droite, les deux promontoires à l'extrémité desquels les eaux claires de la rivière Kia-Ling se déversent dans le Yang-Tsé, que l'on désigne ici sous le nom de Kin-Tcha-Kiang, « Fleuve aux sables d'or », et séparées par le Kia-Ling, les cités sœurs : Kiang-Pei et Tchoung-King-Fou.

La situation de Tchoung-King est incomparable. La métropole commerciale du Sé-Tchouen étage, sur les pentes d'une longue presqu'île en forme de croissant, ses bâtisses enchevêtrées, les capricieuses silhouettes de ses temples, ses yâmens aux murs blancs, ses « hongs » bondés de marchandises. Au sommet de la haute falaise se dressent de vieux remparts percés de portes à plein cintre d'où dévalent vers la grève des escaliers de quatre ou cinq cents marches. Sur ces degrés, se hâte et se bouscule tout un peuple de mariniers, de portefaix, de porte-chaises, tandis que des centaines de jonques dégorgent sur les galets le contenu de leurs coques, les balles de laine du Thibet, les cotons du Hou-Pé, les caisses d'opium et de thé, les sacs de sel, les pains de cire de Kia-Ting. En face, sur la rive droite, des campagnes riantes, des cultures en terrasses, jardins, rizières, champs de blé et champs de pavots, maisonnettes blotties parmi les mandariniers, hameaux épars dans les verdures pâles. Plus loin enfin, vers le S.-O., se déploient en écran des montagnes élevées de 7 à 800 mètres ponctuées de tours-pagodes, d'oratoires, de monastères, de coquets édifices moitié temples, moitié guinguettes. Tout cela, hélas! décoloré par la brume : sur ce paysage délicieusement cocasse, invraisemblable, qu'on dirait dessiné par un décorateur de potiches, pèse un ciel blafard; sur cette nature en fête, le brouillard du Nord.

Après de lentes et savantes manœuvres dans la mêlée des jonques et des sampans, le lao-pann parvient enfin à découvrir un point d'atterrissage. A la nuit tombante, nous nous amarrons définitivement non loin de la porte des Taïpings. Il y a un mois jour pour jour que nous avons quitté I-Tchang. Nous avons depuis lors parcouru, à la cordelle et à la rame, plus de 700 kilomètres. Sept semaines de voyage et 600 lieues de rivière nous séparent de Shanghaï.

III

Tchoung-King, 18 février-4 mars.

On s'est depuis plusieurs mois, entretenu plus d'une fois en France de Tchoung-King et du Sé-Tchouen. On a, non sans quelque lyrisme, insisté sur le magnifique et imminent avenir de la contrée, sur la richesse de cette province, l'une des mieux cultivées, en effet, du Céleste-

Empire et dont la population est modestement évaluée à soixante-dix millions d'habitants. Soixante-dix millions, c'est peut-être beaucoup, étant donné qu'une portion considérable de ce vaste territoire, surtout dans l'Ouest et le Sud-Ouest, est occupée par des peuplades presque indépendantes au sujet desquelles les statistiques ne peuvent fournir aucun renseignement précis. Mais, en Chine, quelques millions d'hommes de plus ou de moins importent peu; ne chicanons point sur les chiffres. Reste à savoir si cette population, double de celle de la France, ou peu s'en faut, doit à bref délai, comme quelques-uns l'affirment, saluer avec des transports d'allégresse l'apparition sur ses marchés des articles de provenance européenne, si les produits de nos manufactures, en particulier, y trouveront acheteurs, ce que valent, en fait, ces clients espérés.

Après une quinzaine passée à Tchoung-King, je n'ai pas, Dieu merci, la prétention de vaticiner avec autorité sur un sujet aussi complexe. Cependant, cinquante jours de voyage sur le Yang-tsé-Kiang nous ont permis d'observer, non pas seulement la belle nature et les petits bateaux qui vont sur l'eau, mais aussi ce que ces bateaux transportaient. Et de ce qu'il nous a été donné de voir, nous ne pouvons nous empêcher de conclure que les grandes espérances relatives à la progression constante et presque illimitée des importations européennes au Sé-Tchouen par la grande voie commerciale du Fleuve Bleu sont quelque peu prématurées. De quoi se compose le fret que nous avons vu tour à tour embarquer à Shanghaï, transborder à Hankéou, décharger à I-Tchang pour être réparti dans les jonques du haut fleuve? En majeure partie de cotons bruts ou ouvrés. Il n'est pas sans intérêt de rappeler que, dans ces dernières années, les apports de cotonnades étrangères ont plutôt diminué. Par contre, tandis que l'importation des tissus tendait à décroître ou demeurait stationnaire les demandes de matière première augmentaient dans des proportions considérables. Or une grande quantité de cette matière première ne vient plus de l'extérieur : de jour en jour, la culture du cotonnier s'étend davantage dans les plaines du Hou-Pé occidental, surtout dans la vallée de la rivière Han et dans le district de Sha-Sé. Ces cotons de provenance chinoise montent au Sé-Tchouen, jusqu'à la capitale et même au delà, vers les frontières thibétaines. Les balles sont expédiées de Tchoung-King à Tcheng-Tou à dos d'hommes; le prix de transport par 190 *catties* (un peu plus de 100 kilogrammes) est seulement de deux ligatures (environ 5 fr. 75 au change actuel). A coup sûr les cotonnades manufacturées par les tisserands du Sé-Tchouen sont loin de suffire aux besoins d'une clientèle aussi nombreuse. Leur prix de revient est plus élevé que celui des tissus importés d'Europe; elles ont moins belle apparence et trahissent, par leur rudesse, le procédé de fabrication encore rudimentaire. Elles sont, en revanche, autrement solides et, par cela même, plus estimées. Ces industries dans l'enfance se développeront, seront avant qu'il soit longtemps mieux outillées : d'année en année, la production locale s'accroîtra au détriment des importations étrangères.

Restent plusieurs catégories d'articles qu'il serait trop long d'énumérer, entre autres tout ce qui est horlogerie, bijouterie, quincaillerie, passementerie, bonneterie. Les produits français et anglais avaient dû céder la place à la camelote allemande. Voici que l'Allemagne à son tour est dépossédée du marché par le Japon. Japonaises, les pendules, les montres, les lampes à pétrole; japonais, les miroirs, les boutons de cuivre, les cuirs ouvragés et, chose étrange, certains articles d'habillement, entre autres les caleçons et les chaussettes. Ils se remuent beaucoup, les Japonais. Une mission composée d'une douzaine de commerçants est montée au Sé-Tchouen, il y a deux mois. Des bruits sinistres avaient même couru à son sujet. Des feuilles de Shanghaï annonçaient, sous toutes réserves il est vrai, qu'elle avait été mal reçue, que cinq de ses membres avaient été massacrés par la populace. J'ai eu le plaisir de voir ces messieurs à I-Tchang, à leur retour : ils paraissaient enchantés de leur voyage et se portaient fort bien. Depuis bientôt deux mois, le consul général du Japon à Shanghaï est en déplacement sur le haut Yang-Tsé. Nous l'avons rencontré à Sha-Sé où, de concert avec les mandarins du lieu, il s'occupait de déterminer l'emplacement de la concession. Il est arrivé ici, il y a huit jours, et déjà les négociations sont près d'aboutir. Avant qu'il soit longtemps, en face de Tchoung-King, sur la rive droite du Yang-Tsé, s'élèvera un quartier neuf, ou l'on vendra mille objets d'utilité première dont la France peut-être aura jadis fourni le modèle, fabriqués aujourd'hui à la grosse dans l'empire du Soleil-Levant où, comme chacun sait, le prix de la main-d'œuvre n'est guère plus élevé que dans le Céleste-Empire.

Ce sont là faits connus de quiconque a vécu, ne fût-ce que quelques mois, en Extrême-Orient. Ceux que ces choses intéressent les trouveront relatées, sinon tout au long, du moins en substance, dans les rapports publiés chaque année par les Douanes Impériales. Ces volumes, à couverture jaune, sont en vente chez tous les libraires du littoral, de Tien-Tsin à Singapore, ainsi qu'à Londres, chez King and son, King street, Westminster. Le prix est de trois dollars. C'est moins cher qu'un voyage en Chine.

La vérité est qu'il y a, ou, plus exactement, qu'il y aura beaucoup à faire dans ces régions. Mais il ne faut pas oublier que, dans ce pays où la nature a multiplié ses richesses, l'habitant est pauvre : je ne veux point dire misérable, mais simplement gagne-petit, sans besoins, accoutumé à vivre de peu. L'heure est-elle venue de lui apporter des objets de luxe? Nos produits, en effet, en raison même de leur qualité et, partant, de leur prix relativement élevé, ne sont pas autre chose à ses yeux. Il sera donc nécessaire de lui créer au préalable des besoins, d'éveiller en lui des appétits, puis de le mettre en état de les satisfaire, d'augmenter son pouvoir d'achat en l'attelant à des besognes mieux rémunérées, telles que l'exploitation intégrale des richesses du sol avec un outillage moins primitif, en renouvelant ses industries vieillies, que sais-je? En sera-t-il plus heureux? Ceci est une autre affaire. Mais à quoi bon se payer de mots? Ce que désire le producteur, ce n'est point jouer les petits manteaux bleus et, sous le couvert des vocables sonores : civilisation et progrès, travailler au bonheur des populations exotiques ; c'est, avant tout, s'assurer des « débouchés ». Un vilain mot, soit dit en passant, qui semble impliquer je ne sais quel état morbide, la gastralgie et la pléthore. Assurément, ces territoires pourront devenir pour nos ingénieurs, pour nos grandes industries, un admirable champ d'action, du jour où la Chine sera sérieusement disposée à tirer parti de ses ressources naturelles en substituant à ses méthodes surannées les innovations de l'Occident. Mais ce temps est encore éloigné. Je n'ignore pas que des esprits ardents, mais enclins aux chimères, entrevoient, à courte échéance, une Chine régénérée, instruite par les désastres récents, prête à secouer ses vieilles routines, à opérer du jour au lendemain l'évolution accomplie par le Japon en un quart de siècle ; une Chine transfigurée par la vapeur et l'électricité, une Chine enfin qui ne serait plus la Chine ; ils la sillonnent de voies ferrées, unissent le Sé-Tchouen à la Mandchourie, le Fleuve Bleu au Fleuve Rouge. De beaux rêves, soit, — mais des rêves.

Un consulat de France vient d'être établi à Tchoung-

King. La mesure s'imposait pour beaucoup de motifs sur lesquels il serait superflu d'insister. Il suffit de rappeler que ces motifs étaient assez sérieux pour décider la Chambre à voter à l'unanimité les crédits nécessaires à la création des nouveaux postes consulaires dans le Céleste-Empire. Le consul M. Haas, est en route. Les derniers courriers annonçaient son arrivée à I-Tchang. Il doit, à l'heure qu'il est, remonter les rapides et ne sera point ici avant huit ou dix jours. Je ne pourrai donc le voir, à mon très vif regret. Car nous nous connaissons depuis longtemps, et je ne saurais oublier nos excellentes relations nouées aux Indes, puis en Birmanie.

Nous avons également des nouvelles de la mission d'études envoyée au Sé-Tchouen par les chambres de commerce françaises. La mission s'est divisée en deux groupes. L'un se rend ici par le Kouei-Tchéou, l'autre se trouve actuellement à Tcheng-Tou et gagnera Tchoung-King vers la fin du mois. J'avais eu un instant l'espoir de croiser nos compatriotes sur le chemin de la capitale. Mais je viens d'apprendre que nos itinéraires diffèrent du tout au tout. Ils se rendront de Tcheng-Tou à Tchoung-King en passant par la vallée du Kia-Ling, tandis que nous décrirons un assez long détour dans le Sud-Ouest afin de visiter Tse-Liou-Tsin, ville célèbre par ses salines dont l'exploitation se poursuit avec les mêmes procédés depuis onze cents ans. Ces procédés sont rudimentaires mais plus économiques, le calorique nécessaire à l'évaporation des eaux-mères étant fourni par le gaz naturel, qui jaillit du col, comme à Pittsburg, en Pensylvanie.

Tchoung-King est une grande ville commerçante fort animée mais infiniment sale qui ne renferme aucun monument digne d'attention. On a évalué sa population à 400,000 âmes. Le chiffre me semble très exagéré, attendu que, si les rues avoisinant le fleuve sont densément habitées, les hauts quartiers, c'est-à-dire une bonne moitié de la ville, sont occupés en grande partie par des yâmens de mandarins, des temples, des jardins et des terrains vagues. Au dire des Chinois, Tchoung-King contiendrait tout au plus 200,000 habitants. Cette estimation me paraît serrer de près la réalité.

Une quinzaine consacrée à cette chinoiserie sordide et nauséabonde, c'est beaucoup. C'est à peine suffisant pour procéder aux préparatifs du voyage de Tchoung-King à Tcheng-Tou. Deux moyens s'offrent à nous de gagner la capitale du Sé-Tchouen, éloignée d'environ 350 kilomètres à vol d'oiseau : le fleuve et la voie de terre. La voie fluviale est de beaucoup la plus longue, et nous commençons à être un peu las de cette vie sur l'eau. Nous procéderons par la route, tantôt à pied, tantôt en chaise. En Chine, il n'est pas admis qu'un homme comme il faut aille à pied. Toutefois, on peut, sans être déconsidéré, cheminer sur ses jambes, à la condition de se faire suivre de sa chaise à porteurs. La chaise est indispensable : on juge un homme non sur sa mine, mais sur son équipage; il est traité avec plus ou moins d'égards suivant les apparences de la chaise et le nombre des porteurs. Les chaises ne se font que sur commande; leur confection, surtout au moment des fêtes du nouvel an chinois, pendant lesquelles tout travail est à peu près suspendu, exige de huit à dix jours.

Ces délais ne nous ont point paru longs. Chacun s'est ingénié à nous rendre le séjour agréable; nous quitterons Tchoung-King plutôt à regret, chagrinés de rompre si vite des relations qui, en quelques jours, avaient pris la valeur d'anciennes amitiés. La petite colonie européenne n'est composée que des missionnaires et des agents des Douanes. Les révérends pères des Missions Étrangères nous ont accueillis à bras ouverts et nous ont été d'un précieux secours. Grâce à eux, les préliminaires du voyage, les achats, la confection des chaises, l'engagement des porteurs et cent autres menus détails ont été expédiés le plus rapidement possible en ce pays des atermoiements et des lenteurs. Avec eux nous avons parcouru la cité, les faubourgs, la banlieue, visité leurs écoles, leurs orphelinats, leur collège de Chi-Pang-Pa, à 14 kilomètres de Tchoung-King. La maison et ses dépendances, de style strictement chinois, appartenaient autrefois à une des plus influentes familles de Tchoung-King, les Tongs, lignée de marchands convertis au christianisme depuis plusieurs générations. L'ancienne et somptueuse villégiature est devenue séminaire. On y éduque pour la prêtrise de jeunes Célestes. Notre visite leur a valu un jour de congé, dont ils nous ont remercié par un *gratias agimus vobis,* parti du fond du cœur. Le commissaire des Douanes, un très aimable Américain, M. Woodruff, nous a conduits dimanche dans la montagne, au temple de Lao-Tsé. On a déjeuné en plein air, au milieu des pins, et médité dans la caverne que l'illustre cénobite habitait il y a plus de deux mille ans.

Les autorités locales n'ont pas été moins empressées. Le Préfet est venu nous voir deux fois à bord de notre jonque et une troisième fois chez les missionnaires avec lesquels il est dans les meilleurs termes. Il voulait absolument se charger de nous procurer des porteurs; je l'ai prié de ne point se donner cette peine. Ces hauts fonctionnaires sont charmants, mais mieux vaut ne point se mettre complètement entre leurs mains et conserver son indépendance. Il nous promet aussi deux soldats d'escorte jusqu'à Tcheng-Tou. J'ai accepté les militaires, attendu que, si j'avais refusé, ils seraient venus tout de même. Le brave homme savait que j'avais pris, le long du fleuve, quelques photographies. Dieu! que la police est bien faite dans ce pays! Il a désiré que je fisse son portrait. Il est venu poser le lendemain, en tenue d'apparat ; pelisse fourrée, colliers, bouton de corail, plume de paon, accompagné de ses trois fils, très élégants dans leurs vestes de soie gris-perle et leurs robes de satin crème. Enfin, la plus haute personnalité du Tchoung-King officiel, le Taotaï, nous a invité à une fête donnée à l'occasion de la 2e lune de la nouvelle année. Les invitations, calligraphiées sur grand papier rouge, étaient ainsi libellées :

« Lumière », — c'est autrement courtois que : Monsieur !

« Le 17 du mois, au milieu du jour, on vous espère « pour un humble repas et pour la comédie. Chang Houa « Koué respectueusement vous salue. »

Le temps me manque pour parler de la fête, qui fut des plus réussies et dura de midi à neuf heures du soir. Au surplus, festin et comédie ne différaient pas sensiblement des divertissements du même genre auxquels j'ai eu l'occasion d'assister à Péking. A noter cependant l'arrivée et la sortie, la sortie surtout, aux lanternes, les cours encombrées de valetaille, soldats, pages, coureurs, porte-chaises, porte-torches, porte-pipes et, sur la place, devant le yâmen, la foule massée pour regarder défiler les hauts et puissants seigneurs. Une de ces scènes d'un autre âge, une vague réminiscence du Paris d'antan ; la sortie d'une fête au vieux Louvre ou à l'hôtel Saint-Paul.

Cependant nous voici sur notre départ. Les chaises sont prêtes, les porteurs embauchés, les bagages ficelés. Il ne nous reste plus qu'à prendre congé de nos amis. Nous habitons encore notre jonque. Nous ne pouvions trouver meilleure auberge à Tchoung-King, où il n'existe aucune construction européenne et où chacun est logé très à l'étroit. Demain, au jour, nous lui dirons donc adieu, à cette bonne vieille coque qui nous porte depuis sept semaines; adieu à l'équipage, adieu au patron, à la petite Mme la lao-pann assise, immobile et méditative, sur le pas de sa porte, au-dessous de la niche où rêve le Bouddha peint et doré.

TROISIÈME PARTIE

LE SÉ-TCHOUEN

CHAPITRE PREMIER

ORGANISATION D'UNE CARAVANE. — LA PREMIÈRE AUBERGE. — COMMENT L'ON VOYAGE SUR LES ROUTES DU SÉ-TCHOUEN. — LA CHAISE A PORTEURS. — LA CAMPAGNE ENTRE TCHOUNG-KING-FOU ET TSE-LIOU-TSIN.

I

Mercredi 5 mars.

Ce matin enfin, nous quittions notre jonque, amarrée depuis quinze jours au pied du rempart, devant la porte des Taï-pings, et sortions de Tchoung-King nous dirigeant vers Tcheng-Tou. Cent lieues nous séparent de la capitale du Sé-Tchouen. Mais, notre intention étant de traverser le très curieux district de Tse-Liou-Tsin, le pays des grandes salines, des puits de pétrole et de gaz, exploités par une population considérable suivant des procédés qui n'ont point varié depuis dix à douze siècles, nous devrons, pendant deux ou trois jours, abandonner la grande route et décrire un assez long crochet dans l'ouest. Dans ces conditions, le trajet sera de cinq cents kilomètres ou peu s'en faut.

Notre caravane compte trente personnes, savoir : mon compagnon et moi, les deux boys-interprètes et le cuisinier, interprète aussi à l'occasion, bien que moins teinté de littérature et que la pauvreté de son vocabulaire ne permet guère d'utiliser comme truchement si ce n'est dans les négociations intéressant de près ou de loin les victuailles et la marmite; plus 25 coolies, dont 13 portefaix et 12 porteurs de chaise, chaque chaise à quatre disposant de deux hommes de rechange. C'est un imposant défilé. Au balancement de nos chaises neuves, drapées de bleu et de rouge, avec leurs rideaux de foulard feuille morte, recouvertes d'une sorte de grande résille noire à larges mailles autour de laquelle des filés de soie de même nuance flottent au vent, agrémentées de pompons, de longs glands de la dimension des passementeries dont on décore les dais ou les bannières, nous procédons solennellement à travers la ville sordide, les ruelles escarpées, les escaliers interminables, les marchés, les faubourgs, sous le regard approbateur des multitudes.

Nos porteurs sont gars robustes, bien découplés, fort sales, affublés de guenilles. Mais ils ont le chapeau, le couvre-chef officiel à bords relevés, la calotte frangée de soie cramoisie. Le chapeau, tout est là. Ces toques défraîchies, achetées chez le fripier quatre ou cinq cents sapèques, équivalent à une livrée somptueuse; elles en imposent au populaire, leur premier effet étant d'inspirer aux loqueteux qui s'en parent, l'aplomb superbe et l'insolence des laquais de grande maison. Ils vont d'un pas soutenu, la tête haute, fendant la foule compacte, interpellant brutalement les gens, donnant à peine aux infortunés le temps d'éviter les heurts, de s'effacer dans une encoignure, sur un seuil, ou dans quelque boutique hospitalière, bousculant tout et tous; il font choir les enseignes peintes, les étalages, terrifient les gargotiers en plein vent, renversent la poêle à frire, éventrent d'un coup de brancard les paniers de fèves et les sacs de riz, multiplient les accrocs, les horions, insoucieux de l'âge et du sexe, dans un emportement de projectiles.

Maintes fois déjà, dans mes promenades, j'avais assisté à pareilles scènes, épiant non sans inquiétude l'allure et les gestes de mes hommes, craignant toujours d'être pris à partie par les passants malmenés. Cependant, nul ne proteste. La rue n'est point aux badauds, mais aux porte-chaises, aux portefaix, aux bêtes de somme. Le piéton qui s'y hasarde en curieux doit avoir l'échine souple, l'œil aux aguets. En cas de mésaventure, il n'a garde de maugréer. L'incident était prévu. L'impassibilité, qui constitue l'un des traits essentiels de la race, apparaît ici dans sa gloire. On accepte sans regimber, avec une philosophie sereine, contusions et déchirures ; et la chaise continue sa trouée dans la foule avec une impétuosité d'ouragan, puissance incontestée, irrésistible, irresponsable comme le coup de vent froissant les herbes.

En tête marchent deux satellites du Préfet, pauvres diables plus dépenaillés que le reste de la bande. Ils sont censés éclairer la route, éloigner les importuns. En réalité, leur présence ne nous défend en aucune façon contre les manifestations d'une curiosité enfiévrée, très explicable, somme toute, et nullement blessante. A chaque halte nous devons nous attendre à voir nos boîtes entourées, examinées de très près, avec force commentaires, comme des cages qu'un montreur de phénomènes promènerait de foire en foire. Après de vaines tentatives pour maintenir le public à distance respectueuse, de guerre lasse les deux argousins se mêlent aux spectateurs, allument leurs pipes et se prêtent à une interview en règle. Ils fournissent à notre sujet les renseignements les plus circonstanciés, expliquant que les individus confiés à leur garde sont de

« grands hommes », des « barbares » extraordinaires, mais point méchants.

D'étape en étape, nous serons de la sorte gratifiés, bon gré mal gré, de cette avant-garde par les mandarins échelonnés sur le parcours. Je ne sais rien de plus misérable que la condition de ces coureurs de yâmens, créatures louches, ni policiers ni soldats, gens à tout faire, très méprisés, maigrement payés, et trop heureux d'empocher, après un jour de marche, une gratification de 50 sapèques (environ 15 centimes). En Chine, où pourtant on n'est point difficile sur le choix d'une profession, c'est, à en croire un dicton populaire, le dernier des métiers. Ces hommes ne portent point l'uniforme : ils n'ont même pas le chapeau ! Leur seul insigne est une sorte de palette en bois autour de laquelle est enroulé un grimoire timbré du sceau du mandarin, le tout enfermé dans une gaine de cuir. Le satellite porte cela en bandoulière, avec son parapluie et sa pipe à opium. Dans les villages et les marchés, quand la cohue devient par trop épaisse, il brandit son joujou en prononcant de grandes paroles. Il n'en faut pas plus. On se gausse de l'homme et de son verbiage, mais on s'écarte devant l'amulette officielle.

Nous devions partir au petit jour. Il était plus de neuf heures quand on s'est mis en route. Tous ceux qui ont eu l'occasion de voyager, aux pays jaunes comme aux pays noirs, avec un personnel indigène, savent combien les départs sont laborieux. Ce sont des discussions à perte de vue, des réclamations sans nombre : deux hommes sur trois manquent à l'appel ; celui-ci a oublié ses hardes, celui-là ses sandales, tel autre sa pipe. Plusieurs dorment encore au fond des bouges ou vautrés depuis la veille dans les fumeries d'opium. La troupe rassemblée à grand'peine, il s'agit de procéder à la répartition des bagages. Toute une affaire. La charge d'un coolie est de

80 livres chinoises (près de 45 kilogrammes), un joli poids, surtout si l'on réfléchit que le malheureux doit trimballer par surcroît sa petite fortune, quelques milliers de sapèques. Le salaire d'un porteur, dans les longs voyages, est de 400 sapèques par jour, soit, en chiffres ronds, un total de 5,000 sapèques ou 5 ligatures (à peu près 15 francs) pour le trajet de Tchoung-King à Tcheng-Tou. Chaque homme a, suivant la coutume, touché d'avance la moitié du prix convenu et emporte roulés à sa ceinture ses chapelets de numéraire. Une ligature pesant 6 livres chinoises, notre équipe charrie donc, indépendamment des colis, un peu moins de 20 kilos de billon!

Les mauvaises routes, les modes de transport surannés, les tracasseries des autorités et l'importunité des foules ne sont rien auprès des complications résultant d'un pareil système monétaire. C'est là, sans contredit, ce qui fait, du moindre déplacement à l'intérieur, une œuvre de patience et de longue haleine. Terrible corvée que le change en ce pays. Presque chaque jour, une heure, sinon davantage, est consacrée à discuter le titre du métal, à soupeser et à roguer des lingots, à éliminer les sapèques usées, que les marchands refusent et que les changeurs insinuent perfidement, à raison de 20 à 30 pour 100, dans les ligatures. Nous emportons notre viatique sous la forme de petits sabots d'argent de cinq à dix taëls et de globules représentant l'un dans l'autre un taël, un peu plus, un peu moins. On trouve, dans tous les villages, à les échanger aisément contre du cuivre. La pesée est effectuée sur les balances municipales moyennant un droit fixe de 20 sapèques.

Au sortir de Tchoung-King on suit un instant l'étroite arête qui sépare la vallée du Yang-Tsé-Kiang de celle du Kia-Ling. La route dallée, la mieux entretenue qui soit en Chine, est large d'un mètre et demi. Elle se déroule tantôt filant à flanc de coteau, tantôt dressée en échelle, avec les caprices et les incohérences d'un chemin de fourmis. Dans un rayon de trois à quatre kilomètres, toute cette banlieue est occupée par les morts; ce ne sont que cippes, stèles funéraires, monuments de tout genre, depuis les tombes prétentieuses aux lourdes assises, disposées en hémicycle, jusqu'à l'humble tertre empanaché d'herbes folles. Puis le paysage se fait de moins en moins austère : des rizières, des champs de pavots bariolés, les colzas en fleur pareils à des draperies d'or. Partout le mouvement et la vie; dans les marchés qui se succèdent à courts intervalles, l'animation est prodigieuse. A chaque détour c'est, dans un cadre de bambous grêles, une maison de thé bondée de monde ou bien quelque halte couverte où des porte-balles, leurs fardeaux à terre, reprennent haleine à l'ombre du vaste hangar de chaume jeté en travers de la route. Sur le pas des portes, dans les hameaux, dans les fermes, se montrent des groupes de femmes et d'enfants vêtus de cotonnades à ramages. De loin en loin, au-dessus de la chaussée, se découpe dans le ciel la fine silhouette d'un pailou, portique de pierre, de marbre ou de brique émaillée. Ces monuments, que décorent des inscriptions en caractères d'un pied de haut, sont dus à la généreuse initiative de quelque particulier, désireux d'exalter publiquement sa vertu préférée, le respect des ancêtres, l'amour materiel, la fidélité conjugale, que sais-je encore? Plusieurs ont été construits sur l'ordre exprès du souverain, aux frais de la cassette impériale, à l'effet de commémorer soit une belle action, soit les talents d'un artiste ou d'un poète. La légende, en pareil cas, s'étale en caractères dorés.

A dix-huit kilomètres de Tchoung-King, la route franchit une double chaîne de coteaux et, par une série d'escaliers fort raides, s'élève à 790 mètres, pour redescendre immédiatement à 450 dans les plaines de Ché-Kia-Pouo.

LA ROUTE ENTRE TCHOUNG-KING ET TCHÉOU-MA-KANG.

ARC COMMÉMORATIF A L'ENTRÉE D'UN VILLAGE. — SÉ-TCHOUÈN.

A six heures et demie du soir, nous étions au bourg de Tchéou-Ma-Kang, terme de la première étape, après avoir parcouru, moitié à pied, moitié en chaise, 80 *lis* (environ 32 kilomètres).

Le gîte n'est pas engageant, à Tchéou-Ma-Kang. Il y eut sur le seuil une minute pénible d'effarement, de délibération muette. Ce ne fut pas sans un sérieux effort de volonté que je me décidai, guidé par l'hôte porteur d'un énorme falot en papier huilé, à m'aventurer, je ne dirai pas dans la salle, mais dans la fosse où nous devions passer la nuit.

Qui n'a point fréquenté les auberges chinoises ignore jusqu'où peuvent atteindre, chez ce peuple, l'insouciance de tout confort, l'endurance sereine, la résignation aux promiscuités les plus inattendues. Les hôtelleries du Sé-Tchouen sont réputées les meilleures de tout l'Empire, ce qui ne veut point dire les plus propres, mais les plus grandes, les mieux décorées. Leur ornementation d'ailleurs, souvent prétentieuse, masque des décrépitudes et gagne à être considérée de loin. Plusieurs ont leur façade curieusement guillochée, enluminée, leurs chambres puantes égayées par une profusion de devises polychromes et propitiatoires tirées des Classiques. Il n'en faut pas davantage pour satisfaire une clientèle chez qui l'imagination paraît être la faculté maîtresse. Peu lui importe que les boiseries soient vermoulues, les ors éteints. Elle ne s'émeut point si, d'aventure, les toiles d'araignée remplacent, aux fenêtres, les carreaux de papier, si l'un des battants de la porte a disparu ou si parfois, lorsque des légions de rats bataillent dans les combles, une fraction de l'armée en déroute se laisse choir par une fissure du plafond, s'abat au milieu de la table, culbutant les soucoupes et les bols de riz. Bagatelles, cela : l'auberge est bonne, l'auberge est belle. Elle apparaît non telle qu'elle est, mais telle qu'elle fut, il y a Dieu sait combien d'années, dans sa splendeur première. Par une singulière inconséquence, cette nation qui s'enorgueillit de son grand âge n'a point conscience de la vétusté des choses ; toutes les vieilleries dont elle use, les bâtisses comme les institutions, semblent avoir gardé pour elle l'inestimable éclat de la jeunesse.

L'établissement se compose d'une cour très étroite, mais fort longue, à laquelle on accède de la rue, à travers un vaste hangar abritant la cuisine et les tables d'un cabaret : les portefaix y font halte juste le temps de sabler, sous le nom de thé, une infusion de bois mort, et de fumer en deux bouffées leur pipette. La cuisine est réduite au strict nécessaire : un fourneau de brique et un chaudron. Le voyageur qui ne sait point se contenter de riz bouilli doit apporter avec lui ses victuailles et ses casseroles. L'hôtelier fournit seulement le feu et l'eau chaude à discrétion, moyennant la modique somme de cinquante sapèques par tête et par jour. Ce chiffre comprend le prix de la chambre ou plutôt d'un grabat; chaque pièce en contient cinq ou six, avec un assortiment de nattes grossières que peuple la vermine de plusieurs générations. Pour les délicats qui désirent une chambre sans partage, le tarif est naturellement plus élevé, sans dépasser toutefois deux cent sapèques.

De chaque côté de la cour se dresse un corps de logis surélevé d'un étage. Dans la muraille dégradée, maculée de moisissures, une série d'ouvertures très basses, très noires, semblables à des gueules de four ou à des bouches d'égout, marquent l'emplacement des cellules affectées au menu fretin des voyageurs, marchands ambulants et simples coolies. Le fond de la cour est occupé par ce que l'on appelle la « chambre mandarine ». Les mandarins, à dire vrai, n'y séjournent que rarement, seulement dans les petites localités, faute de pouvoir s'installer soit chez un collègue, soit dans quelque édifice hospitalier, monastère ou pagode. Nous fûmes introduits dans ce local dont la pauvreté soulignait avec une ironie cruelle l'inanité des splendeurs promises par les poétiques légendes calligraphiées sur les cloisons. Le sol battu tenait lieu de parquet. La salle qui ne s'aère que par le boyau fétide où la domesticité déverse les eaux grasses et mille autres choses encore, communiquait, qui plus est, avec un retrait servant tout à la fois de porcherie, de basse-cour... et de latrines.

C'est, du soir au matin, aux abords de la chambre mandarine, un incessant va-et-vient, des piétinements, des bruits confus de gens et de bêtes. Des ombres processionnent à la clarté mourante des chandelles qui clignotent au fond des grosses lanternes rondes en papier huilé placées sur le seuil. Ces lanternes, que supportent des baguettes de bambou disposées en trépied, sont enjolivées, suivant l'usage, d'une inscription déclinant les noms, titres et qualités du voyageur. Les dimensions de l'appareil varient selon l'importance du personnage. Nous n'avons pas lieu de nous plaindre. Nos boys ont commandé chez le bon faiseur de Tchoung-King des lampions d'un diamètre imposant où grimacent en caractères rouges les syllabes : « Tà-Fa-Tà-Jen ». Ce qui signifie modestement : « Grands hommes du grand pays de France. »

Les grandesses, hélas! doivent être ici d'humeur accommodante. Cette phraséologie pompeuse ne protège point nos seigneuries contre les visites indiscrètes et les émanations délétères. D'un heureux effet sur les masses, elle ne suffit pas à leur inculquer, en même temps que le respect, le sentiment des distances, pas plus qu'elle ne dissuade les rats de donner assaut à notre literie, et les pourceaux noctambules de butiner dans notre appartement.

Le sommeil, en pareil gîte, ne s'obtient qu'au prix d'un douloureux entraînement. Ce n'est pas trop d'une semaine pour acquérir cette force d'âme toute spéciale, cette faculté de dédoublement qui permet de se soustraire, par le rêve, à l'obsession des réalités. Les premières nuits se passent, infiniment lentes, dans une attente fiévreuse de l'aube, cependant que dans les tanières voisines où se vautre la valetaille, pipe aux lèvres, les conversations criardes vont leur train, ponctuées par des exclamations de joueurs se chamaillant autour d'un tas de sapèques et que, dans la cour où les derniers arrivés procèdent à leurs ablutions, la vapeur de l'eau savonneuse se mêle aux fumées de l'opium. Oripeaux défraîchis, suaves devises sur des murailles lépreuses, de la vermine, des immondices, des vociférations, des bousculades, des poussées de meute réintégrant le chenil, voilà l'hôtellerie chinoise telle qu'elle nous apparut le premier soir à Tchéou-Ma-Kang, dans le froid crépuscule d'hiver. Nous ne trouverons pas mieux d'ici quatre ou cinq mois.

Notre arrivée avait fait sensation. Dans la rue étroite et bondée de monde, nos chaises avançaient avec peine tanguant et roulant. Et, sur notre passage, comme par enchantement, les boutiques se vidaient. Les marchés, les maisons de thé, les baraques de bateleurs voyaient s'évanouir leur clientèle. Les affaires étaient suspendues, les badauds se ruaient vers des divertissements plus rares que leur présageait l'apparition de ce phénomène : l'étranger.

Trois ou quatre cents personnes avaient envahi l'auberge malgré les protestations de l'hôte qui se démenait comme un diable. Les injonctions bégayées par nos deux prétoriens furent également vaines : notre garde débordée, rudoyée, n'insista pas, attendit les événements avec une douce philosophie. Rien à redouter d'ailleurs de cette assistance, quelque peu gouailleuse peut-être, mais nullement agressive.

L'installation néanmoins fut laborieuse. Enlevé avec un rare brio par nos deux boys et par le cuisinier, le gros de nos forces se porta en avant, troua la cohue et réussit enfin à déposer les bagages en lieu sûr. Sur le coup de onze heures, le dîner fut servi et, quelques minutes avant minuit, nous prenions possession de nos couchettes.

Alors seulement le public, qui tenait bon depuis cinq heures, opéra sa retraite lentement, comme à regret. Chose étrange, l'aubergiste, si furibond au début de la soirée, était rayonnant. On l'eût pris pour un impresario tout joyeux du succès obtenu par sa troupe. Et le fait est que nous avions bel et bien fait recette. La cour une fois remplie par la populace, l'idée géniale lui était venue de disposer, sur les petites galeries latérales, des sièges réservés aux représentants des classes dirigeantes, au mandarinat, à la bourgeoisie, au clergé, bref au « tout Tchéou-Ma-Kang des premières ». Nous avions vu s'installer là, précédés de leurs porte-pipes et de leurs porte-lanternes, de petits messieurs en fourrures et tuniques de soie, des marchands bedonnants, un bonze. J'ignore ce que coûtaient ces places de luxe. Ce dont je suis sûr, c'est que, en haut comme en bas, aux fauteuils de balcon comme au parterre gratuit, on s'amusait fort. Grands et petits paraissaient prendre un plaisir extrême à contempler tout à leur aise l'emménagement, la toilette et le repas des « barbares ».

II

7 mars.

Les routes chinoises sont détestables. Ceci constaté, il faut reconnaître que le Sé-Tchouen est, de toutes les provinces, celle où le voyageur peut s'accommoder le plus aisément des lenteurs et des vicissitudes inhérentes aux modes de transport par de tels chemins.

Le seul moment vraiment pénible c'est, à la nuit tombante, l'arrivée dans le bouge humide, nauséabond qui tient lieu d'auberge. Minute redoutable dont la seule perspective suffit à assombrir les fins de journée les plus riantes. En revanche, le départ au petit jour est une fête, l'étape est un délassement. Porte-chaise et portefaix détalent bon train, l'allure dégagée, effleurant à peine le sol du bout de leurs sandales de paille. La caravane procède sinueuse, onduleuse, tour à tour profilée sur les crêtes et disparue aux plis des ravins. Une courte pause, d'heure en heure, devant une maison de thé ou dans un marché grouillant de monde ; le temps de fumer une petite pipe, d'échanger avec les badauds quelques joyeusetés dont, selon toute apparences, nous faisons les frais, et l'on repart.

A mesure que la matinée avance, la route est de plus en plus animée. Le Chinois, frileux de sa nature, ne sort guère de chez lui avant que le soleil ou la brise ait dissipé les brumes glacées qui montent des rizières à l'aube. Alors seulement l'interminable défilé commence : campagnards, le fléau de bambou sur l'épaule, courbés sous le double fardeau, allant vendre leurs denrées au marché le plus proche ; portefaix qui trottinent et rythment chaque foulée d'un appel guttural jeté à plein gosier ; cavaliers emmitoufflés dans plusieurs pelisses, le bonnet fourré rabattu sur les yeux, capitonnés, matelassés, énormes et difformes, juchés sur des poneys à longs poils ou des bourriquots maigrelets ; puis des chaises de louage où se prélassent des mamans joufflues avec leurs bébés, de petits fonctionnaires à besicles, très graves, parfois des clients plus modestes, soldats guenilleux ou simples paysans qui se payent, pendant quelques *lis*, le luxe d'un équipage.

Dans chaque marché, dans les moindres villages échelonnés le long de cette chaussée impériale, sont établis des relais. Des bêtes toutes sellées, des chaises à porteurs alignées devant l'auberge attendent le piéton fatigué. Celui-ci, assailli aussitôt par la bande des loueurs glapissant leurs offres de service, n'a même pas le temps de se reconnaître, de faire un choix, devient la proie du plus hardi et, en moins de rien, se trouve emballé, enlevé au pas gymnastique au milieu des quolibets et des rires. Les montures sont des haridelles, les chaises ont leurs caisses écornées, les rideaux en loques, la toiture bossuée. Mais le tarif est bien modique : 5 sapèques par *li* — le *li* corespondant à 500 mètres — soit, pour un parcours de dix kilomètres, une centaine de sapèques, représentant moins de cinquante centimes de notre monnaie. A ce prix-là, on aurait mauvaise grâce à chicaner sur les aplombs douteux de l'animal ou la vétusté du véhicule,

A l'inverse de ce qui a lieu dans la Chine du Nord, la coutume au Sé-Tchouen n'est pas de voyager à cheval, du moins pour les grandes distances. Les routes sont très accidentées, coupées d'escaliers souvent fort raides ; leur dallage branlant, poli depuis des siècles par le sabot des mules et le frottement des sandales, est glissant comme le verglas. Enfin, la largeur de la plate-forme ne dépasse guère 1m. 50, parfois 80 centimètres. Dans ces conditions, il arrive que la rencontre de deux porte-balles nécessite de longs pourparlers et des manœuvres infiniment délicates. En pays chinois, les actes de la vie sont régis par des rites immuables : il ne viendrait à l'esprit de personne de s'insurger contre les lois, écrites ou non, relatives aux rangs et préséances. L'usage, au Sé-Tchouen, est que le piéton cède la route au cavalier : celui-ci, par contre, doit faire place à la chaise. Neuve ou défraîchie, mandarine ou bourgeoise, la chaise à porteurs est le mode de transport privilégié. Elle va, sans jamais dévier pour livrer passage aux gens et aux bêtes. Aux coolies de se garer comme ils peuvent. L'homme à cheval, lui, n'a d'autre ressource que de pousser à travers champs, trop heureux si le champ n'est point une rizière inondée où l'on s'enlise jusqu'à mi-corps. Ceci explique pourquoi les personnages de distinction, soucieux de ne pas compromettre leur dignité dans des aventures, de ne pas s'exposer à « perdre la face », doivent renoncer au plaisir de courir la poste a franc étrier.

De ce que la chaise est considérée comme l'équipage le plus correct, il ne s'ensuit pas qu'elle ne puisse être employée à transporter des voyageurs de toutes catégories. Aujourd'hui même, en sortant de Taï-Ping-Tchèn, gros marché où nous venions de déjeuner pour la plus grande joie d'une assistance aussi nombreuse que peu choisie, j'ai croisé une chaise contenant un porc de belle taille parresseusement vautré sur la paille fraîche. Le fermier suivait à pied, venant de loin, semblait-il, un peu las, traînant la jambe, mais avec la mine satisfaite de l'éleveur qui n'a pas épargné ses peines pour s'assurer, au concours régional, les suffrages flatteurs du jury et la médaille.

Mais le meilleur instant de la journée, c'est celui où nous quittons notre prison mouvante, heureux d'échapper pendant quelques heures au voisinage importun de notre personnel, à la tyrannie des boys et des porteurs. Il n'est peut-être pas, en voyage, de plus grand plaisir que de marcher de la sorte en avant-garde, à la découverte, d'explorer par le menu les bourgs et les villages, mêlé aux foules; flânant devant les boutiques, donnant un coup d'œil aux baraques où gesticulent les bateleurs, les conteurs d'histoires, les diseurs de bonne aventure. Je n'ignore pas qu'agir ainsi, c'est rompre en visière avec le code du savoir-vivre chinois, provoquer les commentaires les plus désobligeants des Célestes, toujours enclins à reprocher à l'étranger son manque de tenue. Les plus indulgents ne peuvent réprimer un sourire apitoyé en nous voyant faire halte au seuil d'une guinguette pour goûter à quelque friture ou sabler une tasse de thé. Notre costume européen, si étriqué, les met en verve : rien qu'à l'expression du regard, aux hochements de tête, nous saisissons le sel des propos tenus sur notre compte : « De pauvres diables, s'écrient ces hommes enjuponnés, des barbares qui n'ont même pas le moyen de s'acheter des vêtements longs ! » Cependant, dès que nos chaises apparaissent dans tout l'éclat de leur peinture neuve, avec leurs glands et leurs pompons, le silence se fait ; le public, redevenu grave, nous considère, je ne dirai pas avec respect, mais plutôt avec stupeur, ne pouvant comprendre par quelle étrange fantaisie, des gens qui peuvent se faire porter, préfèrent user leurs jambes. Cet étonnement est, d'ailleurs, partagé par nos hommes qui, loin de nous savoir gré d'alléger leur charge, affectent des airs tant soit peu méprisants, ralentissent le pas, semblent voyager pour leur propre compte, en amateurs. Mais qu'importe ! On va de l'avant, sourd aux plaisanteries du populaire, oubliant tout et tous, le pays, les hommes, les quatre mille lieues qui vous séparent de la patrie, dans une exquise sensation de plein air et d'indépendance reconquise.

8 mars.

La campagne est magnifique. Je ne me souviens pas avoir vu cultures plus soignées. Aucune terre en friche ; les plus petites parcelles sont mises en valeur. Du creux des vallons jusqu'aux crêtes, les champs s'étagent, bizarrement découpés, décrivant sur les pentes de capricieuses arabesques. Et ce n'est plus, comme dans le sud, la rizière éternelle, la verte plaine déroulée à l'infini, sans un arbre, sans un toit pointant sur l'horizon. Des bouquets de bois ménagés sur les hauteurs et dans les fonds signalent l'emplacement d'une ferme, d'une pagode dont le badigeon, les tuiles vernissées mettent une tache claire dans la pénombre des feuillages.

Tout cela, disposé, croirait-on, pour le plaisir des yeux par un maître paysagiste. Nature un peu trop peignée peut-être, artificielle comme un décor de potiche, et pourtant plantureuse, étalant une variété de produits que l'on ne s'attend guère à trouver réunis sous le même climat. Le pavot à opium domine, mais le riz abonde ainsi que le froment, l'orge, le seigle et le maïs. Autour des habitations croissent pêle-mêle l'oranger, le pommier, le noyer. La pêche et la cerise mûrissent derrière une haie de bananiers. Le long des cours d'eau les saules et les bambous mêlent leurs branches. Ces essences particulières aux contrées semi-tropicales étonnent dans cette lumière blafarde, sous ce ciel gris, ce ciel d'hiver où traînent des nuées aussi épaisses que les brouillards de Londres.

L'humidité même de ces régions où il pleut deux jours sur trois, où ce que l'on est convenu d'appeler le beau temps est une brume un peu moins dense, traversée çà et là d'un rayon de soleil, explique la prodigieuse fécondité du sol. Celui-ci, par lui-même, n'est pas précisément riche : terrain calcaire où la couche végétale est souvent fort mince. Il y a là un phénomène rappelant le procédé des fleuristes qui, à l'ébahissement des badauds, font pousser de superbes tulipes dans du verre pilé, en remplaçant simplement les substances fécondantes du terreau par de l'eau pure.

Et cependant, dans ce pays si fertile, où les efforts du

cultivateur semblent tirer de la terre tout ce qu'elle peut donner, la misère est grande. Des bandes d'affamés, les cheveux en broussaille, la face terreuse, rôdent par les chemins, exhibant, au milieu de cette nature en fête, leur nudité grelottante et leurs ulcères. Les uns demandent l'aumône avec des gémissements de bêtes blessées, des battements de front sur la pierre. D'autres, mendiants plus discrets, s'improvisent cantonniers, font semblant de réparer la route, de repiquer les dalles usées. Devant eux est placée une corbeille dans laquelle le voyageur dépose quelques sapèques. Beaucoup, par les nuits fraîches, réfugiés dans les encoignures des portes, succombent d'épuisement : quelques-uns expirent sur la route et les oiseaux de proie se chargent des funérailles. On a conscience que, dans cette riche province, le peuple est pauvre. La terre est travaillée à miracle, la propriété divisée à l'infini. Mais les familles sont très nombreuses; les villages se touchent, il y a trop de monde pour que chacun puisse trouver de quoi vivre.

Avant-hier matin, j'avais mis pied à terre et marchais bon pas pour me réchauffer. Il avait gelé pendant la nuit, le vent de nord-ouest cinglait dur. Un peu avant d'arriver à Lay-Fong-Y, je manquai buter contre un mort. L'homme avait encore son bâton à la main et, près de lui, un petit paquet de hardes roulées dans un vieux linge. Le corps était déjà rigide, la mort devait remonter à plusieurs heures. Nul parmi les gens, — des centaines peut-être, — qui depuis l'aube étaient passés là, se rendant au marché, n'avait pris garde au pauvre hère, si ce n'est pour repousser du pied le cadavre encombrant. Il restait là oublié, la bouche tordue d'un rictus, pendant que défilaient à pas pressés des marchands de légumes ainsi que des individus colportant des galettes à la farine de riz (*tan-ping-tzé*) dont on fait d'excellents potages en les délayant dans l'eau bouillante. La plupart se contentaient de jeter sur le malheureux un regard indifférent. L'un d'eux risqua une remarque qui devait être fort plaisante, car les camarades s'esclaffèrent.

Aujourd'hui encore, entre Li-Si-Tchi et Long-Tchang, dans un site d'opéra-comique, j'ai aperçu un cadavre au bord de la route. Celle-ci, pendant vingt kilomètres, serpente au flanc des collines; elle est jalonnée d'élégants arcs triomphaux en pierre rougeâtre, de construction récente, encadrés par les tiges flexibles des bambous et d'un effet charmant dans les verdures pâles. Le défunt paraissait très jeune, presque un enfant. Le corps avait glissé en contre-bas du chemin; la tête, déjà meurtrie par le sabot des mules, reposait sur les dalles. Et c'était d'une ironie sinistre, cette guenille humaine gisant à quelques pas d'un édifice au fronton duquel un verset des Classiques célébrait des vertus : le respect des morts, le dévouement — la charité peut-être — en lettres d'or d'un pied de haut.

10 mars.

Nous avons, à Long-Tchang, quitté la grande route et, depuis hier matin, inclinons vers le sud-est dans la direction de Tse-Liou-Tsin. Vingt à vingt-cinq lieues assez pénibles, sur un sentier tortueux, large de cinquante centimètres, dont le dallage est en partie arraché et sur lequel, en maint endroit, on avance avec des précautions d'équilibriste sur la corde raide. La circulation y est, par malheur, très active. Nous croisons à chaque instant des files de coolies chargés de blocs de sel : les garages, de plus en plus compliqués, prennent beaucoup de temps. Nos porteurs doivent, plusieurs fois par heure, accomplir de véritables tours de force. On se demande par moments s'il n'est pas urgent de rétrograder devant ces énormes fardeaux suspendus en plateaux de balance, sous peine de voir la chaise embrochée sinon renversée dans la rizière. Cependant tout finit par s'arranger, sans invectives et sans horions. On parlemente; les portefaix déposent à terre leurs charges, s'allongent à plat ventre et l'on passe.

Au delà de Long-Tchang, l'aspect du pays change brusquement. Les cultures ont disparu; les terres excavées, les monceaux de débris, les hautes charpentes qui se dressent au-dessus des puits de mine, la vapeur qui monte des hangars abritant les cuves où s'évaporent les eaux-mères, les émanations du pétrole et du gaz, les longues conduites dont les sections sont composées de gros bambous soudés avec de la glaise, qui enjambent les ravins, rampent sur les croupes pierreuses, les fumées, les poussières, tout révèle le labeur industriel. Les localités que nous traversons : Houang-Kia-Tchang, Niéou-Fou-Tô, sont autant d'agglomérations ouvrières. Bientôt, les habitations se touchent, la route n'est plus qu'un couloir bordé de maisons basses, de magasins, d'entrepôts ou les pains de sel empilés jusqu'au toit ont des blancheurs et des scintillements de neige fraîche.

Une bonne heure de marche à travers les faubourgs, et nous arrivions à Tse-Liou-Tsin comme la nuit tombait. La ville, située au milieu des collines, occupe les deux rives du Loh, tributaire du Yang-Tsé, qui se jette dans le grand fleuve en aval de Lou-Tchéou. Elle a été bâtie à la diable : ses ruelles reptiliformes se tordent et s'enchevêtrent comme les tentacules d'une gigantesque pieuvre. Partout des échafaudages, des machines en mouvement, des câbles glissant sur des poulies, des chaufferies où le gaz jaillit du sol en fusées, de blanches vapeurs qu'emporte le vent du soir.

L'hôtellerie, très sombre, très sale, où nous sommes descendus est assiégée par les curieux. Tandis que nous procédons tant bien que mal à notre installation, un homme jouant des coudes fend la presse et vient à nous les mains tendues. Il est presque nuit close et c'est à peine si l'on peut distinguer ses traits. Tout d'abord, à son costume, à ses grosses besicles, nous l'avions pris pour un Chinois. L'erreur fut bien vite dissipée. Le visiteur se nomme. C'est le R. P. Boucheré, des Missions Étrangères. Avisé de notre présence dont la nouvelle s'était répandue rapidement par la ville, il accourait, avec l'espoir de trouver, dans les nouveaux venus, des compatriotes, d'entendre des voix françaises, ce qui ne lui était pas arrivé depuis longtemps. Cela dit d'une voix un peu émue, il insistait pour nous faire replier bagage séance tenante et nous emmener chez lui, à la Mission. Nous y serions mieux qu'à l'auberge ; on pourrait causer longuement, cœur à cœur, à l'abri des fâcheux.

Nous avons suivi l'excellent homme. La Mission n'est point vaste : maison chinoise au fond d'un jardin que se partagent les plantes potagères, les fleurs et les rocailles. A l'entour, les communs où sont installées l'école et l'infirmerie. Le missionnaire ne s'est réservé, avec une chambrette, qu'une pièce servant de bureau et de salle à manger. La meilleure part du corps de logis principal est prise par la chapelle, bien modeste mais que le desservant a trouvé moyen de décorer avec infiniment de goût, d'un pinceau discret, sans une note criarde, dans le style polychrome des temples indigènes.

Le P. Boucheré est en Chine depuis près de trente années : il va sans dire qu'il n'a jamais revu la France. Il y a plus de vingt ans qu'il réside à Tse-Liou-Tsin, seul Européen au milieu de 300,000 Célestes. Et tel est sur les foules l'irrésistible pouvoir d'une âme d'élite, le respect instinctif qu'inspirent le courage tranquille, le renoncement d'un cœur simple uniquement préoccupé de faire le bien, que ce vieillard isolé, à la merci d'une populace réputée l'une des plus turbulentes et des plus dangereuses de l'Empire, vit en paix, circule librement. C'est désormais une physionomie familière, un homme considéré. Cette considération ne lui est pas témoignée seulement dans le groupe restreint de ses catéchumènes. Chrétiens et païens manifestent à son égard les mêmes sentiments. Nombreux sont ceux qu'il a vus grandir, qu'il a recueillis et nourris, ceux dont il a pansé les plaies, séché les larmes. La reconnaissance n'est point monnaie courante en ce pays. Cependant, à l'occasion, on sait se souvenir.

Il y a huit mois, lors des troubles de Tcheng-Tou, la situation était grave. Un vent d'orage abattait la plupart des missions du Sé-Tchouen occidental. Le mouvement, préparé de longue date par la classe mandarine et lettrée, visait surtout, dans les missionnaires de toutes confessions, l'influence étrangère qui gagnait de proche en proche, à la suite du conflit sino-japonais et menaçait de s'étendre avant peu sur la plus riche province de l'Ouest. Durant cette période d'agitation et de violences, la maison du P. Boucheré fut une des rares missions épargnées par les démolisseurs. Il y eut pourtant des moments difficiles. Chaque jour, pendant une semaine, une foule houleuse entourait la place, commentant les nouvelles qui, d'heure en heure, arrivaient de la capitale. La canaille de Tse-Liou-Tsin, l'armée du pillage et de l'incendie, qui attend son heure dans les bas-fonds de toutes les grandes cités, était là, prête à donner l'assaut, proférant des cris de mort. Alors l'assiégé exécutait une sortie et, debout devant la porte, haranguait la multitude. Que lui voulait-on? Si quelqu'un avait à se plaindre, que ne formulait-il ses griefs? On pouvait s'expliquer sans tant de tapage. Pourquoi ces clameurs, ces volées d'injures dirigées contre un homme seul et sans armes? L'accalmie se faisait pendant quelques minutes, et les notables, les gens paisibles profitaient de ce court répit pour intervenir : « Ne touchez pas à cet étranger. Nous le connaissons tous; il y a des années qu'il vit au milieu de nous, que nous le voyons secourir les pauvres, assister les malades. Que chacun de vous retourne à ses affaires et le laisse en repos. C'est un brave homme! » Ces sages paroles obtenaient l'approbation du plus grand nombre, l'attroupement se dispersait; le péril était conjuré... jusqu'au lendemain.

Le vieillard conte cela très simplement, avec bonne humeur, comme un fait divers de peu d'importance. Et, malgré la fatigue d'une longue étape, le repas du soir terminé, nous restons là fort tard à converser et à rêver sous la lueur mourante de la lampe, dans l'apaisement de la grande ville endormie.

CHAPITRE II

TSE-LIOU-TSIN.

11-12 mars.

Les Chinois, chacun sait cela, furent de grands inventeurs, ce dont ils se montrent très fiers, comme si l'esprit de découverte qui tourmenta leurs ancêtres n'avait pas depuis longtemps cessé de souffler sur le vieil empire. Ils furent assurément des précurseurs : ils connaissaient la poudre alors que l'Europe barbare en était encore au bélier et à la catapulte ; ils ont inventé la brouette plusieurs siècles avant Pascal. Ils ont creusé le Grand Canal, édifié cette muraille de mille lieues de long, plus étonnante que les Pyramides, travaillé à miracle le kaolin et le bronze. Mais de toutes leurs reliques des temps glorieux et lointains, il n'en est peut-être pas de plus intéressantes que les exploitations minières poursuivies sans relâche, depuis plus de vingt siècles autour de Tse-Liou-Tsin. Aucun monument n'atteste de façon plus saisissante le génie patient de cette race pour qui le temps n'est rien, hostile aux innovations, gardienne jalouse des procédés rudimentaires légués par les aïeux. Tous ceux qui auront l'occasion de visiter cette région éminemment curieuse, d'en observer, fût-ce à la hâte, le mouvement industriel, ne pourront manquer d'éprouver un sentiment de respect et d'admiration pour le peuple qui, il y a plus de deux mille ans, concevait et menait à bien de si vastes entreprises. On demeure confondu devant l'œuvre accomplie, devant la simplicité de l'outillage à l'aide duquel ces mineurs primitifs ont fouillé le roc, exploré le sous-sol à des profondeurs rarement atteintes de nos jours.

Dans le crépuscule, le premier coup d'œil jeté sur cette cité minière de trois cent mille âmes évoque d'anciens souvenirs, des choses vues à des milliers de lieues d'ici, d'autres villes noires d'Europe et d'Amérique : Saint-Etienne, Charleroi, Cardiff, les coteaux de Pensylvanie où les cheminées d'usine remplacent la forêt primitive, Pittsburg où le flamboiement du gaz naturel se mêle aux lueurs des hauts-fourneaux. Le décor est le même : noircies par le temps et les pluies, ces grandes charpentes en bambou ont, à distance, l'aspect de fermes métalliques. L'illusion serait complète, n'était le silence inusité : il manque ici la chanson du fer et de l'acier, les trépidations, les coups de sifflets stridents, le halètement des locomotives, les mille rumeurs qui, dans nos contrées, montent nuit et jour des foules au travail. La machinerie est restée ce qu'elle était plusieurs siècles avant notre ère ; point d'autres bruits qu'un murmure confus, un battement de sandales sur la pierre et, autour des puits d'extraction, le grincement des treuils de bois actionnés par des buffles. Une de ces scènes auxquelles peut seul vous faire assister ce peuple, le plus conservateur du monde ; un rêve matérialisé, une reculée soudaine, une exploration dans le passé, la grande industrie il y a deux mille ans.

Les salines, ou plutôt les puits d'eaux-mères de Tse-Liou-Tsin, sont exploités par des compagnies ou par des familles qui les possèdent depuis plusieurs générations. Il serait difficile d'en préciser le nombre. Beaucoup ont dû être abandonnés : d'autre part, de nouveaux sondages sont en cours d'exécution un peu partout, des compagnies se créent. Ensuite il arrive que des puits délaissés, à sec depuis plusieurs années, s'emplissent subitement, et le travail est repris de plus belle : selon toute vraisemblance, il existe à l'heure actuelle quinze cents à deux mille exploitations en pleine activité.

Ces puits sont, en fait, de simples trous de sonde, de 20 à 25 centimètres de diamètre. Leur profondeur est très variable : quelques-uns ne mesurent pas moins de 400 *tchangs* (le *tchang* équivaut à 3 mètres). Le forage s'exécute de la manière suivante : la roche est d'abord attaquée à petits coups avec une sorte de boudin de fer de 100 kilogrammes environ, terminé par une forte pointe en acier. L'instrument est retenu par un câble confectionné en réunissant en faisceau, sans les tordre, des lamelles de bambou. Le câble est solidement noué à l'extrémité d'une longue tige de bois assez flexible : celle-ci repose en équilibre sur l'un des chevalets supportant une petite plate-forme où prend place l'équipe composée, suivant le degré d'avancement des travaux, de deux, quatre ou six individus. Ces derniers, accoudés à une barre fixe formant balustrade, pédalent avec ensemble sur l'extrémité libre de la tige, de façon à imprimer à l'appareil un mouvement lent de balançoire. La combinaison a pour effet d'éviter les déviations qui pourraient se produire avec la barre à mine maniée par un ouvrier maladroit ou distrait. Le point d'attaque une fois choisi, le coup est porté rigoureusement suivant la verticale.

De temps à autre, la sonde est retirée ; on verse de l'eau dans le trou, après quoi l'on y introduit un tube de bambou muni d'une valve, qui aspire et remonte à la surface le liquide boueux contenant la roche pulvérisée. Afin d'éviter les éboulements et les infiltrations, le puits est protégé par un revêtement ingénieux formé de cylindres en bois de cyprès. De jour en jour cette armature est chassée plus avant, les anneaux se superposent soudés par des pointes de fer, les joints bouchés avec de l'étoupe et du brai. Les parois désormais sont lisses et étanches comme l'âme d'un canon.

Des accidents se produisent, assez rares, il est vrai. Le câble casse ; il s'agit de le relever ou, plus exactement, de le repêcher avec tout un système de lignes et d'hameçons. Ou bien c'est le perforateur qui se brise et le déblaiement exige une manœuvre beaucoup plus longue, crochets et pinces n'ayant point prise sur le métal. En pareil cas, une pesante masse de fer est attachée à une longue corde, lancée au fond du puits, et l'on pile pendant des semaines, pendant des mois, jusqu'à ce que les débris soient réduits en poussière. Cela fait, on les noie, comme il a été dit plus haut, et ils sont extraits à l'état de bouillie.

Ces explications sommaires suffiront à faire comprendre ce que doit être un tel travail, ses difficultés, ses hasards, ses lenteurs. Sa durée dépend de la nature du sol, des accidents imprévus. Il se peut que plusieurs générations succombent à la tâche. Les petits-fils n'auront pas la joie de pousser jusqu'à la nappe artésienne le sondage commencé par l'aïeul. On m'a cité tels puits dont l'achèvement a demandé quarante ans et plus. Dans des conditions favorables, la durée moyenne du forage est de six à dix ans. Il convient d'ajouter qu'une ou deux années d'exploitation suffisent parfois à couvrir tous les frais de premier établissement.

Le matériel d'extraction est la simplicité même : au-dessus du puits s'élève un échafaudage en forme de pyramide supportant une grande poulie sur laquelle le câble glisse pour venir passer ensuite sous un autre rouet placé au niveau du sol et s'enrouler enfin autour d'un énorme tambour horizontal mis en mouvement par deux buffles. La benne n'est autre qu'une section de bambou de cinq à six mètres de long fermée, à sa partie inférieure, par un clapet. L'eau salée se déverse dans un réservoir d'où par-

TSE-LIOU-TSIN.

LA BROUETTE DE VOYAGE. — BANLIEUE DE TCHENG-TOU

tent des conduites aboutissant aux hangars qui abritent les cuves et les fourneaux à évaporer.

Indépendamment des puits à sel, plusieurs compagnies ont dans le voisinage un puits à gaz que recouvre une double calotte en bois et en maçonnerie épaisse, percée d'ouvertures circulaires auxquelles s'ajustent les tuyaux de bambou. Ce gaz inflammable émane des nappes de pétrole que les sondages révèlent assez fréquemment dans les grandes profondeurs. Toutefois, les Chinois, jusqu'ici, n'ont pas su exploiter de façon sérieuse l'huile minérale. Ils n'en recueillent qu'une quantité tout à fait insignifiante, se contentant d'utiliser le gaz pour le chauffage des fours et l'éclairage des usines.

Nous avons, guidés par le P. Boucheré, visité quelques-uns de ces établissements. Tous sont installés sur le même modèle. Aussi n'en citerai-je qu'un seul, le puits de « l'Espérance », où nous avons, comme partout ailleurs, trouvé le meilleur accueil. La société à laquelle il appartient possède, tant à Tse-Liou-Tsin que dans les environs, une quarantaine de puits à sel ou à gaz. L'exploitation est prospère : il y en a de beaucoup plus riches. Mais elle peut donner une idée assez exacte des conditions dans lesquelles fonctionne cette industrie, des dépenses d'installation, des frais généraux et du rendement moyen.

Ce puits est de date récente : il a été achevé au cours de la troisième année de Kouang-Sou, c'est-à-dire il y a dix-huit ans. Le forage n'avait pas duré moins de quinze ans, ce qui n'est pas excessif, étant donnée la profondeur. Celle-ci serait, nous a-t-on dit, de trois cent quarante *tchangs*, un peu plus de mille mètres. Il nous a été facile de vérifier l'exactitude de ce dire, en mesurant la circonférence du tambour sur lequel le câble s'enroule et en observant le nombre de révolutions accomplies pendant la manœuvre de montée. La circonférence étant de dix-huit mètres, j'ai compté cinquante-deux tours, ce qui donnerait exactement 990 mètres de longueur de câble, soit un total inférieur de quelques mètres seulement à l'estimation fournie par le surveillant.

Le personnel est de trente hommes; il forme trois équipes qui travaillent chacune huit heures, suivant un roulement d'après lequel le travail de nuit est réparti de façon à peu près égale entre les ouvriers. Ces hommes reçoivent 3,200 sapèques (2 taëls 60 cents) par mois, plus la nourriture, la pâtée de riz distribuée quatre fois par jour.

La force motrice est fournie par deux buffles que leurs conducteurs font marcher au grand trot. Les bêtes sont changées deux ou trois fois par heure : chaque puits en emploie une soixantaine. Le prix d'un buffle est de 40 taëls (160 francs). Les manœuvres de descente et de montée prennent ensemble de vingt à vingt-cinq minutes. Pour la descente, les animaux sont dételés et le câble, sous le poids de la benne, imprime au tambour un mouvement de rotation très lent d'abord, puis d'une rapidité vertigineuse que modère, à l'occasion, un frein solide. Le câble en fibres de bambou est renouvelé tous les dix jours.

Le puits arrive à débiter de la sorte, en travaillant jour et nuit, 20,000 *catties,* c'est-à-dire, 12,800 kilogrammes d'eau-mère représentant un rendement quotidien de 150 à 160 francs. Chaque puisée, contenant environ 400 catties (256 kil.), est vendue 80 cents de taël (un peu plus de 3 francs) aux différentes usines d'évaporation. Le débit, paraît-il, a diminué depuis quelques mois : il aurait été naguère de 40,000 catties par vingt-quatre heures.

En pareille matière, il n'est rien de plus éloquent que les chiffres. Je ne crois donc pas pouvoir mieux faire que d'emprunter purement et simplement à mon carnet de notes ceux qui m'ont été communiqués sur place. Dans sa forme un peu sèche, ce petit relevé de comptes en dira plus long que bien des phrases sur les dépenses et les recettes d'une entreprise exploitée à la chinoise au cœur de l'Empire.

L'évaluation m'a été donnée en taëls, en prenant pour base le taël des Douanes (*haekwan taël*) qui vaut, suivant le cours du change, de 3 fr. 80 à 4 francs.

DÉPENSES

I

Frais de premier établissement.

Forage du puits : 6 ouvriers payés chacun T. 2,40 c. par mois, soit, pour l'année, T. 172,80 c., et, pour 15 années de travail.....	T. 2.592 =	Fr. 10.368
Matériel, hangars, charpentes, etc.	2.000	8.000
Achat de 60 buffles à T. 40 l'un..	2.400	9.600
	6.992	27.968

II

Frais d'exploitation

Solde du personnel pendant un an (30 hommes payés chacun T. 2,60 par mois)..............	T. 936 =	Fr. 3.744
Nourriture, à raison de T. 4 par mois.....................	1.440	5.760
Entretien de 60 buffles : T. 240 par mois....................	2.880	11.520
Réparations diverses............	1.000	4.000
	6.256	25.024

RECETTES

Rendement moyen du puits : 49,000 catties par jour, à raison de T. 0,20 c. les 100 catties, soit :		
Par 24 heures..................	T. 40	
Pour un mois..................	1.200	
Pour un an.....................	14.400 =	Fr. 57.600

Ce simple état comparatif des capitaux engagés et des recettes prouve que, malgré les imperfections de l'outillage, le résultat est pour satisfaire les plus difficiles.

Le rendement des puits à gaz est aussi rémunérateur que celui des salines. Un seul suffit à alimenter plusieurs chaufferies. La quantité de gaz nécessaire pour maintenir une cuve en ébullition pendant un an se vend 170 taëls (628 francs).

Le sel vaut, au détail, de 20 à 25 sapèques la livre, et 14 sapèques en gros (de 10 à 15 centimes). Le gouvernement perçoit une taxe de 150 taëls sur chaque *tsaï* livré au commerce. Le tsaï est une quantité indéfinie et très variable suivant les provinces. Il correspond ici à 100,000 *catties*, — environ 64,000 kilogrammes. La production annuelle des salines de Tse-Liou-Tsin est actuellement de 300 tsaï, représentant 100,000 tonnes.

Il arrive que des puits se tarissent tout à coup sans cause apparente. Puis, après une interruption plus ou ou moins longue, l'eau afflue de nouveau inopinément, souvent même plus abondante que par le passé. Certains sont demeurés improductifs pendant plusieurs mois ; dans d'autres, le travail n'a été repris qu'après plusieurs années, alors que les propriétaires avaient perdu tout espoir. Dans ces moments critiques, les intéressés recourent aux grands moyens, invoquent l'aide des puissances supérieures. Des faisceaux de baguettes d'encens sont allumés dans les pagodes et devant les tablettes des ancêtres; des millions de taëls — en carton doré — sont offerts aux génies du Ciel et de la Terre. Aucun n'est oublié : Bouddha, Lao-Tse, Confucius, le Soleil, la Lune, le grand Dragon, dont les moindres mouvements peuvent, chacun vous le dira, occasionner des cataclysmes, tous sont implorés. La prudence veut même qu'on ne s'en tienne point aux divinités nationales. Les dieux de l'étranger ne sont point oubliés. A tout hasard, on invoque le dieu des musulmans, le dieu des chrétiens. L'anecdote suivante, absolument authentique, témoigne de ce sage éclectisme : il y a quelques années, un des puits appartenant à la Compagnie « de l'Espérance » était à sec. Cette société compte, au nombre de ses administrateurs, un chrétien. Un jour que le conseil délibérait sur les mesures à prendre dans une circonstance si grave et venait de voter des prières, des offrandes aux différentes pagodes, un des assistants proposa de solliciter également l'intervention du missionnaire français. Leur collègue était tout indiqué pour entamer les pourparlers. Il fut chargé, séance tenante, de se rendre auprès du P. Boucheré afin de lui demander avis. Peut-être existait-il dans son ciel quelque saint dont la spécialité était de faire retrouver les objets perdus. La démarche surprit un peu le digne prêtre :

— En effet, répondit-il au délégué, la prière est d'un grand secours aux heures difficiles et l'on peut tout obtenir par l'intercession des saints.

— Mais auquel s'adresser plus particulièrement pour notre affaire?

— Pour votre affaire?... la question est délicate. Je te dirai pourtant que les ménagères de mon pays, lorsqu'elles ont égaré quelque chose, ont coutume d'invoquer Saint Antoine de Padoue.

— Un grand saint?

— Des plus grands!

Notre homme s'en alla aussitôt exposer à ses associés le résultat de sa visite, ajoutant qu'il avait pris sur lui de promettre, en leur nom comme au sien, dans le cas où leurs vœux seraient exaucés, de donner au révérend père trois piculs de riz pour ses pauvres et ses malades.

A ces mots, le conseil s'était récrié. Trois piculs une fois donnés, quelle misère! Une société telle que la leur devait se montrer plus généreuse. Il allait retourner sur-le-champ chez le missionnaire et lui déclarer qu'en cas de réussite son hôpital recevrait les trois piculs chaque mois à perpétuité.

Quelques jours plus tard, les actionnaires de la Compagnie de l'Espérance étaient dans la joie. L'eau affluait de nouveau dans le puits. La probité commerciale n'est pas aussi rare en Chine qu'on pourrait le supposer. Une maison qui se respecte fait honneur à ses engagements, quoi qu'il en coûte, alors même que l'affaire aurait été conclue sur parole. La promesse a été tenue de point en point. Et voilà comment, depuis bientôt cinq ans, la Compagnie chinoise de l'Espérance, dont le président est M. Whang, sert à la mission de Tse-Liou-Tsin une rente mensuelle de 3 piculs (près de 300 kilos) de riz..., en l'honneur de Saint Antoine de Padoue.

II

Les salines de Tse-Liou-Tsin sont surtout intéressantes en ce qu'elles nous offrent, dans un état de conservation parfait, l'image exacte d'une grande agglomération industrielle telle qu'elle existait plusieurs siècles avant notre ère. Il n'est pas douteux que les méthodes y sont aujourd'hui les mêmes que par le passé. Comparées aux nôtres, elles sembleront évidemment enfantines, de nature à entraîner de grandes pertes de temps et, par suite, beaucoup plus coûteuses. Mais il ne faut pas oublier qu'aux yeux des Chinois, le temps est un facteur négligeable : une affaire péniblement conclue, grâce aux efforts de deux générations, est considérée comme un succès. Si l'on tient compte, qui plus est, du bon marché de la main-d'œuvre indigène, on se demandera si cette organisation très primitive du travail n'est pas la plus judicieuse, celle qui répond le plus exactement aux exigences du milieu, aux conditions de la vie sociale, aux habitudes et aux besoins de la population. Au total, les résultats paraîtront, à peu de chose près, aussi remarquables, parfois même plus rémunérateurs que dans nombre d'exploitations européennes.

Aussi convient-il de ne point s'exagérer l'importance du rôle que l'Européen est appelé à jouer dans cette région. Il y sera toléré, accueilli même avec faveur s'il consent à se confiner dans l'emploi assez ingrat d'éducateur et de conseiller, sans chercher à se substituer aux possesseurs du sol. Ceux-ci, en hommes pratiques, ne manqueront pas d'apprécier le concours d'ingénieurs qui leur enseigneraient à tirer un meilleur parti de leurs richesses naturelles, à capter, en même temps que le gaz, les sources de pétrole négligées jusqu'ici. Mais du jour où l'étranger se poserait en concurrent, la situation ne serait plus la même : il s'exposerait à de sérieux dangers. La présence de nouveaux venus ayant pour objectif la rénovation des modes de travail sur lesquelles tant de générations ont vécu ne serait point acceptée sans lutte. Et cela s'explique, après tout. Ce que ces gens défendraient, c'est non seulement leurs vieilles coutumes, leurs préjugés, mais leur existence même. Trois ou quatre usines à vapeur disposant d'un personnel relativement peu nombreux donneraient aisément la somme de travail fournie à l'heure actuelle par une population de deux à trois cent mille âmes. En vain, dira-t-on que cette population trouverait facilement à s'employer ailleurs, dans des industries nouvelles. Pour elle, le changement n'en serait pas moins brutal et douloureux; elle sent d'instinct qu'il y aurait un mauvais moment à passer et préfère s'en tenir, demain comme aujourd'hui, à la tâche accoutumée. Sur ce point, elle se montre particulièrement intraitable et nerveuse. Ses répugnances et ses craintes se trahissent à tout propos pour les motifs les plus futiles.

Le lendemain de notre arrivée, après une journée passée à courir la ville et les faubourgs, l'idée m'était venue de gravir une colline isolée qui se dresse non loin de la Mission et du haut de laquelle on embrasse un immense tour d'horizon. Mon dessein était de dresser, dans un levé rapide à la boussole et à la planchette, le plan de Tse-Liou-Tsin. Je n'avais point voulu que le P. Boucheré s'imposât un surcroît de fatigue et je l'avais, non sans peine, décidé à rentrer au logis. Je n'avais avec moi que mon boy Ah-Kim : j'étais, depuis dix minutes à peine, installé sur mon belvédère, lorsque des cris retentirent. Une foule, qui nous avait épiés de loin, escaladait la colline, et bientôt je me vis entouré de trois ou quatre cents personnes vociférant, gesticulant. Selon toute évidence, ces individus ne me voyant plus en compagnie du prêtre, en concluaient que ce dernier s'était dérobé afin de ne pas favoriser par sa présence quelque manœuvre louche; car cette planchette, ce grimoire, tout cela ne signifiait rien de bon. Le plus sage était de me retirer, sans cependant avoir l'air de fuir. Je redescendis donc vers la Mission, sans hâter le pas, en homme qui vient d'achever ce qu'il voulait faire et ne croit point avoir commis de crime. Quelques pierres me furent lancées de loin, sans m'atteindre; le boy, bousculé, fit un faux pas, tomba et reçut deux ou trois bourrades, mais les choses n'allèrent pas plus loin. Après nous avoir escortés pendant une centaine de mètres, la bande faisait halte et nous laissait poursuivre tranquillement notre chemin.

La mésaventure arrivée il y a deux ans à un Chinois,

propriétaire de salines, est non moins instructive. Ce Sé-tchouanais, qui m'a conté lui-même son histoire, avait habité Canton et, durant un séjour de plusieurs années dans les provinces du littoral, avait eu l'occasion de se familiariser avec les innovations européennes. Il résolut de les appliquer à son industrie, fit venir et mit en place, à très grands frais, un matériel perfectionné, des pompes à vapeur. L'expérience réussit au delà de tout espoir. Le puits, pourvu de cette machinerie, débitait un volume d'eau extraordinaire. Par malheur, au même moment, dans les puits voisins, le niveau baissait de façon inquiétante. Les propriétaires lésés se rendirent chez leur trop heureux concurrent et lui signifièrent, avec les formes les plus courtoises, mais d'un ton très ferme, que cet état de choses ne pouvait durer davantage. En toute justice, ne devait-il pas renoncer à décupler sa fortune au détriment d'autrui, et se contenter, comme autrefois, d'un bénéfice honnête sinon démesurément élevé? Reconnaître son erreur est le fait du sage : de la sorte, il vivrait en paix, estimé de tous; il s'éviterait des remords de conscience... et mille autres désagréments. Ces représentations amicales produisirent leur effet. Les machines furent démontées, mises au rebut, l'exploitation reprise suivant les procédés anciens, avec les treuils de bois, les buffles, les câbles en bambou.

Le plus curieux, c'est que le bonhomme ne récriminait point, semblait prendre les choses avec une philosophie parfaite.

— Au bout du compte, déclarait-il en terminant, mes voisins étaient dans leur droit; ma mécanique menaçait de tarir leurs puits.

— Et maintenant?

— Maintenant, nous sommes amis; leurs affaires marchent à souhait.

— Tandis que les vôtres?

— Oh! les miennes ne vont point mal; je veux dire qu'elles sont ce qu'elles étaient jadis, au temps de mon père et de mon aïeul, qui ne se sont jamais plaints. Pourquoi ne me contenterais-je pas de ce qui suffisait à mes Morts?

Ce sont là de belles paroles. Pourtant je n'ai pu m'empêcher de songer que, s'il se fût agi d'obtenir la démolition d'un outillage appartenant à une compagnie étrangère, la démonstration eût été très probablement tout aussi persuasive, mais beaucoup moins pacifique.

Faut-il conclure qu'il n'y a rien ou peu de chose à faire en Chine pour l'industrie européenne, et que tout progrès doit être infiniment ajourné par respect pour des us et coutumes d'un autre âge? Non, certes. En ce pays il y a place pour de grandes entreprises ; un jour viendra où le vieil empire sentira la nécessité d'utiliser toutes les ressources que recèle son territoire. Et, ce jour-là, il faudra bien qu'il fasse appel aux capitaux, aux ingénieurs d'Europe ou d'Amérique. Cette évolution peut être plus lente qu'on ne se l'imagine, de très bonne foi, en certains milieux où l'on tient ses désirs pour réalités et où il est d'usage de traiter ces questions sur un ton prophétique. Mais elle doit s'accomplir tôt ou tard. Il est juste que les représentants d'une civilisation supérieure en profitent pour faire œuvre créatrice et féconde, pour ouvrir les voies de communication, pour introduire dans le pays des industries nouvelles, pour mettre en valeur les gisements dédaignés. Autre chose est de déposséder les populations qui, somme toute, ont, depuis tant de siècles, donné à leur manière un assez bel exemple d'ingéniosité et de patient labeur. La mission de ceux qui sont censés incarner le progrès ne saurait consister à augmenter dans cette province très riche, mais aussi surabondamment peuplée, où le pauvre monde est légion, le nombre des sans asile et des meurt-de-faim.

Mardi 17 mars.

Tse-Liou-Tsin, les salines, les puits de feu, tout cela est déjà loin. Depuis quatre jours, nous avons repris notre route vers l'ouest. Samedi, à Tsi-Tchéou, nous rejoignions la chaussée impériale de Tchoung-King à Tcheng-Tou. Avant-hier nous couchions à Yang-Shien, ville assez importante, ceinturée de remparts et qui, à première vue, m'a paru devoir contenir de vingt-cinq à trente mille habitants. Le mandarin de Yang-Shien a fait preuve à notre égard d'une rare prévenance. A peine arrivés à l'auberge, nous recevions sa carte avec ses compliments que nous transmettait le commis du yâmen chargé de prendre copie de nos passeports. Mais, en même temps, arrivaient de sa part plusieurs coolies apportant des sièges sculptés, des coussins de soie rouge, des tentures, des lanternes peintes, tout un mobilier destiné à transfigurer notre misérable local. On n'est pas plus aimable.

Hier, après-midi, entre Yung-Tiao-Kai et Kien Tchéou, nous avons retrouvé la rivière Loh entrevue à Tse-Liou-Tsin, et remonté pendant quatre heures sa vallée très fertile, égayée de nombreux villages. Ces paysages m'ont rappelé certains coins de la France, les campagnes du Maine et de l'Anjou avec leurs verdures plantureuses, leurs ruisseaux filant sans bruit dans l'herbe grasse.

Puis vers le soir, le Loh franchi sur un grand pont couvert, voici que le terrain devient plus accidenté. Des hauteurs apparaissent, une chaîne abrupte nord-sud, dernier obstacle qui nous cache le pays de Tcheng-Tou. Deux heures de montée par des escaliers extrêmement raides, et nous atteignions le col (1,170 mètres) quelques minutes avant le coucher du soleil. L'horizon est immense, mais la lumière qui nous arrive en plein visage nous éblouit, fond les contours et les reliefs dans un flamboiement d'incendie. Un peu plus tard seulement, quand l'astre a disparu, nous distinguions nettement la plaine sillonnée de canaux, les cultures de pavots, les rizières, les bouquets de bois épars où se cachent les temples et les villages; enfin, à vingt lieues dans l'ouest, une longue ligne de crêtes étrangement découpées, qui bientôt reste seule visible, dessinée en vigueur sur le ciel pâle.

Ce qui s'efface, dans les profondeurs voilées de brume, c'est le Piémont de la Chine; cette barre sombre à l'horizon, le massif qui s'étend vers Tà-Tsien-Lou et la frontière thibétaine, la première assise du Grand Plateau central d'Asie.

Il était nuit close quand nous sommes arrivés au bas de la descente, au bourg de Long-Tchien-Yô. Vingt kilomètres au plus nous séparaient de la capitale du Sé-Tchouen; une promenade de quatre heures, en terrain plat sur une large chaussée dallée, désormais praticable aux voitures, où les roues ont, à la longue, creusé dans la pierre une double voie utilisée comme les rails d'un tramway par les chariots, par les brouettes. La circulation est très active, une animation de banlieue. A l'importance des convois transportant caisses et ballots, à la quantité de petits marchands, de paysans trimballant leurs paniers de légumes, à l'élégance relative de certains équipages, à la mise moins négligée de quelques passants, on sent que la grande ville n'est pas loin.

Ce matin, entre dix et onze heures, nous entrons dans les faubourgs. Dans les ruelles étranglées, fétides, la cohue est indescriptible. Nos chaises parviennent à passer cependant, et c'est vraiment miracle. Encore un mort — le troisième depuis Tchoung-King — que j'aperçois dans le ruisseau parmi les épluchures, près d'un chien crevé. Personne ne s'en préoccupe; chacun vaque à ses petites affaires, abandonnant aux mouches le cadavre et la charogne.

Un arrêt brusque. De quoi s'agit-il? Nous sommes au rempart et, juste sous la porte, des individus en haillons, se présentant comme agents de police, demandent à voir nos passeports. J'oppose un refus très net et fais répondre que des gens de notre qualité n'exhibent point leurs papiers en pleine rue sur l'invitation de vagabonds quelconques sans uniformes... et sans le chapeau! En route. Les porteurs reprennent leur élan, les soi-disant policiers n'insistent pas. Nous passons.

Les rues à présent sont plus larges, presque propres, bordées de magasins à devantures guillochées et dorées. Des étoffes brodées, des bijoux d'or et d'argent, mille bibelots inutiles, mais charmants, de jade et de porcelaine, encombrent les étalages. De loin en loin, paraît une chaise à porteurs fraîchement peinte, dont les jalousies à demi closes, laissent entrevoir la silhouette d'une jolie fille aux joues fardées ou d'un jeune élégant en robe de soie de couleur tendre. Le quartier a vraiment bon air. C'est la première fois qu'une ville chinoise nous montre autre chose que des guenilles et des ruines.

L'auberge elle-même est presque présentable, comparée aux abominations de ces derniers jours. Mais nous n'y aurons séjourné qu'une couple d'heures. Nous voici maintenant installés à la Mission française, suivant le désir gracieusement exprimé par Mgr Dunan, vicaire apostolique du Sé-Tchouen occidental. Notre première visite avait été pour nos compatriotes si durement éprouvés il y a quelques mois, pourchassés, menacés de mort et qui n'ont point encore achevé de réédifier leurs églises, leurs maisons détruites par l'émeute. Durant notre entretien avec ces hommes d'élite pour qui le péril est un stimulant, heureux et joyeux, aujourd'hui comme hier, dans l'accomplissement de la tâche qu'ils se sont imposée, des ordres avaient été donnés, à notre insu. Lorsque, la nuit venue, nous nous disposions à prendre congé, nous vîmes arriver notre personnel et nos bagages qu'un serviteur de l'évêque était allé quérir en grande hâte.

Le moyen de décliner cette bonne et affectueuse hospitalité? Oui, certes, nous reposerons sous votre toit, et de grand cœur, mes Révérends Pères, dans cette demeure chinoise qui remplace momentanément votre ancienne résidence mise à sac et réduite en miettes l'an passé. Le bâtiment est à peine terminé, le vent du nord-ouest, qui souffle en tempête, passe au travers des cloisons minces, ébranle les fenêtres à carreaux de papier. Au dehors, le froid est piquant; de la grande ville qui nous enserre, des rumeurs vagues montent dans la nuit. Mais que nous importe! Groupés autour du brasero incandescent dont la fumée se mêle à celle des petites pipes où brûle en crépitant le tabac parfumé du Sé-Tchouen, nous éprouvons une sensation très douce de bien-être et de quiétude. Tout nous paraît familier; il nous semble avoir déjà vu ces visages, entendu ces voix. Nous oublions la cité populeuse où nous venons d'entrer après trois mois de voyage, Tcheng-Tou, la Perle de l'Ouest, l'antique capitale des empereurs Liu Pei et Kouan Yu, devant laquelle, il y a six cents ans, s'extasiait Marco Polo. — Nous sommes en France!

CHAPITRE III

LA CAPITALE DU SÉ-TCHOUEN. — TCHENG-TOU ET SES ENVIRONS[1].

I

Mars-avril.

Comme la plupart des grandes cités chinoises, Tcheng-Tou, ne montre guère à l'arrivant que ses laideurs et ses scories. A distance pourtant, sous un jour discret, le matin, au crépuscule, le premier aspect n'est pas sans grandeur. Et c'est précisément cette image un peu voilée dont je voudrais conserver le souvenir. Je me rappellerai de préférence la capitale du Sé-Tchouen très loin, à l'horizon, à l'état de grisaille, relief à peine accusé sur l'immensité de la plaine alluviale rayée de canaux, par lesquels les eaux sauvages, captées à vingt lieues dans l'ouest, au sortir des monts, s'épanchent d'une lente coulée à travers les champs de pavots, dans les colzas, dans les rizières où les épis déjà hauts s'agitent au vent du soir.

Les approches sont affreuses. Dans l'interminable faubourg et même une fois la porte franchie, tout n'est qu'ordure, délabrement, guenille. Tandis que ma chaise faisait cahin-caha sa trouée à travers la foule compacte, découpait dans cette pâte humaine un profond sillon, aussitôt refermé, se traînait péniblement de ruelle en ruelle, éraflant au passage un pan de mur, une façade branlante, butant ici contre une enseigne, plus loin contre un amas de décombres, j'avais peine à me persuader que c'était là l'opulente cité, autrefois capitale d'empire, dont la magnificence émerveilla les premiers explorateurs. Où donc sont les rues spacieuses, les maisons peintes et dorées, les magasins bondés d'étoffes de prix, les chaises à porteurs tendues de soie et de brocart, le brillant décor entrevu par Marco Polo?

Il existe encore, cependant, tel ou peu s'en faut que l'a décrit le voyageur vénitien. Seulement, ce que celui-ci oublie de nous dire, dans sa relation peut-être légèrement flattée, c'est que ces jolies choses ne forment qu'une partie, une très petite partie de la ville. Il faut, pour les découvrir, faire preuve de patience, se résigner à de longs circuits dans un labyrinthe de couloirs bordés de maisons lépreuses, se heurter à des impasses, enjamber des monceaux de détritus de toute nature, des flaques, tituber sur les dalles disjointes et glissantes, recevoir en plein visage l'haleine empestée des bouges : *Ad augusta per angusta*. Le promeneur, il est vrai, sera récompensé de ses peines; sa surprise est grande lorsqu'il débouche inopinément dans une large rue tirée au cordeau, munie de trottoirs, égayée par les ors et les laques des boutiques où trônent les marchands de soieries, les bijoutiers, les changeurs, par les étalages où chatoient les porcelaines polychromes, les bronzes, les cuivres. C'est un spectacle inattendu, unique peut-être dans les dix-huit provinces, une Chine remise à neuf, pimpante, soudainement révélée au sortir d'un cloaque : fleur épanouie sur un fumier, miniature agréable dans un cadre vermoulu.

PLAN DE TCHENG-TOU-FOU

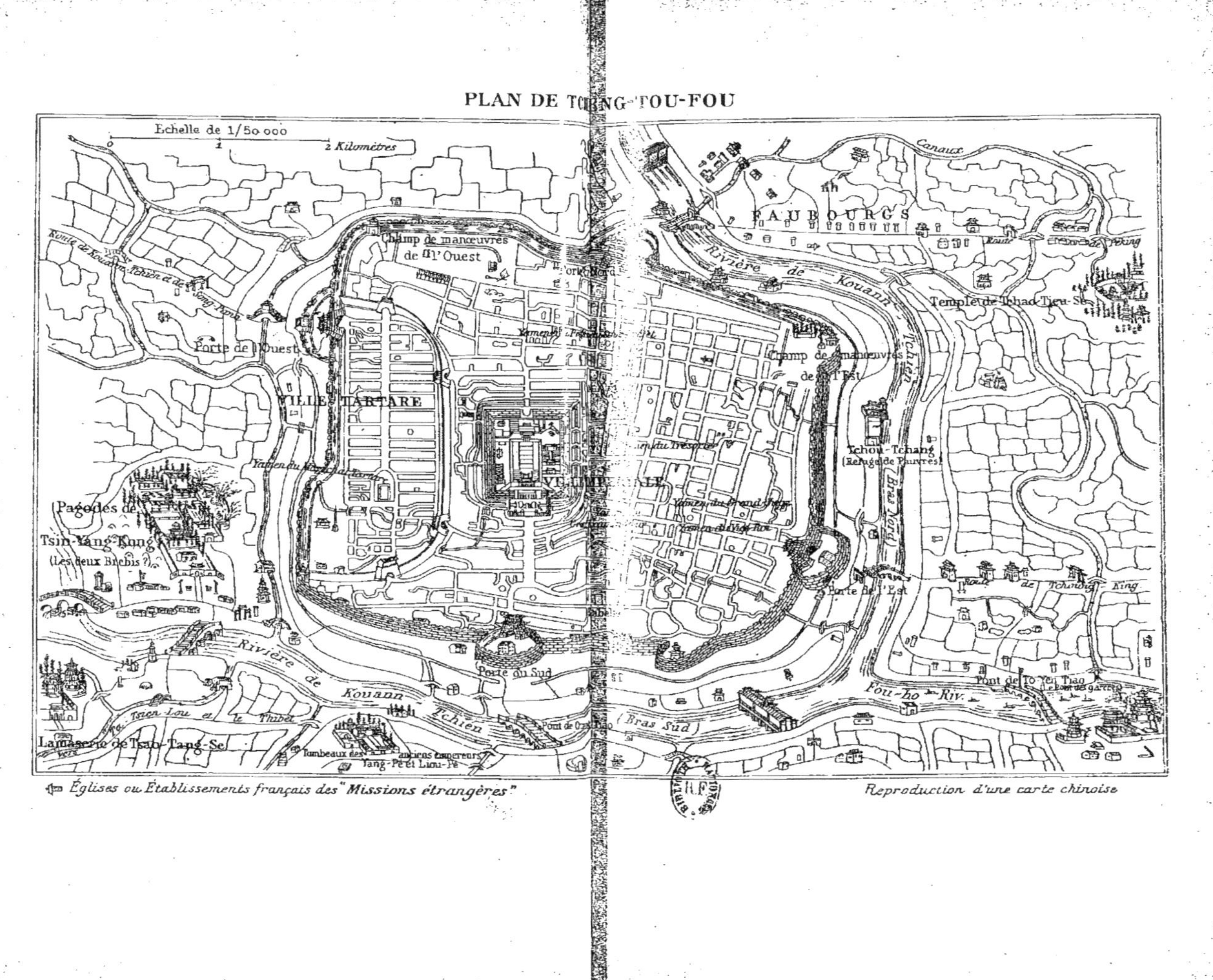

Églises ou Établissements français des "Missions étrangères"

Reproduction d'une carte chinoise

Ailleurs qu'en Chine, Tcheng-Tou serait simplement un grand centre; nul ne songerait à vanter ses splendeurs. Mais, dans cet empire de la ruine et du haillon, l'effet est tout autre. J'éprouve, à parcourir ces beaux quartiers, d'un luxe assez médiocre en réalité et qui vaut surtout par le contraste, une sensation que n'avait éveillée en moi aucune des grouillantes cités du littoral ou de l'intérieur. Canton, Han-Kéou, Tchoung-King, Péking lui-même n'offrent à cet égard rien de comparable. Pour la première fois depuis des mois, ce que j'ai sous les yeux me semble être non plus une agglomération confuse, mais une vraie ville dans le sens que nous donnons à ce mot.

La position, au milieu des plus fertiles plaines de la Chine occidentale, à deux jours de marche des premiers contreforts du plateau thibétain, est de toute beauté. Elle rappelle assez exactement celle de Milan par rapport aux Alpes.

La ville est traversée et environnée de plusieurs petits canaux alimentés par les eaux torrentielles qu'un système de barrages des plus ingénieux, établis à l'issue du défilé de Kouan-Tchièn, distribue au loin dans les campagnes. La plupart de ces artères se réunissent presque au pied du rempart, et forment le Min-Kiang qui, après un parcours de près de cent lieues, se jette dans le Yang-Tsé, à Soui-fou. La rivière est navigable pendant toute l'année. Toutefois, de novembre à mai, les très petites barques peuvent seules remonter au delà de Kia-Ting et non sans s'échouer fréquemment dans la vase. En revanche, à l'époque des hautes eaux, c'est-à-dire durant six mois, de lourdes jonques, jaugeant parfois plus de cent tonnes, arrivent jusqu'ici sans difficulté. Tcheng-Tou devient alors le terminus d'une des plus longues navigations fluviales qui soient au monde, un port à plus de 3,000 kilomètres de l'Océan.

21 mars.

Autant que j'ai pu en juger, le mouvement commercial est assez actif. Tcheng-Tou est, de toute évidence, un marché abondamment fourni, où viennent trafiquer et s'approvisionner des populations éparses sur un territoire d'une étendue considérable, du Kan-Sou au Yun-Nan, de la vallée du Min-Kiang aux confins du Thibet. Les importations de l'étranger y figurent en très petit nombre. Les objets sont, en général, de provenance exclusivement chinoise. Et lorsqu'on examine d'un peu près les articles, qui paraissaient déceler la main-d'œuvre européenne, on est surpris de constater que beaucoup d'entre eux, manufacturés aux pays jaunes, portent la marque d'un industriel d'Osaka et de Tokio.

L'exportation comprend des soies ouvrées ainsi que des cotonnades infiniment plus grossières et d'un prix de revient plus élevé que les tissus d'Europe, mais aussi plus résistantes et, par cela même, très demandées, non seulement au Sé-Tchouen, mais dans les provinces voisines. Elles arrivent même, j'en ai eu la preuve, fort loin dans le sud jusqu'au Kouang-Si et dans le Yun-Nan méridional, à Yun-Nan-Sen, à Mong-Tzé, aux portes du Tonkin! En ce qui concerne les soies brutes et la cire, le principal marché est Kia-Ting, préfecture située à 170 kilomètres de la capitale, au confluent du Min-Kiang et du Tong-Ho qui descend des montagnes d'O-Mei.

Tcheng-Tou, réputé pendant des siècles pour ses beaux bronzes, a depuis longtemps renoncé au grand art. On y fabrique actuellement de la coutellerie très appréciée. C'est le Sheffield du Céleste-Empire. Les produits sont d'un galbe étrange et de qualité inférieure, mais à la portée de toutes les bourses, ce qui, en Chine, est l'essentiel. J'ai en ma possession un remarquable spécimen de cette industrie. L'outil, quelque peu massif, contient une quinzaine de pièces au bas mot, savoir : quatre lames, une scie, un marteau, une pince, un poinçon, sans compter un assortiment de cure-dents, de cure-oreilles, et cure-pipes. Ce chef-d'œuvre, sorti des meilleurs ateliers, m'a coûté trois cents sapèques (75 centimes de notre monnaie). Ce n'est pas cher. Si la trempe laisse à désirer, le prix défie la concurrence.

Depuis plusieurs années, la ville est dotée d'un arsenal et d'une fonderie, L'outillage est de premier ordre, le personnel insuffisant. L'établissement, sous la haute direction de mandarins triés sur le volet, livre aux vice-roi des arquebuses et des fusils à pierre, des coulevrines, des canons se chargeant par la bouche et éclatant par la culasse.

Une industrie locale très florissante est la fabrication des chapeaux de paille. Ces majestueux couvre-chefs que les Sétchouanais des deux sexes arborent pendant la saison chaude ont les dimensions d'un parasol, deux centimètres d'épaisseur et ne pèsent guère moins d'un kilogramme. Leurs bandelettes déroulées couvriraient bien un quart de lieue; mais le tissu est d'une finesse inouïe. Pareille coiffure ne pourrait pas être confectionnée en Europe à moins de 35 à 40 francs. L'article le plus soigné se vend ici de 1,500 à 2,000 sapèques (environ 3 fr. 50). Aussi les pailles tressées du Sé-Tchouen trouvent-elles dès maintenant acheteurs dans les ports ouverts au commerce étranger. Des chargements complets sont dirigés sur Han-Kéou et Shanghaï. A ma connaissance, une maison française en réexpédie chaque année, à elle seule, plusieurs milliers de ballots.

Les laines et les peaux du Thibet, l'opium, dont la production augmente d'année en année, et surtout les plantes médicinales ont, à Tcheng-Tou, un marché très animé. Presque tous les ingrédients utilisés par la pharmacopée chinoise viennent du Sé-Tchouen. Leur transport fournit à la batellerie du Yang-Tsé un très gros fret. Une part insignifiante de ces envois est destinée à l'exportation. Et l'on se demande, à voir défiler par centaines ces jonques chargées de simples, comment un peuple peut ingurgiter tant de dépuratifs et de tisanes. Le fait est, soit dit en passant, que de tous les pays civilisés ou non, la Chine est celui où l'on se drogue le plus. Ici, le médicament fait en quelque sorte partie de l'alimentation : on l'absorbe pour le motif le plus futile, généralement sans motif aucun, à titre préservatif, pour le plaisir, parce que cela est très bien porté. Tout homme qui se respecte consacre une forte partie de son budget, parfois plusieurs centaines de taëls, à ce genre de friandises. Les rapports commerciaux et les statistiques publiés par les Douanes impériales sont, à cet égard, des plus instructifs. Il y est fait mention de mixtures ineffables, à rendre jaloux Purgon et Diafoirus.

Le dernier recensement, très approximatif, opéré il y a une vingtaine d'années, évalue à quatre-vingt mille environ le nombre des familles établies dans l'enceinte de Tcheng-Tou. Ce chiffre correspondrait à une population de 350 à 400,000 âmes, — 500,000 avec les faubourgs.

La ville est protégée par une muraille en briques de dix kilomètres de tour, du même style que celle de Péking, mais de dimensions moins imposantes. Ce rempart, dont les premières assises furent posées sous le règne de King Oueï, de la dynastie des Thsins, c'est-à-dire il y a deux mille ans, a été par la suite plusieurs fois restauré et étendu, notamment au quinzième siècle, sous les Mings et même, depuis l'avènement de la dynastie actuelle, sous les règnes de Kang-Si et de Kién-Loung. Derrière ce mur décoratif, mais d'une valeur tout à fait illusoire au point de vue de la défense, se dissimulent trois cités d'aspect très différent : 1° une ville chinoise subdivisée elle-même en deux sous-préfectures : Tcheng Tou-Sien et Oyang-Sien ; 2° une ville tartare où quelques centaines de Mandchous, sous l'autorité d'un maréchal, « mangeant le riz de l'empereur », vivent avec leurs familles dans un *far niente* tempéré seulement par d'innocentes distractions telles que le tir à l'arc, l'entretien d'un jardinet fleuri, l'éducation d'un oiseau chanteur, merle ou bouvreuil, et l'audition d'un orchestre de grillons emprisonnés dans d'adorables petites cages ; 3° une ville impériale. Deux pavillons menaçant ruine, ouverts à tous les vents, des dalles rongées par la mousse, des lions de marbre couchés dans l'herbe haute, c'est là tout ce qui reste des palais effondrés. A côté sont les bâtiments affectés aux examens littéraires, dix-sept mille guérites que se disputent chaque année les candidats accourus de tous les points de la province et des provinces voisines.

Quand j'aurai dit que Tcheng-Tou, délaissé depuis des siècles par la cour des empereurs, simple résidence vice-royale, est cependant, aujourd'hui encore, un centre politique des plus importants, en ce sens que les attributions du vice-roi ne comprennent pas seulement la direction des affaires provinciales, mais aussi la surveillance des tribus semi-indépendantes de l'Ouest et le contrôle des relations entre la Chine et le Thibet ; si j'ajoute que, par suite, c'est peut-être, après la capitale de l'empire, l'endroit où l'on rencontre le plus grand nombre de fonctionnaires de tout grade, de lettrés, de scribes, de yâmens assiégés par les solliciteurs, il ne me restera qu'à clore cet inventaire déjà trop long.

Les villes chinoises sont taillées sur un modèle unique.

En décrire une, c'est les décrire toutes. Péking seul fait exception à la règle. Partout ailleurs, mêmes formes, mêmes procédés répétés à l'infini. En cela s'affirme une fois de plus la tyrannie toute-puissante et indiscutée des rites, des ordonnances qui, de temps immémorial, ont réglementé le bâtiment, fixé le type, les dimensions des édifices publics et privés. La maison chinoise, toute en rez-de-chaussée, disposée dans ses moindres parties avec une symétrie désespérante, est la même d'un bout à l'autre de l'Empire, à Canton et à Tien-Tsin, sous le tropique et sur la frontière sibérienne. Du moins en est-il ainsi à la ville. Aux champs seulement ou dans les parcs impériaux, l'architecte peut donner libre cours à sa fantaisie, édifier ces pavillons, ces kiosques, ces belvédères, d'une silhouette parfois si imprévue et si charmante, qu'ont popularisés les porcelaines peintes et les estampes. Après quelques mois passés à parcourir ces contrées, ce que l'on remarque en arrivant dans une ville, ce n'est plus le site, le plan général, l'ensemble du décor, toutes choses qui nous laissent désormais presque indifférents ou nous obsèdent comme autant de redites. On notera de préférence les menus détails par où elle diffère des autres localités, tout ce qui, dans une certaine mesure, révèle le genre de vie spécial, le caractère de l'habitant.

Ce qui frappe ici, dès les premières heures, c'est, nous l'avons dit, la belle tenue de certains quartiers dont l'apparence presque luxueuse contraste avec l'incurie et la malpropreté nationales, avec ce goût pour l'à peu près, l'inachevé, qui donne aux choses les plus neuves un air de ruines. C'est aussi, c'est surtout la physionomie très particulière d'une partie de la classe pauvre. Celle-ci, naturellement très nombreuse, est composée de deux éléments tout à fait distincts. D'abord, les mendiants de profession formant, ici comme à Péking, une corporation solidement organisée, avec ses syndics, ces collecteurs chargés de percevoir le montant des abonnements chez la plupart des propriétaires et négociants qui jugent préférable de traiter à forfait, de s'assurer contre les importunités quotidiennes des stropiats moyennant une redevance hebdomadaire ou mensuelle. Ensuite viennent les déclassés de toutes catégories qui, eux, ne constituent point une association compacte, mais n'en sont pas moins redoutables Dans cette armée de la misère, ils représentent une forte part des effectifs, les contingents irréguliers où chacun opère pour son compte, en fourrageur.

Tout ce que cette province si vaste recèle d'ambitieux, de mécontents, d'illuminés, afflue vers la capitale : fonctionnaires sans place, lettrés auxquels leurs brillants examens semblaient promettre des sinécures grassement rétribuées et qui, diplôme en poche, attendent tristement leur heure; mandarins en disgrâce rédigeant placets sur placets pour obtenir le droit de replanter sur leur coiffure le bouchon de carafe ou la plume de paon. Ils sont là plus de dix mille, dépenaillés, minables, la rage au cœur, vivant d'aumônes ou réduits aux emplois les moins nobles. Je sais d'éminents bacheliers qui, sans autre vêtement qu'un vieux sac noué autour des reins, s'adonnent au balayage des rues, des licenciés authentiques faisant, par intérim, fonction de porteur d'eau ou poussant la brouette. Le pis est qu'ils doivent, sur leur maigre salaire, économiser de quoi louer chez le fripier, deux ou trois fois l'an, un costume décent afin de procéder, dans la tenue de leur grade, aux visites officielles. S'ils ont une chance, si lointaine soit-elle, de sortir des bas-fonds, c'est à la condition de faire acte de présence, de ne point se laisser oublier par les puissants du jour. Il faut qu'ils apparaissent à leur rang, impassibles, jamais lassés, ne fût-ce que pour défiler et s'incliner à la muette. La démarche a l'éloquence d'une supplique; elle signifie : « Je vis encore. Pensez à moi! »

Aux heures de crise, surtout lorsque les inquiétudes des mandarins et des lettrés devant les progrès très lents, mais continus, de l'influence européenne qui menace leur prestige et leur pouvoir les incitent à procéder par intimidation en donnant à des violences calculées les apparences d'un irrésistible mouvement populaire, cette légion de gens à tout faire est aussitôt mobilisée. Elle devient aux mains des autorités un instrument commode, l'émeute toujours prête, que l'on peut désavouer et feindre de réprimer avec rigueur... après le pillage.

Les troubles si graves qui, l'an dernier, éclatèrent simultanément à Tcheng-Tou et sur plusieurs points du Sé-Tchouen occidental, ont été son œuvre. Ce ne fut point, comme on serait tenté de le croire, une explosion spontanée, le soulèvement d'une foule heurtée dans ses habitudes et dans ses croyances par la propagande inconsidérée des Missions. En fait, le vrai peuple ne fut pour rien dans l'affaire. Tout au plus, sur la fin, intervint-il çà et là pour réclamer une part du butin. Au début, il demeura plutôt indifférent; malgré le tapage, négociants et manœuvres poursuivaient paisiblement leur tâche accoutumée. Il n'y a pas chez le Chinois l'étoffe d'un fanatique. La tolérance est peut-être sa qualité maîtresse. Hospitalier pour tous les cultes, poli pour tous les dieux, il bâtit des pagodes et des mosquées, accueille les disciples de Bouddha, ceux de Lao Tzé, ceux de Mahomet. Comment trouverait-il mauvais que le Dieu des chrétiens eût aussi dans l'Empire ses prêtres et ses temples?

La vérité est que, dans le missionnaire, on vise surtout l'Européen, le représentant d'une civilisation remuante, agitée, bien faite pour effrayer des gens qui, depuis tant de siècles, somnolaient si doucement à l'abri des rites immuables et des antiques coutumes, comme des castors derrière leurs digues. Devant le flot qui grossit, fait craquer tout l'édifice, s'insinue goutte à goutte par les fissures, on s'émeut, on perd la tête. Au fond, ce que ces obstinés regrettent, ce qu'ils s'efforcent en vain de reconquérir, ne serait-ce pas surtout l'isolement d'autrefois, la tranquillité perdue, l'ignorance du reste du monde, le bon sommeil sans cauchemars dormi pendant des âges?

L'Européen, voilà l'ennemi. Derrière le prêtre, on voit poindre le consul, le commerçant, l'ingénieur, autant d'importuns et de trouble-fêtes!

Dans les placards conviant la foule au massacre et à l'incendie, il est rarement fait allusion au caractère religieux des missionnaires. Neuf fois sur dix, on ne les désigne que par les noms d' « étrangers », « diables étrangers », « diables d'Occident ». Ces gentillesses, parfois libellées en vers, émanent d'individus rompus au maniement du pinceau et qui ont pioché leurs Classiques. En résumé, ma conviction est que la plupart de ces mouvements soi-disant populaires, en particulier les derniers événements du Sé-Tchouen, sont imputables non pas à la population prise dans son ensemble, mais à de très hauts et très puissants seigneurs et à la canaille diplômée.

II

24 mars.

Trois jours mauvais, un retour brutal de l'hiver, la température de décembre dans nos climats. Il est tombé une poudrée de neige bientôt fondue, et la rue s'est transformée en égout. Le vent d'ouest très frais qui soufflait en rafales n'invitait guère à la promenade. Aussi le meilleur de notre temps s'est-il passé, autour du brasero, à écouter nos hôtes raconter les événements qui marquèrent les derniers jours de mai de 1895 : la mission américaine prise d'assaut la première; les églises, les écoles françaises renversées à leur tour, réduites en poussière; eux-mêmes échappant à grand'peine, traqués de rue en rue par des bandes furieuses. Je ne sais rien d'émouvant comme ces récits faits de façon très simple, mais évoquant le souvenir d'heures terribles pendant lesquelles celui qui vous parle sentit en quelque sorte passer sur sa face la froide haleine de la Mort.

Parmi les établissements créés de longue date, en Chine, par la société des Missions Etrangères, les plus florissants sont ceux du Sé-Tchouen. Ils forment trois vicariats apostoliques, près de deux cents paroisses, une population chrétienne de plus de 100,000 âmes, laquelle est composée non pas seulement de néophytes, mais, en majorité, de familles dont la conversion remonte à deux ou trois générations. Les missions américaines qui, depuis quelques années, ont, de leur côté, entrepris d'évangéliser ces pays, sont loin d'obtenir des résultats aussi satisfaisants, bien qu'elles déploient beaucoup de zèle et disposent de capitaux importants. C'est à peine si, de leur propre aveu, elles comptent quelques centaines de prosélytes plutôt tièdes, des enfants pour la plupart. Leurs publications constatent le fait loyalement, mais avec une pointe d'amertume. Les causes de cet insuccès sont multiples. Il y a d'abord les formes extérieures du culte d'une simplicité trop froide et peu attirante. Il y a surtout les allées et venues incessantes du personnel. Celui-ci est composé d'hommes distingués, instruits, dont le dévouement ne saurait être mis en doute. Le malheur est qu'en général le clergyman expédié d'Amérique ou d'Angleterre ne fait en Chine qu'un séjour assez bref, coupé, qui plus est, de déplacements et de villégiatures estivales. Au bout de trois ou quatre ans, il boucle ses malles et cède la place à un confrère. C'est un passant. Le missionnaire catholique est ici pour la vie, change rarement de résidence, ne prend point de congés. Il acquiert de la sorte, par la force des choses, une influence personnelle, inspire mieux confiance, devient plus aisément une figure familière, un conseiller écouté. Ce peuple éminemment conservateur et sédentaire se plaît à voir les mêmes visages dans le même horizon.

Ces missions de la Chine occidentale eurent leurs martyrs. Le dernier en date est Mgr Dufraisse, évêque de Tcheng-Tou, décapité en 1816 et dont les restes, découverts l'an passé, lors du sac de l'église, furent promenés dans la ville par les agitateurs qui les présentaient à la foule comme les os de petits enfants volés et dévorés par les « Ogres de l'Ouest » toujours en quête de chair fraîche! Une partie de ces reliques a pu être recueillie. Ils sont là devant moi ces ossements jaunis, déposés pêle-mêle dans une petite caisse en attendant que l'on puisse, l'église rebâtie, leur redonner la sépulture. Sur le crâne pareil à un vieil ivoire, la trace des coups de sabre est visible encore. Les entailles ne sont point nettes : on dirait plutôt des hachures. L'exécuteur a dû frapper à tour de bras comme sur du chêne. Un novice sans doute. Ou bien sa lame coupait mal.

A ces temps d'épreuves succéda une période relativement paisible. Les autorités se montraient tolérantes, quelquefois même manifestaient à l'égard des missionnaires une bienveillance réelle. La situation semblait des meilleures quand, il y a dix ans, l'avènement du vice-roi Liou Ping Chang remit tout en question. Ce Liou abhorrait les étrangers et l'on ne tarda pas à s'en apercevoir, aussi bien dans la capitale que dans les autres villes de la province. Ce furent d'abord, en 1886, les échauffourées de Tchoung-King au cours desquelles furent saccagés les établissements de la *China inland Mission,* la Mission catholique, ainsi que les immeubles appartenant aux chrétiens les plus en vue. La police se tint coi. Mais, pour la première fois, ceux que l'on attaquait firent tête à l'émeute. L'un d'eux, M. Loh, chef d'une des familles les plus anciennes et les plus considérées de la ville, assailli au moment où il rendait les derniers devoirs à sa mère, arma ses serviteurs, livra bataille et défendit victorieusement la maison qui abritait le cercueil maternel. Belle action, digne d'être consignée dans les manuels de la piété filiale, mais qu'il ne paya pas moins de sa tête peu de temps après. L'Empereur avait fait grâce, seulement on s'arrangea de manière que le télégramme impérial arrivât cinq minutes après l'exécution.

A Tcheng-Tou, le Vice-Roi, secondé par ses créatures, le Trésorier et le Grand-Juge, multipliait les tracasseries, s'efforçait de rendre la place intenable aux étrangers. Les libelles, les placards injurieux étaient répandus à profusion, sans que l'on s'occupât, et pour cause, d'en rechercher les auteurs. Durant la guerre sino-japonaise, ce fut pis encore. Les petits papiers pleuvaient, les murs étaient couverts de croquis, de pochades allégoriques, d'adresses furibondes ou l'on réclamait l'expulsion immédiate des *Yangèn* accusés d'avoir malicieusement prêté leur aide, fourni des armes aux infimes Japonais révoltés contre la grande Chine qui, sans cela, n'en eût fait qu'une bouchée, et autres calembredaines.

Au mois de mai 1895, les choses en étaient arrivées à ce point que la catastrophe savamment préparée semblait imminente; on n'attendait pour agir qu'une occasion favorable. Le décès d'une malade opérée par le docteur américain à l'hospice de la *China inland Mission* fournit le prétexte souhaité. L'opération d'ailleurs avait réussi, la patiente était en voie de guérison; elle n'avait passé de vie à trépas que par sa propre imprudence, ayant jugé à propos de s'esquiver de l'hôpital un beau matin pour vaquer, comme à l'ordinaire, aux soins du ménage. L'affaire, habilement exploitée, fit un tapage énorme. Avec une rapidité prestigieuse des bruits sinistres couraient la ville. Les étrangers décidément comblaient la mesure; voici maintenant qu'ils découpaient les femmes en petits morceaux! L'accusation avait d'autant plus de chance d'être accueillie par la foule imbécile et crédule, qu'elle paraissait justifier la répugnance professée par tous les Célestes, du petit au grand, pour la chirurgie. Le Chinois affectionne les emplâtres et les pilules; il a horreur du bistouri. C'est son droit. Toujours est-il que le racontar fit son chemin. Étant donné ce que l'on savait déjà des pratiques européennes, le fait paraissait non seulement probable, mais certain.

Peut-être tout ce vacarme se fût-il apaisé de lui-même, si deux révérends n'eussent, à ce moment précis, commis l'imprudence de se montrer en public et choisi pour but de promenade une fête foraine connue sous le nom de « Fête des prunes » qui, tous les ans, à pareille époque, attire, plusieurs jours durant, une affluence très mêlée. Aussitôt reconnus, ils furent accueillis par des murmures et gratifiés de quelques projectiles peu dangereux tels que mottes de terre, fruits pourris. Au lieu de se retirer purement et simplement, l'idée fâcheuse leur vint d'exhiber leurs revolvers et de faire feu, tirant en l'air dans le fol espoir d'en imposer aux mauvais plaisants. Alors les imprécations éclatèrent, la multitude furieuse se rua sur les deux clergymen qui réussirent néanmoins à s'échapper, heureux d'en être quitte pour quelques horions. Mais à peine avaient-ils regagné leur logis qu'ils durent déguerpir. La populace brisait la porte, envahissait la maison, enlevait tout ce qui était bon à prendre et, cela fait, commençait à démolir le bâtiment et ses dépendances.

L'opération se poursuivit méthodiquement, sans encombre, jusqu'au lendemain matin. La police n'avait point paru. Encouragés par cette neutralité bienveillante, les meneurs passèrent à d'autres exercices et lancèrent leurs troupes sur les missions catholiques.

Averti du péril, l'évêque s'était immédiatement rendu chez le Vice-Roi pour demander du secours. Il trouve portes closes. Alors, il se fait conduire à la résidence du maréchal tartare, espérant que ce dernier, en sa qualité de représentant direct de la dynastie impériale, aurait à cœur de rétablir l'ordre. La porte du yàmen est grande ouverte, mais des soldats, la lance au poing, barrent l'entrée. Et la chaise doit faire demi-tour, se frayer de nouveau passage à travers la plèbe houleuse. Bientôt les porteurs sont bousculés, roués de coups, la chaise jetée à terre à moitié brisée. L'évêque poursuit à pied sa route au milieu des huées, sous une grêle de pierres. Blessé, perdant du sang, il tient bon quand même, marche la tête haute, sans se presser, hanté seulement, m'a-t-il dit, par cette idée fixe : « Il ne faut pas que je fasse un faux pas. Si je tombe, je suis perdu ! »

Et pas un refuge. Sur le seuil des maisons, devant les boutiques, les spectateurs se pressent, mais on devine, à leur physionomie, que pas un ne songe à venir en aide au malheureux, muraille humaine aussi impassible et impénétrable qu'un mur de granit. Personne n'ose intervenir, braver la meute lâchée. Voici que soudain le prélat chancelle; une brique lancée avec violence vient de l'atteindre. Le sang l'aveugle, il va défaillir, lorsqu'enfin quelqu'un se dévoue. C'est un riche marchand de thé : du fond de son magasin aux boiseries laquées, il a vu la scène. Une pitié le saisit. Il descend dans la rue, écarte du geste les forcenés, prend l'évêque par la main et lui dit : « Entre ! »

Il était tard, la nuit venait, la bande un peu déconcertée et haranguée par le marchand se dispersa. Sur ces entrefaites, un petit officier de police du voisinage — un courageux lui aussi — instruit de ce qui se passait, accourut. Le *tâ-jen* (grand homme), disait-il, n'était pas en sûreté. La foule pouvait revenir d'un moment à l'autre. Il insistait pour lui donner asile dans sa maison : et, cédant au blessé sa propre chaise, il l'emmena. Le gouvernement français a fait parvenir à ce brave homme, par les soins de notre ministre à Péking, une médaille d'or bien méritée. Le pauvre policier risquait sa place et peut-être sa tête. Il y avait en effet, de la part d'un subalterne, quelque témérité à couvrir un Européen de sa protection, alors qu'en haut la consigne était de laisser faire, à l'heure même où le *pâ-tièn* (sous-préfet), envoyé soi-disant pour mettre le holà, admonestait en ces termes les individus occupés à piller l'église et la demeure épiscopale : « Emportez ou détruisez ce qu'il vous plaira, mais qu'on ne mette pas le feu, à cause des voisins ! »

Par bonheur, les prêtres de la Mission avaient pu s'échapper à temps et avaient été recueillis par des familles chrétiennes. Le lendemain tous, y compris l'évêque, se retrouvaient au yâmen du Vice-Roi qui les prenait — un peu tard ! — sous sa sauvegarde, mais en réalité les retenait captifs, les parquait dans une salle humide et sombre occupée déjà par les Américains, leurs femmes et leurs enfants. Vingt personnes durent s'arranger pour passer deux semaines dans ce taudis sans air et sans lumière.

Mais tout a une fin, même l'omnipotence d'un vice-roi. Elle tient, somme toute, à bien peu de chose. Une ou deux vibrations du fil télégraphique, et c'en est fait. Le bureau de Tcheng-Tou, sur les ordres formels de Liou, refusait d'accepter les dépêches. Mais, comme on ne saurait songer à tout, on avait négligé de signifier les mêmes instructions aux autres postes de la province. Le plus proche était Lou-Tchéou, sur le Yang-Tzé : la distance est de soixante-dix lieues. Un homme de confiance réussit à accomplir le trajet en deux jours et demi, remit à l'employé un télégramme qui fut accepté sans difficulté et transmis à Péking séance tenante.

On sait le reste : l'intervention énergique et efficace du ministre de France, les satisfactions obtenues. Le vice-roi Liou était révoqué, dépouillé de tous ses titres, ses biens confisqués. Vainement, après avoir remis le grand sceau à son successeur, avait-il obtenu de ce dernier l'autorisation de quitter la ville incognito, d'être dispensé du cérémonial humiliant suivant lequel doit s'effectuer le départ d'un fonctionnaire dégradé. Il était en route depuis vingt-quatre heures, lorsqu'une dépêche de Péking ordonna qu'on le fît revenir, afin que sa retraite eût lieu publiquement, dans les formes prescrites en pareil cas par les rites. Et quelques jours après, lorsqu'il sortit définitivement de Tcheng-Tou, deux satellites précédaient sa chaise, portant sur un brancard une cage en bambou qui contenait ses insignes et décorations : le chapeau orné du bouton rouge et de la plume de paon, la veste jaune, le collier du Double-Dragon. La cage était surmontée d'une pancarte sur laquelle on lisait cette inscription en gros caractères : « Un mandarin coupable ».

Les missionnaires français recevaient une indemnité de quatre millions. Certaines feuilles anglaises du littoral ont trouvé la somme un peu forte. Elle représente tout juste les pertes matérielles, les immeubles détruits de fond en comble : cathédrale toute neuve, hôpital inauguré

TCHENG-TOU. — UNE PLACE PRÈS DE LA PORTE DE L'EST.

JARDINS DU MONASTÈRE DE TSAO-TANG.

depuis peu de jours, vastes écoles, séminaire, orphelinats. J'ai visité ce champ de débris. Jamais œuvre de destruction ne fut mieux parachevée. Des édifices ont été littéralement pulvérisés : les fers, les briques, les pierres de taille ont été brisés à coups de masse, les fondations elle-mêmes bouleversées. Les chapelles ou oratoires établis dans les différents quartiers de la ville et dans les faubourgs furent traités de même. Les dégâts ne se sont pas bornés à la capitale : dans la province, une quarantaine de paroisses ont plus ou moins souffert. Enfin il est telles choses dont une indemnité, si élevée soit-elle, ne peut compenser la perte : archives, manuscrits, vieux souvenirs, que sais-je? Au surplus il a été stipulé que cette indemnité serait prélevée sur la fortune personnelle du vice-roi déchu à qui dix années de concussions ont permis d'amasser plus qu'une modeste aisance. La population n'aura donc pas, de ce chef, à débourser une sapèque. Elle prendra même un certain plaisir à voir son ancien détrousseur contraint, pour solder les frais, de restituer tout ou partie de ses rapines.

La réparation a été ce qu'elle devait être, immédiate et complète. La promptitude aveclaquelle cette affaire, d'une gravité exceptionnelle, fut réglée fait le plus grand honneur au diplomate auquel incombe la tâche délicate de sauvegarder, auprès de ce qu'on est convenu d'appeler « le gouvernement chinois », les intérêts de notre pays. On n'a pas manqué, en cette occasion, d'opposer son attitude si nette et si décisive, aux lenteurs et aux tergiversations des représentants de l'Angleterre et des États-Unis. Tout était terminé depuis plus de six semaines que l'escadre anglaise préludait seulement à sa démonstration oiseuse dans le bas Yang-Tsé et venaitjeter l'ancre devant Nanking. Quant au cabinet de Washington, il avait, toutes réflexions faites, décidé d'envoyer au Sé-Tchouen une commission extraordinaire. Extraordinaire, elle le fut, en effet, à telles enseignes que, nommée pour procéder à une enquête relative à des événements survenus fin mai, elle se présentait à Tcheng-Tou le 15 décembre. Elle ne fit au surplus qu'y toucher barre. Au bout d'une semaine, les commissaires repartaient enchantés de leur voyage et de ses résultats. Les Chinois, de leur côté, n'avaient pas lieu de se plaindre : ils en étaient quittes pour une centaine de mille francs, des protestations de regret, des politesses et quelques potiches. Seuls, les révérends américains ne sont pas contents et ne se gênent point pour dire que leur cause eût pu être défendue avec plus de verve. Ils sont dans le vrai.

A l'heure actuelle tout est tranquille, les chapelles réédifiées ouvriront bientôt leurs portes. On se tromperait cependant si l'on prenait cette accalmie pour une paix définitive. La situation est évidemment moins menaçante que par le passé. Je puis parcourir à pied et sans escorte la ville et les environs, aller et venir à ma guise sans être inquiété. Affaire de chance. D'autres ont été moins heureux. J'apprends que tout récemment plusieurs membres de la Mission française d'études, accompagnés du chef de l'expédition, furent insultés grossièrement, poursuivis à coups de pierres, comme ils allaient rendre visite au desservant d'une paroisse située à cent pas de la porte de l'Est; cela, bien entendu, à proximité d'un corps de garde, sous les regards indifférents sinon approbateurs des gens de police. Le vice-roi Liou a été remplacé par le vice-roi Lou ; même nom, à une lettre près, et, en fait, mêmes influences prédominantes. Le mandarin révoqué a laissé derrière lui ses créatures, qui en imposent à son successeur, esprit timide et pusillanime. Ses intentions ne sont évidemment pas mauvaises ; il désire la paix, comprenant bien qu'une bagarre nouvelle lui coûterait sa place. Aussi n'est-ce point de lui que viennent les excitations, mais de son entourage. Lui-même, en raison de ses allures conciliantes, est vivement pris à partie ; des langues perfides insinuent qu'il a des tendances à pactiser avec les Européens. C'est contre lui maintenant que sont dirigés les libelles et les pamphlets. Dernièrement une caricature que j'ai sous les yeux fut répandue à des milliers d'exemplaires aux environs et à l'intérieur même du yâmen. L'auteur, jouant sur le sens du nom vice-royal (*Lou* en chinois veut dire « cerf ») et du mot *yang* (étranger) lequel peut également se traduire par « mouton », montre dans un décor champêtre, un dix-cors couché aux pieds d'une brebis. Le dessin est accompagné de la légende ci-après : « Deux gibiers dont nous nous régalerons avant peu ! » Charmant, n'est-ce pas ?

Le fait est que le nombre de ces Européens honnis ne semble point décroître, tant s'en faut. Taquineries, menaces, rien ne les arrête. Jamais on n'avait vu au Sé-Tchouen autant de voyageurs français que depuis ces désordres. Cette année spécialement, il en vient de tous les points du compas. C'était d'abord un Parisien, M. Maderolle, que je croisais, il y a trois mois, sur le Yang-Tsé ; ensuite la mission d'études envoyée par les chambres de commerce françaises. Je n'ai point eu le plaisir de la rencontrer. Tandis que je faisais un détour dans le Sud par Tse-Liou-Tsin, elle passait un peu plus au nord pour atteindre Tchoung-King, par la vallée du Kia-Lin. En revanche, j'ai trouvé ici un vice-résident du Tonkin, M. Bonin. Celui-ci, chargé par le gouvernement du Protectorat d'une mission commerciale au Yun-Nan, arrivait de Tali-fou en longeant la frontière thibétaine. Il vient de repartir pour le Tonkin, mais par une route qui n'est point celle des gens pressés, son intention étant d'étendre ses explorations vers le Nord dans le Kan-Sou, puis de regagner la côte par la Mongolie et Péking.

Cette affluence de visiteurs exaspère ceux qui se flattaient, il y a dix mois, de fermer aux Européens l'accès du Sé-Tchouen. Ils ne réussissent pas toujours à dissimuler leur déconvenue. Il y a deux jours, sur notre passage, un individu de mise négligée, mais dont la démarche autoritaire indiquait qu'il avait connu des jours meilleurs, a manifesté son indignation par de véhémentes apostrophes contre le Vice-Roi, contre l'Empereur, ces niais ou ces traîtres qui livraient la Chine à l'étranger. Dans son accès de rage imbécile, il vociférait, gesticulait comme un possédé, cherchant à ameuter les passants. Peines perdues; ses excitations demeurèrent sans écho.

Aucune de ces manifestations isolées n'a par elle-même grande importance. Mais leur fréquence révèle, sinon dans la population, au moins chez une minorité turbulente que l'entourage du Vice-Roi encourage ou laisse faire, un état d'esprit inquiétant. Tant que les deux hauts dignitaires, le Trésorier et le Juge, créatures de Liou, conserveront leur charge, continueront à tenir en échec son successeur, la situation, sans être critique, restera difficile : elle exigera, de la part de tous ceux que leurs études ou leurs entreprises amèneront au Sé-Tchouen beaucoup de tact et de prudence.

III

Samedi 28 mars.

La campagne autour de Tcheng-Tou est un enchantement : nature japonaise, un peu artificielle, des paysages arrangés où semble s'être complu le caprice d'un maître décorateur, avec pourtant des lignes moins heurtées, je ne sais quoi de plus harmonieux et de plus ample, une végétation plus vigoureuse et plus drue. Mais, ici comme au Nippon, il y a de la gaieté dans l'air. Je me figure avoir laissé loin derrière moi la Chine décrépite et morose.

Les villages, les marchés ont un air de fête. Un peu partout s'élèvent des maisons de plaisance enluminées de tons clairs, des pavillons d'été mirent dans les eaux vives leurs toitures biscornues, leurs bois guillochés. Un peuple d'oisifs déambule à petits pas sur les routes, s'attarde devant les maisons de thé, aux abords des temples et des monastères qui, de même que dans l'empire du Soleil-Levant, servent ici tout à la fois aux cérémonies du culte et aux réunions joyeuses.

Elles sont charmantes, ces pagodes, presque toutes environnées de parcs ombreux, avec leurs sanctuaires multiples, leurs bassins fleuris de lotus et de nénuphars, leurs jardins, leurs promenoirs couverts où des parfums d'encens traînent mêlés à la senteur capiteuse des lilas. La plupart sont dans un état de conservation remarquable, quelques-unes véritablement imposantes. Je ne connais guère, dans l'Extrême-Orient, de sépulture princière comparable à la pagode de Wou-Kéou-Tzé, où repose une Majesté qui régnait vers l'an 200 de notre ère, l'empereur Liu-Pei, l'un des héros les plus populaires du Sé-Tchouen. Celle de Tsin-Yang-Kong (pagode des Deux Brebis) dédiée à Lao-Tzé, est à n'en pas douter un des plus beaux spécimens de l'architecture religieuse telle que la Chine l'a comprise. Sa tour octogonale, ses piliers de laque rouge autour desquels s'ébattent, dans une poudrée d'or, les dragons ailés et l'oiseau phénix; ses gigantesques brûle-parfums de bronze, hauts de trois mètres, d'une élégance de forme et d'une délicatesse de travail rarement atteintes, enfin le groupe des deux brebis qui donne son nom à l'édifice, ne sont point inférieurs aux conceptions des grands artistes japonais, aux merveilles de Nikko et de Nara.

La pagode, à en croire ses desservants, aurait été construite à l'endroit même où naquit, il y a vingt-six siècles, le fondateur du taoisme, l'homme dont les doctrines ont, avec celle de Confucius, imprégné si profondément l'âme de ce peuple et fait la Chine ce qu'elle est encore à l'heure actuelle. Deux autres provinces il est vrai, le Hou-Nan et le Hou-Pé, revendiquent, chacune avec preuves à l'appui, l'honneur d'avoir donné naissance au grand homme. On n'est pas près de tomber d'accord; la question a chances de fournir, pendant un nombre infini de lustres, aux notabilités littéraires de l'empire du Milieu, matière à des dissertations d'une actualité contestable, mais d'un intérêt soutenu.

Ce temple, lorsque j'y pénétrai pour la première fois, regorgeait de monde et il ne semblait point que cette foule se fût rendue là dans l'intention de procéder à de pieux exercices. Dans un angle de cour, des acrobates avaient dressé leurs tréteaux. Un peu plus loin, derrière une grande toile tendue entre deux perches, un montreur d'ombres chinoises faisait mouvoir ses silhouettes, avec le soleil pour lanterne. De tous côtés, dans l'air frais du matin, montaient les fumées des cuisines improvisées, le grésillement des fritures.

A Tsin-Yang depuis une semaine, dans la pagode et dans le parc, est installée une foire, ou plutôt une véritable exposition, qui s'ouvre, tous les ans, le quinzième jour de la deuxième lune, et dure un mois. L'organisation générale, la répartition des industries diverses rappellent d'une façon frappante les méthodes adoptées chez nous pour ces sortes de fêtes. Exposition universelle conçue à la chinoise, c'est-à-dire pour qui l'univers est limité aux frontières de l'Empire. A cela près, la disposition est identique. Nous y retrouvons les divisions par classes et par sections. Tel quartier est réservé au meuble, tel autre à la soierie. Il y a une section d'horticulture, sous-sectionnée elle-même en deux groupes, celui des arbres d'ornement et celui des fleurs, un modèle du genre; le département des porcelaines, celui des bronzes et cuivres, celui des beaux-arts et du bibelot, où sont exposés les dessins ou peintures sur soie et sur papier, les ivoires, les jades, les instruments de musique. On n'a eu garde, cela va sans dire, d'oublier les réjouissances, aussi variées que peu dispendieuses : la comédie et l'opéra, des marionnettes, des jongleurs, des orchestres de gongs et de flûtes. Il y a enfin les restaurants, les bouillons populaires, les cabarets fréquentés par les gens *select*. Les menus sont copieux et l'on y déjeune avec appétit, à la condition toutefois de ne pas visiter au préalable l'officine où s'élaborent les sauces.

J'ai passé là de bonnes heures, fort amusé et très entouré. Je me fais, par moments, l'effet d'une majesté exotique s'efforçant vainement de conserver l'incognito. Parfois, afin d'éviter la cohue, j'arrivais d'assez bonne heure; mais, ma chaise à peine signalée, les badauds se précipitaient, l'enceinte s'emplissait rapidement; dix minutes plus tard, on s'écrasait. Il n'y a pas à s'y tromper, je suis le clou de l'exposition.

Quand je me retire, mon public quitte aussi la place; ma chaise est serrée de près et, le rideau tiré, on reste là tout de même en contemplation, tandis que mes porteurs prennent leur dispositions pour le départ. A travers le tissu de gaze, j'aperçois, au bout de l'avenue, des retardataires qui se hâtent, une famille, le papa habillé de soie puce, la maman, jaune et azur et, à la remorque, un garçonnet voué au rouge. Des amis vont au-devant d'eux : on devine aux gestes, à la mine, qu'ils accueillent les nouveaux venus, par un : « Mes enfants, vous ne verrez rien. Il s'en va. C'est votre faute aussi : vous venez trop tard. » Et les autres ont l'air navrés.

Alors, en bon prince, j'ordonne aux porteurs de faire halte, j'écarte le rideau pendant quelques secondes. Les gens s'approchent pour mieux voir; ils remercient d'un sourire, d'un salut, les poings ramenés sous le menton et dodelinant de la tête comme des figurines articulées. Seul, le bambin ne s'amuse pas ; il a une peur atroce, se cabre et, tout en larmes, cherche un refuge dans le giron maternel.

De ces retraites suburbaines il en est une surtout où j'aime à revenir : le joli monastère de Tsao-Tang destiné à abriter la tombe et à perpétuer la mémoire de l'illustre poète Tou-Fou. Ce nom ne vous dit rien! Cependant je puis vous assurer que pour les Chinois Tou-Fou est une figure presque contemporaine, un talent bien moderne, attendu que ses meilleurs poèmes ont paru seulement sous la dynastie des Thangs, en 907, autant dire hier. Inutile d'ajouter qu'ils sont dans toutes les mémoires.

L'établissement n'a d'un couvent que le nom : imaginez une maison de thé, un restaurant champêtre où le service serait fait par des moines, de braves moines bouddhistes, de blanc vêtus et coiffés d'une haute capuche noire en forme de cloche.

Ce ne sont, chez eux, que buvettes, kiosques, salons pour tête-à-tête, salons pour familles. Aux cloisons, de vieilles enluminures sur soie ou sur papier reproduisent les principaux épisodes de la vie, fort accidentée, du poète. Longtemps méconnu de ses contemporains, l'infortuné dut se plier aux métiers les plus humbles ; tour-à-tour portefaix et batelier, réduit enfin par la maladie au dernier degré de la misère, presque aveugle, il allait débiter ses poèmes dans les carrefours sollicitant la pitié de l'auditoire. Un Vice-Roi épris de littérature l'arracha à cette abjection, fit de lui son favori. Désormais illustre, comblé d'honneurs, Tou-Fou était destiné à ne point jouir longtemps de cette gloire tardive. Un jour qu'il traversait le Yang-Tsé pendant la saison des crues, sa barque fut saisie dans un tourbillon, puis fracassée contre un îlot rocheux. Les bateliers se noyèrent. Le poète eut la vie sauve mais demeura plusieurs jours sur son récif, mourant de faim. Lorsque la baisse des eaux permit enfin de lui porter secours, le naufragé fit si bien honneur au festin préparé pour fêter son sauvetage qu'il décéda, séance tenante, d'une indigestion.

Çà-et-là, alternant avec les peintures qui commémorent les incidents de cette carrière agitée et cette fin assez prosaïque pour un barde, pendent des panneaux de bois laqué où sont gravés, en beaux caractères, des fragments choisis dans l'œuvre du maître ou de ses émules : Sou-Tong-Po-et-Li-Taï-Pei.

Un de ces morceaux, qui porte ce titre énigmatique : *Éventail d'Automne*, m'a paru présenter quelque intérêt. La pièce n'est d'ailleurs, selon toute vraisemblance, que la paraphrase d'une ancienne et célèbre élégie dans laquelle une dame du nom de Pan-Tsié-You, favorite de l'empereur Tchéng-Ti, de la dynastie des Hans, délaissée pour une rivale, déplorait son malheur. Dans sa plainte, libellée sur un éventail qu'elle envoyait à son oublieux amant, l'abandonnée se comparait à ce frêle appareil d'ivoire et de soie dont on ne se sépare point tant que dure l'été et que l'automne venu, l'on rejette comme un meuble inutile. De là, chez ce peuple qui goûte fort le symbole et la périphrase, le terme adopté pour désigner l'épouse abandonnée, la vieille maîtrese : *Éventail d'Automne*.

Assurément l'adaptation suivante, bien que serrant de près l'original, ne saurait donner une idée très nette de la manière du bon poète Tou-Fou. Une poésie chinoise ne vaut pas seulement par l'idée plus ou moins ingénieuse, par la cadence rythmique, mais aussi, mais surtout, par l'écriture, dans le sens étroit du terme, par le choix délicat des caractères. Le morceau équivaut à une peinture : il est conçu moins pour charmer l'esprit que pour le plaisir des yeux. Et c'est là de quoi décourager la traduction : Vaille que vaille, voici, à défaut de la reproduction calligraphique, le sens de cette petite pièce :

ÉVENTAIL D'AUTOMNE.

Quand tu me l'as donné, cet éventail de soie
Où tremblent les bambous près du lac argenté,
C'étaient pour moi, les longs espoirs, les jours de joie,
Et ton amour, ô maître, et ta splendeur, Été!

Trois lunes depuis lors ; pas plus en vérité.
Une autre femme a pris ma place, on me renvoie.
Et, sans un mot d'adieu, sans que je te revoie,
Je pars. De tes présents je n'ai rien emporté ;

Rien, sauf ce souvenir de l'heure à jamais close.
Reprends-le donc dans son écrin de laque rose,
Et comme en un linceul, dans la gaze roulé.

Mon emblème!... Aujourd'hui, vois, la bise est venue,
C'est l'Automne, le lac est noir, la plaine est nue,
L'éventail, inutile, — et l'amour envolé!

Dans le parc, une rivière serpente, s'attarde, élargie en un lac parsemé d'îlots verdoyants, où l'on accède au moyen de petits ponts couverts. C'est là qu'il fait bon se réunir avec quelques amis de choix pour manger des galettes à l'anis et savourer à lentes gorgées l'infusion de

« Pou-eul » tout en surveillant les ébats des tortues et des poissons écarlates. Dans l'après-midi, les visiteurs sont très nombreux à Tsao-Tang : bourgeois dignes qui promènent au bout d'un bâtonnet leur moineau apprivoisé; des mamans et leurs marmots, de jolies filles, des militaires. Je ne sais, et ne saurai jamais, quels genres a cultivés l'excellent Tou-Fou, s'il fut épique ou bucolique. Mais j'incline à croire que ce devait être un aimable esprit, celui qui repose là depuis bientôt mille ans sous un tertre gazonné, dans les bambous, près de la rivière aux poissons rouges.

IV

30 mars-2 avril.

Excursion dans la grande banlieue, jusqu'à Kouan-Tchien, sous-préfecture située à 130 lis (60 kilomètres) de Tcheng-Tou. Cette petite ville, étagée sur les premières pentes des montagnes, commande l'entrée de la vallée très encaissée et très sauvage par où descend le Min-Kiang. Elle est la résidence d'un haut mandarin délégué par le vice-roi à l'effet de maintenir en bon état les digues et barrages qui protègent la plaine de Tcheng-Tou contre l'envahissement des sables et des débris d'avalanches. Le torrent, brusquement arrêté dans sa course, est divisé au moyen d'un système fort simple et très ingénieux de gabions et de clayonnages, en une dizaine de canaux d'irrigation. Ces travaux de défense et de captage sont entretenus avec le plus grand soin. Les eaux sont dirigées, suivant les époques et les besoins des cultures, sur tel ou tel district. C'est, je crois, avec les barques de sauvetage postées par l'amiral Ho près de chaque rapide du Yang-Tzé, le seul service public aux mains des Chinois qui fonctionne avec une régularité parfaite.

A un kilomètre en amont du premier barrage, au pied d'un monastère nouvellement restauré dont les bâtiments étincelants de dorures s'élèvent en terrasses au milieu des bois de pins, un très curieux pont suspendu franchit la vallée. Cette passerelle hardie, appuyée sur quatre chevalets, mesure exactement 480 mètres de bout en bout. Il n'est entré dans sa construction aucune pièce métallique. Le tablier, large de deux mètres, est formé de plateaux de bois dur, les câbles, les parapets, les mains courantes sont en fibres de bambou tressées. L'ouvrage déjà ancien semble dater d'hier, tellement ses moindres parties sont ajustées avec art ou habilement réparées. Les grands câbles, me dit-on, sont entièrement renouvelés tous les six mois. Une équipe d'ouvriers, sous les ordres d'un mandarin responsable, est chargée de la garde et de l'entretien qui n'est pas une sinécure.

Hormis la pagode et ce pont d'une structure si originale, l'ensemble aussi bien que les détails du paysage rappellent l'Europe. On se croirait à l'entrée d'une des profondes vallées de la Suisse ou du Tyrol. Ce fougueux torrent contenu par des digues, c'est l'Aar entre Meiringen et Brienz. Ici comme là-bas, le majestueux horizon des montagnes, les pâturages d'un vert pâle plaqués de neiges, la rumeur des cascades lointaines vaguement entrevues au fond des gorges ; mêmes teintes, même bruissement d'eaux courantes, même brises acidulées tombant des cimes...

6 avril, lundi de Pâques.

Notre séjour tire à sa fin. Après trois semaines passées dans l'hospitalière Mission, nous n'avons pas voulu pren-

PONT SUSPENDU DE KOUAN-TCHIÈN.

SUR LE PONT DE KOUAN-TCHIÈN.

dre congé de nos compatriotes à la veille des fêtes de Pâques. Mais il n'y a plus à différer; la saison s'avance; déjà je suis assuré de ne pouvoir arriver à la frontière tonkinoise avant l'été. Il faut enfin songer au départ. Dans quarante-huit heures nous aurons quitté Tcheng-Tou en route pour Kia-Tin et les montagnes d'Omei. Une dernière fois j'ai voulu refaire la promenade accoutumée, dans la campagne suburbaine, visiter la pagode de Lao Tsé, le tombeau du poète, apercevoir encore, entre les grands arbres, la capitale du Sé-Tchouen à demi voilée sous les vapeurs légères qui montent des canaux et des étangs au déclin du jour. L'endroit aujourd'hui était presque désert. Un orage très court mais violent avait, depuis midi, dispersé la foule. Maintenant, le temps était redevenu clair, les feuillages lavés s'égouttaient. Dans le petit jardin des bonzes, quelques tiges brisées, une jonchée de fleurs de cerisiers et d'amandiers éparpillées par le vent étaient les seules traces de la bourrasque. Je suis resté là quelques instants, les regards tendus vers cette grande et vieille ville, métropole du Far-West chinois où, sauf les missionnaires, bien peu d'Européens, — une centaine à peine — ont pénétré et que, sans doute, je ne reverrai jamais. Comme elle paraît tranquille et reposée au milieu de la plaine verte! Il y a moins de dix mois l'émeute y grondait, parcourait les rues en poussant des cris de mort. Un jour, demain peut-être, éclateront des tourmentes nouvelles. Qui s'en douterait, à la voir ainsi paresseusement étalée, alanguie, prête à s'endormir, inoffensive, semble-t-il, dans la paix du soir?...

En revenant, à quelques pas du rempart, j'ai assisté à une scène curieuse qui montre quel est, en ce pays où l'aristocratie de naissance n'existe pas, le respect témoigné à la seule puissance qui anoblisse, au diplôme, à la paperasse.

Mes porteurs venaient de s'engager sur une digue très étroite, entre deux rizières, lorsqu'ils furent brusquement arrêtés par une autre chaise arrivant en sens inverse. Celle-ci était occupée par un jeune homme élégamment vêtu, portant besicles, l'air sérieux et content de lui, apparemment quelque lettré frais émoulé des examens. Les deux équipes s'interpellaient, mais ni l'une ni l'autre ne paraissait disposée à céder la place. La discussion menaçait de s'éterniser, quand le voyageur intervint, et s'adressant à mon chef porteur, lui cria d'un ton rogue :

— Ne peux-tu te garer devant un licencié du Kan-Sou?

Mon premier porteur, un grand gaillard bien découplé, frisant la quarantaine, ne s'émut point et, sans reculer d'une semelle, répliqua, goguenard : « Un licencié!... Et de quelle année? » Puis sans donner à l'autre le temps de répondre, il fouillait vivement dans la petite sacoche de cuir pendue à sa ceinture et en retirait un papier crasseux qu'il déploya fièrement, comme un drapeau, devant son interlocuteur ébahi.

— Regarde! dit il.

Le jeune homme prit la feuille du bout de ses doigts; mais à peine avait-il jeté les yeux sur le grimoire, qu'il le restituait aussitôt avec une inclinaison de tête et, du geste, commandait à ses gens de se détourner. Mon porteur, lui aussi, avait passé sa licence, et depuis longtemps! Le diplômé de fraîche date cédait le pas à son ancien. Ma chaise passa triomphalement, tandis que la sienne attendait en contre-bas du chemin, dans la rizière.

Au retour seulement j'eus l'explication de l'incident et la traduction d'un dialogue qui, sur le moment, n'avait pas été beaucoup plus intelligible pour moi qu'une pantomime. J'ai fait demander à ce licencié-porte-chaise quelques détails complémentaires sur son histoire, sur les circonstances qui l'avaient réduit à un genre de vie si précaire. L'histoire peut se résumer en peu de mots : un grand homme de petite ville, des rêves ambitieux, le désir d'éblouir la capitale, la majeure partie du modique capital paternel dépensée durant les années d'études, cinq longues années passées à éplucher des textes, puis le concours, la réussite, les démarches pour obtenir un poste. Les derniers taëls y passent et rien ne vient si ce n'est de vagues promesses. Cependant il fallait vivre. Alors, il avait fait toutes sortes de métiers, tour à tour copiste, courrier de yâmen, haleur de barques sur le Min-Kiang, enfin portefaix et porteur de chaise. Il en était là depuis quatre ans, très philosophe d'ailleurs, ayant donné congé à ses illusions et à ses espoirs. Tout ce qu'il désirait à présent c'était d'avoir un jour devant lui quelques milliers de sapèques afin de pouvoir regagner sa province et sa bourgade que jamais il n'aurait dû quitter.

Je lui ai fait remettre deux ligatures. Il s'est retiré ravi, non sans m'avoir déclaré de la façon la plus solennelle que dès le lendemain, au petit jour, il reprendrait le chemin du Kan-Sou.

Peut-être m'a-t-il dit vrai. Qui sait?

CHAPITRE IV

LA MONTAGNE SAINTE D'OMEI. — LE MING-KIANG DE TCHENG-TOU A KIA-TING. — SUR LA ROUTE D'OMEI. — LE MONASTÈRE DES DIX MILLE ANNÉES. — LE BELVÉDÈRE DU FAR-WEST CHINOIS.

I

10 avril.

Avant-hier dans la matinée, nous défilions pour la dernière fois, au pas allongé de nos porte-chaises, à travers les rues populeuses de Tcheng-Tou, en route pour Kia-Ting. En quarante minutes nous avions atteint la porte de l'Est et faisions halte au bord du canal étroit et bourbeux qui tient lieu de port.

La distance de Tcheng-Tou à Kia-Ting est d'environ deux cents kilomètres. La route de terre, en raison des innombrables canaux d'irrigation qui sillonnent la plaine et surtout du mauvais état du terrain détrempé par les pluies récentes, ne présentait aucun attrait. Aussi avait-il été décidé que le voyage s'effectuerait par eau, les bateliers se faisant forts d'accomplir le trajet en deux jours. Les embarcations attendaient, à deux pas des remparts, accotées contre la berge de glaise; deux barques très légères, non pontées, dont la plus confortable ne réserve aux passagers d'autre abri qu'une paillote étroite et surbaissée au point qu'il est malaisé d'y pénétrer, si ce n'est plié en deux. A cette époque de l'année, tout autre esquif de dimensions moins humbles ne pourrait flotter sur le cours supérieur du Min-Kiang, et les belles jonques du Yang-Tsé ne se hasardent point au-delà de Kia-Ting. Entre cette préfecture et la capitale du Sé-Tchouen, le trafic, toujours très actif, se poursuit avec une flottille de tirant d'eau très faible qui réunit les types les plus variés de la batellerie locale; chalands, radeaux, sans compter les bateaux-paniers dont la coque, à la fois flexible et résistante, formée de lamelles de bambou entrelacées, est rendue parfaitement étanche au moyen d'un enduit résineux.

Les chaises à porteurs, démontées morceau par morceau et arrimées tant bien que mal, les bagages, le campement, la batterie de cuisine casés au hasard de la rencontre, un peu partout, nous allions enfin démarrer, non sans avoir perdu près de deux heures à ces laborieux préliminaires, lorsqu'un nouveau retard se produisit. Deux soldats habillés de rouge, la hallebarde sur l'épaule, accouraient tout essouflés et, sans plus de façons, se disposaient à prendre place à bord. Ces militaires étaient, disaient-ils, envoyés par le Préfet pour nous servir d'escorte. Avant de laisser embarquer cette garde parfaitement inutile et encombrante, je fis demander aux hallebardiers de vouloir bien, au préalable, me présenter la carte du mandarin. L'usage veut en effet que tout émissaire d'un yâmen soit porteur de ce papier lequel équivaut à une lettre de créance et à une salutation courtoise précédant toute démarche officielle. L'oubli de cette formalité témoigne d'un sans-gêne inexcusable en un pays où chacun, du petit au grand, se pique de connaître les règles du savoir-vivre et se montre pointilleux à l'extrême sur le moindre détail d'étiquette.

Dans toutes les localités où nous avions séjourné depuis

plusieurs mois, l'attitude des autorités avait été absolument correcte. A l'envoi de nos cartes, les fonctionnaires avaient répondu sur-le-champ, soit en nous faisant passer la leur avec des compliments de bienvenue, soit en se présentant en personne à notre auberge. Parfois même, dans cet assaut de politesses, nous avions été devancés. La carte ou la visite mandarinale nous surprenait au débotté, dans le désarroi de l'arrivée et d'une installation hâtive. Seules les autorités de Tcheng-Tou n'ayant aucun motif de se départir à notre égard de l'attitude ombrageuse pour ne pas dire hostile qu'elles observent plus que jamais vis-à-vis de l'étranger, s'étaient bien gardées de nous envoyer leurs pancartes après avoir reçu les nôtres.

Ce manque de procédés, prévu d'ailleurs, me laissait indifférent. La surprise eût été plutôt que les représentants du pouvoir, devenus soudain plus sociables, eussent choisi l'heure de notre départ pour nous combler d'attentions flatteuses. Tel n'était point le cas. Les deux compères qui devaient nous tenir compagnie n'étaient porteurs d'aucun grimoire à notre adresse. Aussi leur enjoignis-je de retourner vers celui qui les envoyait de la sorte sans même daigner décliner son nom. Je n'avais que faire d'une escorte, alors surtout qu'elle m'était imposée sans plus de cérémonie; ils pouvaient remporter leurs casaques rouges et leurs hallebardes.

Ils insistaient pourtant, gesticulaient, prétendaient embarquer quand même et peut-être, de guerre lasse, allions-nous céder si, profitant du palabre pour larguer sournoisement les amarres, les bateliers n'avaient, d'un vigoureux coup de gaffe, poussé l'embarcation en plein courant. Les militaires furent laissés sur la berge, un peu penauds, tandis que la populace très amusée se gaussait de leur déconvenue.

Et bientôt nous avions perdu de vue l'opulente cité,

dépassé les faubourgs, le grand pont couvert à sept arches, déjà vieux au temps où l'admirait Marco Polo. Sur une distance d'une quinzaine de lieues, entre Tcheng-Tou et Houang-Long-Tchi, j'ai compté quatre ouvrages du même genre, non moins vénérables. Les parements sont feutrés de mousses, les dragons de marbre qui, depuis un millier d'années, grimacent autour des piles, sont mutilés par le frottement des câbles de halage, par le heurt des longs bambous à pointe de fer dont s'aident les mariniers. Mais les fondations sont toujours solides, les voûtes n'ont pas fléchi sous le poids des générations et des siècles : jamais réparées, fouillées dans leurs moindres joints par les pariétaires et les ronces, elles tiendront encore pendant des âges. De nouveaux empires surgiront et retourneront au chaos, la Chine elle-même sera dépecée avant que les assauts des éléments et des hommes aient désagrégé ces vieilles pierres. Même dans leur état actuel, ces monuments du passé, si nombreux dans tout l'Empire, en particulier dans cette province, affirment avec une puissance d'évocation autrement persuasive que les procès-verbaux du chroniqueur et les amplifications des poètes, ce dont fut capable cette civilisation agonisante, au temps lointain de sa splendeur.

La navigation, pendant la première partie du trajet, est assez pénible, surtout à ce moment de l'année. La rivière décrit d'innombrables lacets, les eaux sont très basses, les échouages fréquents. La manœuvre est rendue plus délicate par les barrages en gabions et en pilotis qui, durant la saison sèche, permettent d'irriguer les terres. Ces obstacles se présentent plusieurs fois par heure ; les bateliers ont fort à faire pour ne pas manquer les glissoirs dont l'ouverture est généralement très étroite. A chaque instant, qui plus est, des machines élévatoires dressent presque au milieu du chenal d'immenses roues à godets dont le grincement monte comme une plainte désespérante, répétée à l'infini sur les plaines.

Au delà de Houang-Long-Tchi, le Min-Kiang, jusqu'alors subdivisé, pour les besoins des cultures, en une multitude de petits bras, ne forme plus qu'une seule coulée large parfois de 150 à 200 mètres. Le train désormais s'accélère. La campagne est riche, riante même, bien que d'aspect peu varié. Le pavot à opium règne en maître. Mais c'est le moment de la floraison; les champs, aussi loin que la vue peut s'étendre, ont des reflets de mosaïques, tour à tour plaqués de bleu-lapis et de lilas, d'incarnat et de rose tendre. Le temps est magnifique, l'atmosphère aussi tiède qu'en juin. Hier même dans l'après-midi, la température, subitement élevée, était presque fatigante. Vers le soir, des nuages orageux d'un gris de plomb, envahissaient le ciel. Dans le crépuscule traînaient des senteurs de foin coupé, de ces parfums qui rappellent nos champs de France à la tombée d'un jour d'été.

Les bourgs, les villages se succèdent, à courts intervalles. La plupart ont bonne apparence. Partout l'animation est extrême. Sur les berges, des foules s'agitent bruyantes, les marchés battent leur plein, tandis que, sur la rivière, les bateaux de pêche, les petites jonques, dérivant au fil de l'eau, croisent les radeaux pesamment chargés qui progressent d'un mouvement imperceptible, malgré l'effort des cinquante hommes attelés à la cordelle et l'aide de la voile de nattes tendue entre deux perches.

Peu à peu, le pays devient plus accidenté. La rive gauche s'escarpe en coteaux où des temples bariolés, de petites bonzeries apparaissent entre les verdures. Des tours-pagodes sont plantées sur les plus hauts sommets. L'une d'elles, en aval du village de Ouan-Si-Saï, n'a pas moins de douze étages et ressemble, sous le soleil couchant, à un bibelot de vieil ivoire.

Nos barquiers, gens de parole, ne s'attardent point aux escales. Ils ne se sont, hier soir, arrêtés qu'une heure, le temps de fumer quelques pipes et d'avaler un peu d'opium, le tonique favori du travailleur chinois qui va déployer un grand effort. Après quoi ils ont repris les rames et nous avons navigué toute la nuit. Le chenal était libre d'obstacles, le courant assez fort. Aussi, lorsque le jour s'est levé, c'est à peine s'il nous restait à franchir une quinzaine de kilomètres pour atteindre Kia-Ting. Bientôt, au sortir d'une gorge, le Min-Kiang s'étalait en une nappe majestueuse, large de cinq à six cents mètres : sur la droite apparaissaient les faubourgs, puis la cité ceinturée de vieux remparts, les toitures incurvées des yâmens et des temples avec leurs arêtes en tuiles vernissées miroitant au soleil, leurs dragons de porcelaine, leurs mâts pavoisés de banderoles multicolores, le port encombré de radeaux et de sampans, une rangée de grosses jonques butées contre la berge ; sur l'autre rive enfin, plusieurs pagodes, des tours fuselées couronnant la crête d'une haute falaise de porphyre rouge. Dans ce rocher, vers l'an 800 de notre ère, sous l'inspiration d'un bonze très écouté, du nom de Haï-Tong, a été taillé en plein roc le monument le plus extraordinaire de la Chine bouddhiste, un Bouddha colossal auprès duquel les plus fameux géants de granit, de marbre ou de bronze paraîtraient pygmées.

Kia-Ting est situé au confluent du Min-Kiang et du Tong-Ho qui descend des montagnes d'Omei. Le choc de ces deux masses d'eaux détermine, en face de la ville, des contre-courants et, à deux cents mètres en aval, un rapide des plus dangereux. Le Bouddha a pour mission de conjurer les périls qui menacent les bateliers. Ce monolithe, qui n'a pas son pareil au monde, ne mesure pas moins de 360 pieds chinois (environ 120 mètres). Le dieu est représenté assis, les mains sur les genoux. La tête est au niveau du plateau, les pieds baignent dans le fleuve. L'image a été primitivement peinte, surchargée d'ornements en stuc et en poterie. Quelques traces de ces appliques polychromes subsistent encore, notamment sur le visage, dans les yeux où le soleil couchant met une lueur. Dépouillée par le temps de sa parure ancienne, la statue est maintenant drapée de feuillage, coiffée d'herbes folles. Des lianes, des fougères, des arbres de belle taille s'accrochent aux interstices de la pierre. Et c'est, au-dessus des eaux tourbillonnantes, une apparition inoubliable, cet énorme monolithe rouge dans son peplum de verdure. En amont et en aval, la roche a été curieusement fouillée, guillochée, peuplée de divinités empruntées pour la plupart au Panthéon brahmanique. Elles semblent, du fond de leurs niches, surveiller les deux fleuves qui s'entrechoquent à grand bruit et encourager du regard les mariniers en détresse.

II

10 avril.

Kia-Ting, l'une des préfectures les plus importantes du Sé-Tchouen, compte environ 150,000 âmes, soit, à peu de chose près, le quart de la population de Tcheng-Tou. Le commerce est cependant plus actif que dans la capitale. La ville est située au centre de la région séricicole : c'est, par excellence, l'entrepôt des soies du Sé-Tchouen. Elle reçoit également en transit les différents produits des districts montagneux de l'Ouest, notamment les thés, la cire végétale récoltée aux environs d'Omei, ainsi qu'une portion considérable des plantes médicinales, du musc et des peaux exportés du Thibet. Nombre de marchands, au lieu de suivre la route de Tcheng-Tou, trouvent en effet plus avantageux d'apporter leurs chargements à Kia-Ting, d'où ils seront réexpédiés par jonque sur Tchoung-King et la basse vallée du Yang-Tsé.

Mais ce qui fait de Kia-Ting une ville à part et de physionomie très spéciale, c'est qu'elle est, par sa situation géographique, le rendez-vous obligé des innombrables pèlerins se dirigeant vers la cime sacrée du Grand Omei. Ces pèlerins arrivent de tous les points de la province, et même des extrémités de l'Empire, l'afflux de ces foules pieuses ayant lieu surtout en été alors que, la récolte terminée, le paysan peut disposer de quelques loisirs. Je n'en ai guère aperçu jusqu'ici qu'une centaine. Ceux-là ne sont certainement pas du pays et voyagent sans doute depuis plusieurs mois. Un long bâton à la main, ils errent dans les rues par petits groupes, à pas traînants, de blanc vêtus, chaussés de sandales de paille, une natte grossière sur les épaules en guise de manteau. Dans le nombre, il en est pourtant qui appartiennent, selon toute évidence, à la classe aisée. J'ai remarqué tout à l'heure, au seuil d'une auberge, des chaises à porteurs élégamment drapées où venaient de prendre place deux dames de fort bonne mine qui s'en allaient en pèlerinage sous la protection d'une nombreuse valetaille des deux sexes montée sur des bourriquots. A la suite venaient une trentaine de coolies occupés au transport des malles et des provisions de bouche.

Notre caravane est plus modeste. Je n'emmène que quatre porteurs chargés du strict nécessaire pour une absence qui ne peut guère excéder huit jours. J'espère, avec ce personnel réduit, cheminer plus rapidement. Par malheur, il n'a pas été possible de refuser l'escorte dont les mandarins de Kia-Ting, beaucoup plus courtois que leurs collègues de Tcheng-Tou, ont voulu nous gratifier. Le mandarin civil, après avoir envoyé sa carte avec ses compliments, nous a expédié quatre satellites. Ce que voyant, le mandarin militaire, piqué au jeu, a aussitôt dépêché quatre de ses gardes. Ce qui me tranquillise c'est l'idée que cette troupe gênante ne manquera pas de s'égrener de cabaret en cabaret. Effectivement, dès les faubourgs, deux des soldats disparaissaient dans une maison de thé; un peu plus loin, trois de leurs camarades s'esquivaient de même. Bref, trois heures plus tard, en arrivant à Sou-Tchi, des huit porte-lances qui nous flanquaient au départ, un seul restait. Encore était-il aisé de reconnaître, à sa démarche hésitante, qu'il nourrissait, lui aussi, dans le secret de son cœur, de vagues projets de défection que l'on ne saurait trop encourager. Nous en serons délivrés avant la fin de l'étape.

A huit heures, par un clair soleil, nous sortions, de Kia-Ting par la porte de l'Ouest. La matinée était exquise, la campagne épanouie. Les cultures de pavots à opium alternent avec les champs de blé et les cannes à sucre. Les colzas jaunissent sous les mûriers plantés en quinconces. Nous avons d'abord, pendant un quart de lieue, remonté la rive droite du Tong-Ho, puis franchi en bac deux de ses affluents, le Tio-Ai-Tou et le Omei-Ho; nous suivons cette dernière rivière jusqu'à sa source, aux flancs de la Montagne-Sainte.

Le peuple est avenant comme le paysage. A Sou-Tchi où, vers midi, nous faisions halte pour déjeuner, c'est à peine si une douzaine de curieux ont pénétré dans l'auberge pour épier nos mouvements. Discrétion bien rare. Il est vrai que notre arrivée devait passer à peu près inaperçue, l'attention de l'immense majorité du public étant, pour le moment, captivée par une altercation violente qui avait lieu, en pleine rue, entre deux boutiquiers ; une de ces joutes oratoires où excellent les Chinois, dont les emportements se traduisent plus volontiers en invectives qu'en voies de fait. Escrime singulière où l'on ne tire que sur les morts, en ce sens que les traits, pour piquer au vif, doivent être dirigés non contre l'adversaire, mais contre ses ancêtres. Les attaques et les ripostes suivantes donneront une idée exacte de ces rencontres où il n'y a point de sang versé : « On sait de qui tu tiens. Ton père était un voleur ! — Et toi dont la grand'mère, une empoisonneuse, a tué son vieux mari pour s'en payer un tout neuf !... — Fils de tortue, la tienne en a fait de belles ! Elle se donnait à qui voulait la prendre. — Parlons un peu de ta trisaïeule !... » Et ainsi de suite, en remontant le cours des âges...

Les antagonistes n'en étaient pas moins, comme pour une affaire d'honneur, assistés chacun de deux seconds de bonne volonté tels qu'on en trouve ici dans tous les rassemblements populaires, gens toujours heureux de proposer leurs bons offices et dont le rôle consiste non pas à soutenir mais à contenir deux ennemis fermement résolus, au fond, à ne point en venir aux mains.

Le Chinois, on ne l'ignore pas, est l'être le moins batailleur du monde. Son arme favorite est la parole. Mais il y est de première force. Point n'est besoin d'ailleurs qu'on lui donne la réplique. Il a le monologue facile. Son premier mouvement, dès qu'il se croit lésé, est d'en informer la terre entière, de crier sur les toits sa mésaventure en vouant le coupable aux dieux infernaux. Il n'est pas de jour où l'on n'ait la joie d'assister dans un village ou en rase campagne à des manifestations de ce genre. Parfois même l'orateur est seul dans son champ, ce qui ne l'empêche pas de se mettre en frais d'éloquence et de lancer aux quatre vents ses périodes passionnées. Il est clair que, dans son idée, la personne dont il a à se plaindre et qu'il apostrophe avec tant de véhémence, est cachée non loin de là, à portée de la voix et, justement terrifiée, doit se jurer de ne plus s'exposer dans l'avenir au courroux d'un homme armé d'un aussi riche vocabulaire. Si l'effet désiré ne se produit pas toujours, du moins la victime a-t-elle soulagé sa bile, ce qui est déjà quelque chose.

Les paysannes chinoises sont particulièrement expertes dans ces soliloques vengeurs. Elle y mettent une impétuosité à laquelle n'atteignent point les commères du continent noir, qui pourtant ont le verbe haut. Celles-ci piaillent, mais maudissent moins bien et surtout moins longuement. Je me souviens qu'un jour, aux environs de Péking, je m'étais arrêté dans une ferme pour laisser reposer mes chevaux. A mon arrivée, la fermière juchée sur un petit mur, le chignon en bataille, jetait l'anathème à quelque mécréant inconnu qui avait effarouché sa basse-cour ou pratiqué des coupes sombres dans ses carrés de choux. Sauf mon boy et moi il n'y avait pas un être sur l'horizon, et il n'était pas présumable que l'allocution nous fût destinée. La bonne femme n'en continuait pas moins à vociférer dans le vide. Une heure plus tard, comme je me remettais en selle, quelle ne fut pas ma stupeur de l'apercevoir à la même place, sur sa muraille, plus excitée que jamais, à bout de forces, il est vrai, la voix éteinte, mais foudroyant encore du regard et du geste le maraudeur invisible.

Toujours est-il que le différend qui se réglait à coups de langue devant l'auberge de Sou-Tchi nous valut de pouvoir luncher en paix, sans être, comme à l'ordinaire, dévisagé par une centaine de curieux.

Le district de Sou-Tchi tire le plus clair de ses ressources de l'élève des vers à soie. Actuellement, toute la partie féminine de la population court les champs, occupée à la cueillette des feuilles de mûrier. Ces groupes de magnanarelles, vêtues de cotonnades bariolées, font bien dans le paysage. Il en est même de fort jolies sous leurs immenses chapeaux de paille dont les bords souples battent au moindre vent comme les ailes d'un oiseau.

La contrée est plus peuplée que jamais. On ne peut faire cent pas sans apercevoir un hameau, trois ou quatre maisonnettes blotties dans les bambous, les éternels bambous qui donnent à ce pays relativement tempéré, une vague ressemblance avec des terres situées sous les tropiques, plus spécialement avec les grasses plaines du Bengale.

Les villages sont les plus propres — je veux dire les moins sales — que j'aie vus en Chine. Les déchets de toutes sortes n'y traînent pas longtemps, l'ordure ne s'accumule pas sur les chemins, et pour cause. Faute de pâture, peu ou point d'élevage et, par suite, rareté extrême des engrais. Le moindre détritus a son prix : le cultivateur le guette comme le collectionneur poursuit une pièce rare. Cette sollicitude de l'agriculteur pour sa terre appauvrie se manifeste ici par des conceptions d'une ingéniosité touchante, où la demande la plus humble affecte une forme poétique. A chaque minute se détache, au bord du sentier, la silhouette gracieuse d'un édicule que, de prime abord, on pourrait prendre pour un petit oratoire à l'usage des pèlerins ou, mieux encore, pour un pavillon de plaisance. Ces abris sont tout simplement — comment dirai-je? — des chalets de nécessité, construits par le propriétaire du champ contigu. C'est à qui choisira l'architecture la plus coquette, l'ornemementation la plus tapageuse, dans l'espoir de captiver la clientèle ambulante. La structure de ce petit local est plus soignée que celle des habitations. On l'enjolive de banderoles, de panneaux portant, en caractères d'enseignes, les inscriptions les plus engageantes telles que : « Arrêtez-vous ici, l'ombre est douce! » ou bien encore : « Prenez le frais sous mes bambous! » Cette façon d'implorer les passants n'est point banale. Libre à l'Européen de la trouver plaisante. Ces barbares ne prennent rien au sérieux. Elle paraît toute naturelle dans un pays où le chef de l'État affiche la prétention d'être le premier des laboureurs, ne dédaigne pas de conduire une fois l'an la charrue, et de tracer son impérial sillon devant le temple de la Cérès chinoise.

Au delà de Sou-Tchi, nous apercevons pour la première fois les fameux arbres à cire, de plus en plus nombreux à mesure que l'on approche des montagnes. La récolte est terminée depuis près de deux mois, aussi l'aspect de l'arbuste n'a-t-il en ce moment quoi que ce soit de remarquable. La substance recueillie sur ses branches n'en constitue pas moins une des principales richesses du Sé-Tchouen ainsi qu'une source importante de revenus pour le fisc provincial.

L'exploitation de la cire, — du moins de cette qualité de cire, la plus appréciée en Chine, — a ceci d'original qu'elle nécessite la coopération de deux climats très divers et occupe les populations de deux contrées fort distantes l'une de l'autre. La cire est sécrétée par un insecte originaire des vallées de Kien-Chang, dans le Yun-Nan septentrional. Il dépose ses œufs sur un arbrisseau à feuillage persistant, le *pao-ké*, mais ne donne, dans son pays d'origine, qu'une cire grossière et de peu de valeur. En revanche, c'est là seulement qu'il croît et multiplie. Vainement on a tenté de pratiquer à la fois, dans une seule et même région, l'élève de l'insecte et la culture de l'arbre à cire. Les deux pays ont dû, de toute nécessité, s'entendre pour partager le travail et les profits. Chaque printemps, les indigènes de Kien-Chang se dirigent en grand nombre vers le Sé-Tchouen, avec les œufs du précieux insecte et les vendent à Kia-Ting, à raison d'un taël (4 francs) le paquet de dix onces. Nous croiserons sans doute ces caravanes annuelles sur les routes du Yun-Nan.

Le voyage, qui est de plus de cent lieues, doit s'accomplir très rapidement pour éviter que l'éclosion n'ait lieu en route. Les porteurs cheminent surtout la nuit et effectuent le trajet en moins de deux semaines. Les œufs, revendus aussitôt dans la région comprise entre Sou-Tchi et les premières pentes du mont Omei, sont disposés sur l'arbre dont les branches supérieures ne tardent pas à se couvrir d'une matière blanchâtre et opaque qui s'épaissit de jour en jour. La récolte a lieu au bout de six à huit mois, selon les années. La cire, une fois fondue et épurée, est coulée dans des moules d'où elle sort sous la forme de gros pains façonnés en tronc de cône et pesant de 20 à 25 cattys (12 à 15 kilogrammes). Le prix est assez élevé. La cire se vend, sur place, environ un taël le catty, et près du double en dehors de la province, en raison des frais de transport et des droits de sortie. La seule préfecture de Kia-Ting en exporte bon an mal an un millier de tonnes sur les marchés de Han-Kéou et de Nanking. La qualité est, paraît-il, de beaucoup supérieure à celles des produits similaires obtenus dans le Tché-Kiang et le Fô-Kien.

Entre cinq et six, une ligne de montagnes se dessinait dans l'Ouest, à peine distincte sous les nuées. Depuis midi, le temps s'était mis à l'orage, la chaleur était accablante. Soudain, le soleil à peine disparu, voici que le rideau de vapeurs s'abaisse et, haut dans le ciel à vingt lieues de nous, la grande arête d'Omei se dresse, pareille à un éperon de navire : le point extrême de notre voyage dans le Far-West chinois, la montagne sacrée que nous allons gravir de monastère en monastère, de pagode en pagode, la plate-forme d'où les premiers apôtres du bouddhisme s'élancèrent, il y a bientôt deux mille ans, à la conquête du Sé-Tchouen et de la Chine du Nord.

Dans cette fin de jour, le spectacle est d'une majesté incomparable, l'heure très douce. Ah! camper là, dresser sa tente sous un de ces grands arbres contemporains de Lao Tzé, reposer dans la fraîcheur, devant ces montagnes agrandies par le crépuscule. Mais, hélas! on ne campe point en Chine si n'est en pays désert. Partout où il y a des villes ou des villages, la bienséance veut que le voyageur s'abrite entre quatre murs. Les malfaiteurs seuls dorment sur les grands chemins. Heureux malfaiteurs! A peine avais-je eu le temps de caresser ce rêve et de formuler mon regret, que déjà nous étions dans les faubourgs, puis sous la porte de la vieille cité d'Omei. Quelques minutes encore, et j'étais déposé dans l'auberge accoutumée au fond d'une cour puante, dans la chambre mandarine adossée à l'étable à porcs, dans l'hôtellerie chinoise, partout la même, justement redoutée, dont la seule perspective empoisonne les joies du voyage, assombrit les claires matinées, anéantit la poésie des soirs!

III

Presque au sortir d'Omei, nous sommes déjà en pleine montagne, gravissant le sentier aux dalles usées, depuis mille ans et plus, par les pas des pèlerins; un étroit sentier qui d'abord file à flanc de coteau, puis brusquement se redresse en escaliers fort raides. Les degrés, très hauts, parfois disjoints, menacent ruine. L'ascension est rude, mais la fatigue s'oublie vite dans ces belles forêts pleines de senteurs résineuses, égayées par des concerts d'oiseaux, par un murmure d'eaux vives. Tous les quarts

AU PIED DU MONT OMEI.

BONZES DU MONASTÈRE DES DIX MILLE ANNÉES.

de lieue en moyenne, un temple émerge des futaies, architectures capricieuses, clochetons, portiques rouge et or sous lesquels erre un peuple de bonzes en toges couleur de cendre, le chef rasé. Les dorures sont défraîchies, la peinture craquelée; mais à distance, dans ce demi-jour de crypte, l'effet est saisissant.

Halte d'une heure à la pagode de Souén-Yang-Tsien, près de laquelle un torrent se précipite dans un abîme dont il est impossible de scruter la profondeur, à travers la végétation folle et le rejaillissement des eaux pulvérisées. Un peu avant la nuit, au sommet d'une dernière rampe plus dure encore que les précédentes, nous arrivions aux portes du grand monastère de Chên-Ouan-Nien-Sé, le «Monastère des dix mille années ». Par une voûte très basse, pratiquée dans la muraille cyclopéenne, on accède dans une première cour dallée, devant un pavillon abritant un magnifique Bouddha en bronze doré de vingt pieds de haut. La statue, autant qu'il est permis d'en juger dans la pénombre, est un intéressant spécimen de l'art du fondeur au temps des Sungs, c'est-à-dire il y a dix ou douze siècles. Sous le péristyle sont installées des échoppes où l'on vend des objets de piété, des cierges, de saintes images, des bâtons de pèlerins en bois blanc timbrés du sceau du couvent et que surmonte une tête de dragon cornu d'un travail assez grossier.

Quelques voyageurs qui nous ont précédés sont déjà occupés à leurs dévotions. D'autres, épuisés par une longue journée de marche, ne songent qu'au repos et, accroupis sur les dalles, sirotent lentement la coupe de thé offerte par les moines. Pauvres gens, malades ou estropiés pour la plupart, qui se traînent jusqu'à la cime vénérée dans l'espoir de contempler, au soleil levant, la « gloire de Bouddha » et d'obtenir un allègement à leurs peines! Quelques minutes avant la clôture des portes, deux individus arrivent l'un portant l'autre dans une hotte. C'est, mise en action, la fable de « l'Aveugle et du Paralytique » ·

Je marcherai pour vous, vous y verrez pour moi.

A la montée, passe encore. Mais je me demande comment ces malheureux parviendront à opérer la descente sur ces rampes effroyables. Fussé-je le plus clairvoyant des paralytiques, j'hésiterais à l'entreprendre sur les épaules d'un aveugle même robuste. Mais à quoi bon ces craintes? La région où ils viennent d'entrer n'est-elle point fertile en miracles? Qui sait si, dans quelques jours, tous deux ne redescendront pas bras dessus, bras dessous, ayant retrouvé là-haut, celui-ci ses yeux, celui-là ses jambes?

De ce premier sanctuaire on s'achemine par un large escalier vers le couvent proprement dit : les vastes bâtiments occupent plusieurs terrasses ombragées de beaux arbres. Le monastère est bâti au pied de l'arête principale d'Omei; l'altitude est de 1,300 mètres. De l'entrée, on embrasse un immense horizon de montagnes découpées en dents de scie et, par une échancrure, les plaines de Kia-Ting où les cours sinueux du Min-Kiang, du Tong-Ho, les rizières inondées, luisent sous le soleil couchant.

Bien que desservi par des bouddhistes, Ouan-Nièn-Sé est un temple plutôt cosmopolite. Sans doute Çakya-Mouni et ses incarnations : Milè-Bouddha et Omito-Bouddha y tiennent la place d'honneur; mais à côté de cette trinité, et dans la même enceinte, les dieux de l'Inde et de la Chine ont aussi leurs autels. J'ai aperçu là le dieu de la Guerre, le dieu de la Médecine, la Kouan Yin aux cent bras, déesse de la Miséricorde; Poû Sien, le dieu de la lumière, venu, dit-on, de l'Inde, sur un éléphant blanc. Poû Sien dispose d'une chapelle à part, très richement ornée. Le dieu est représenté sur sa monture favorite; celle-ci est placée sur un superbe piédestal formé de quatre fleurs de lotus d'un mètre de diamètre. La hauteur totale de ce chef-d'œuvre de la métallurgie chinoise est de dix mètres. Le monument date du dixième siècle. Les proportions en sont admirables, le modelé très pur ; le métal a pris, avec les années, une patine étrange, d'un ton très chaud, que je n'avais jamais observée jusqu'ici. Au total, Panthéon où la société est très mêlée. Le fait est que les fondateurs de Ouan-Nièn-Sé, afin d'affermir plus sûrement leur influence sur les populations indigènes, se sont bien gardés de déclarer la guerre aux divinités locales. Ils les ont recueillies, remises à neuf, les ont groupées autour du Bouddha, auquel elles semblent faire cortège et rendre hommage.

Les moines nous ont fait très bon accueil. Le monastère est d'une propreté extraordinaire pour la Chine. L'appartement où l'on nous conduit est même décoré avec une certaine recherche. On y accède par une ouverture circulaire qui, dans la cloison chargée de sculptures, représente une pleine lune sortant des nuages; il prend jour sur un jardin plein de grands camélias en fleurs. Le charmant endroit! Comme on s'y oublierait volontiers. Je songe avec chagrin qu'il faudra l'abandonner dès l'aube prochaine afin de profiter du beau temps pour parachever sans retard l'ascension. Dix heures de marche nous séparent encore du sommet de la montagne, qui domine de 2,700 mètres les terrasses de Ouan-Nièn-Sé; dix heures de marche, et quarante pagodes plantées comme des nids d'aigle au creux des roches.

Au moment où j'achève de griffonner ces lignes, il est presque nuit close. Autour de moi, tout est silence et fraîcheur. Après les fatigues de la journée, c'est une paix envahissante, une détente soudaine des nerfs, une sensation de quiétude rarement éprouvée depuis plusieurs mois.

12-13 avril.

Vous connaissez ces compositions des paysagistes chinois, d'une facture conventionnelle à l'extrême et d'une perspective tant soit peu déconcertante; ces vieilles peintures sur soie ou sur papier représentant une montagne bizarre pareille à un cartonnage avec, çà et là, de petits plumeaux figurant les touffes de bambous, des passerelles jetées au-dessus de torrents et de cascades d'une blancheur de crème, des belvédères juchés sur toutes les cimes, des temples étagés où des bonzes prennent le frais. Tout cela, relié par un système très compliqué d'escaliers et de sentiers en zigzags. Parfois, des profondeurs, un brouillard monte qui coupe un morceau du tableau, écorne un édifice, efface une forêt, ne laissant apercevoir que des tronçons épars, une moitié d'arbre, un toit pointu. C'est l'incohérence même. Malgré tout, cela est décoratif et gai à l'œil.

Rien, mieux que ces chinoiseries, ne saurait donner une idée du chemin parcouru entre Ouan-Nièn-Zé et la cime d'Omei; une distance de 17 kilomètres franchie, presque de bout en bout, par un escalier taillé le long de l'arête principale et qui s'élève de 1,300 à 3,250 mètres.

Déjeuné au petit temple de Kouaï-San-Tsé et, sur le coup de six heures, pris nos dispositions pour la nuit au monastère de Tai-Tzé-Pi, par un froid très vif. Nos hommes assurent que nous sommes encore fort loin de la cime. Je la crois pourtant très proche. Mais la nuit arrive, le chemin est devenu difficile : toute trace de dallage a disparu. On avance sur des pentes ravinées où le passage est obstrué à chaque instant par des racines, par des arbres tombés, par des amas de vieille neige. Enfin, l'orage menace. Mieux vaut s'arrêter.

Il était temps. Quelques instants plus tard la tempête

éclatait; jusqu'à trois heures du matin, le pauvre monastère de planches a été secoué par la rafale, à croire qu'il allait être détaché du roc et lancé dans l'espace. Au jour, l'averse avait cessé. Le ciel se déblayait vers l'Ouest où l'on distinguait un soulèvement confus de crètes étagées jusqu'au lointain. Tout au fond de l'horizon brillaient les crêtes des montagnes thibétaines.

Du sommet, le lever du soleil a dû être assez beau. Ce sommet, comme je le supposais, n'était pas éloigné. Nous y sommes arrivés en une demi-heure, mais trop tard. Déjà les brumes montant des vallées avaient voilé tout. La journée s'est passée à attendre vainement une embellie. Les pagodes de la cime n'ont quoi que ce soit de monumental : bâtisses en bois, fort simples, destinées pour la plupart à servir de dortoirs aux pèlerins. Rien de remarquable, si ce n'est les débris d'une tour de bronze, malheureusement écroulée et aux trois quarts fondue, il y a six ans, dans un incendie.

L'hospitalité des bonzes est parfaite. Ces bonnes gens ne se montrent ni indiscrets, ni encombrants. Il font de leur mieux les honneurs de leur logis et nous offrent des gâteaux point mauvais, confectionnés dans les cuisines monacales. Néanmoins ces friandises n'empêchent point que les heures ne semblent un peu mornes, dans cette brume impitoyable. J'ai passé maintes fois dans les Alpes, des journées semblables, à maugréer contre l'orage et le brouillard. Il me semble par moments que je suis, non point aux confins de la Chine et du Thibet, mais dans quelque hôtellerie à touristes, à l'Oberalp ou au Grimsel. Mais que tout cela est loin, mon Dieu! Ici, pas de caravanes joyeuses, de dames en toilettes claires; point de Perrichons ni de Tartarins. Des êtres à face glabre, vêtus de grosses cotonnades, de pelisses en peaux de mouton, portant au côté, dans un bissac, tout leur bagage et qui, leur bâton de route, posé devant eux, battent du front le plancher, en implorant l'idole. Plusieurs attendent depuis longtemps cette minute. En voici un qui arrive en droite ligne... de Péking! Il est en route depuis près de cinq mois. Mais tous les maux endurés ne pèsent pas lourd dans son souvenir. Il est tout à la joie du moment. Ses vœux sont exaucés. Il a pu, sur la cime sacrée, se prosterner, brûler quelques bâtonnets d'encens dans la pagode vermoulue où les prêtres stimulent les offrandes en frappant à coups de maillet des vieilles cloches de bronze.

14 avril.

La nuit dernière, il a gelé assez fort; le temps s'est éclairci. Ce matin, pas un nuage au ciel : le chef des bonzes s'est fait un plaisir de venir nous annoncer cette bonne nouvelle longtemps avant le jour.

A six heures, le soleil est apparu au-dessus des plaines de Kia-Ting noyées dans la vapeur. Le fond des vallées est presque entièrement caché, mais les hauteurs, dans l'Ouest, se détachent très nettes. Au fond de cet horizon tumultueux se dresse l'imposant massif du Chan-Si-Sàn. Le vieux prêtre, désignant les montagnes dont les glaciers et les neiges prennent des teintes de chair, me dit : « Elles sont dans le Thibet, à trente jours de marche d'ici. » Trente jours! Et cependant c'est à peine si, à vol d'oiseau, la distance est de cent kilomètres. Mais le trajet est quadruplé par les reliefs du sol. De même pour atteindre la contrée de Ta-Tsiên-Lou, que nous apercevons à moins de vingt lieues en ligne directe, il faudrait, au bas mot, cinq ou six jours.

Ce panorama est l'un des plus étendus qu'il m'ait été donné de contempler; je ne dirai pas l'un des plus beaux. Les premiers plans sont médiocres. Vers l'est, l'immensité des plaines du Sé-Tchouen noyées dans la brume; à l'ouest, jusqu'aux radieuses cimes thibétaines, un moutonnement de croupes grisâtres. Cependant l'impression éprouvée est très forte, peut-être parce que l'imagination en fait, à elle seule, presque tous les frais. Ce qu'on a sous les yeux, c'est après tout un panorama de Righi quelconque. Mais des bonzes à tête rasée vous environnent et, dans l'air vif du matin montent des fumées d'encens, un tapage de gongs et de clochettes. Puis, on se dit que ces collines grises, toute proches, sont situées en pays presque inconnu, dans la contrée des Lolos indépendants, que nous sommes à l'extrême limite, sinon du Céleste-Empire, du moins de la Chine proprement dite. Au delà commence la terre des Lamaseries, des peuples-pasteurs jalousement fermée à l'Européen. Par delà ces cimes neigeuses s'étale ce mystérieux Thibet que si peu de voyageurs ont parcouru. Ces sommets, qui se dressent à l'occident, se continuent jusqu'aux Pamirs, jusqu'aux plaines de l'Oxus. Nous avons traversé de part en part la Chine cultivée, populeuse. Devant nous, maintenant, c'est la nature âpre, les hauts pâturages plaqués de neige, le domaine du nomade qui vit sous la tente au milieu de ses troupeaux de yaks. Ce qui nous fait face, c'est la muraille Est du grand plateau asiatique, d'où s'épanchent ces fleuves géants appelés le Brahmapoutre, l'Iraouaddy, le Mékong, le Yang-Tsé-Kiang, d'où le bouddhisme est descendu vers la Chine, il y a deux mille ans. Le charme du panorama d'Omei est dans ces songeries quelque peu chaotiques, non ailleurs.

A mesure que le soleil monte, l'ombre de la montagne se projette en vigueur sur les brumes blanches des vallées comme sur un écran; peu à peu, sous la poussée de la lumière, elle grandit, paraît envahir tout le ciel. C'est le phénomène, analogue au spectre du Broken, dans les montagnes du Harz, que les indigènes appellent la «Gloire de Bouddha». Alors l'enthousiasme des pèlerins ne connaît plus de bornes. Parfois même des exaltés s'élancent, les bras tendus, vers l'apparition céleste et vont s'écraser, quatre mille pieds plus bas, contre les roches. C'est en vain que les moines, désireux de prévenir ces accidents, ont établi une barrière entre la pagode et le précipice. La fascination de l'espace et l'attirance de la « Gloire » est telle pour certains dévots, en particulier pour les Thibétains qui, pendant les mois d'hiver, fréquentent la cime sainte, que ces suicides sont encore fréquents.

Vers neuf heures, les nuages s'épaississent ; tout se voile. Nous prenons congé des bonzes et je remets à leur chef une globule d'argent de cinq taëls. Le grand-prêtre a l'air ravi. Il me prie d'accepter en échange une estampe qui prétend représenter la montagne avec toutes ses pagodes. Sa générosité va même plus loin : je lui suis redevable d'un document bien autrement précieux, qui n'est autre qu'un passeport, mais un passeport comme on n'en voit peu, — un passeport pour le ciel ! Mon nom, mon signalement y sont inscrits d'un joli coup de pinceau, en caractères énormes : le tout est dûment scellé et paraphé par le pontife. Avec cela je suis en règle, assuré, paraît-il, de ne point faire antichambre. C'est là une pièce à conserver avec soin pour la produire en temps utile, le plus tard possible. Après quoi, nous entreprenons la descente, les dix-huit kilomètres d'escaliers rendus glissants par les dernières averses. La nuit nous retrouvait au joli monastère de Ouan-Nièn-Sé où gazouillent les eaux vives, dans le cloître égayé par les touffes de pivoines et les camélias roses.

17 avril, soir.

La montagne sainte, les monastères aériens d'Omei sont déjà loin. Le courant du Min-Kiang, très rapide au delà de Kïa-Ting, nous a fait franchir en quinze heures près de cent soixante kilomètres. Et maintenant nous voici amarrés dans le port de Soui-Fou, au pied du rempart, à l'extrémité du promontoire où les eaux du Min-Kiang se mêlent à celles du Yang-Tsé.

Il est nuit. Les deux fleuves se choquent avec un bruit de mer furieuse. Des montagnes élevées nous entourent; les crêtes, seules visibles, barrent le ciel étoilé. Par-dessus ces escarpements entrevus sur la rive droite du Yang-Tsé, passe notre route de demain, le sentier de montagne qui, par les hauts plateaux du Yun-Nan, nous conduira jusqu'au Tonkin, du Fleuve Bleu au Fleuve Rouge.

LE CHEMIN DES PÈLERINS.

L'ABBÉ DE LA CIME.

(Montagne sainte d'Omei.)

QUATRIÈME PARTIE

DU FLEUVE BLEU AU FLEUVE ROUGE
A TRAVERS LE YUAN-NAN

CHAPITRE PREMIER

SÉJOUR A SOUI FOU. — ROUTES DU SÉ-TCHOUEN AU YUN-NAN. — DE SOUI-FOU A LAO-VA-TANN ET A TCHAO-TOUNG. — LE YUN-NAN SEPTENTRIONAL.

I

Pour passer du Sé-Tchouen au Yun-Nan, le voyageur a le choix entre plusieurs routes, également mauvaises, cela va sans dire. Dans la grande et montagneuse province du Sud-Ouest, les communications sont encore plus difficiles, les moyens de transport plus précaires que dans la Chine du Nord. La nature est âpre, le sol étrangement bouleversé par les soulèvements et les érosions, le climat brutal par suite des fréquentes variations d'altitude et des brusques changements de température dans la même journée, parfois dans la même heure. D'un bout de l'année à l'autre, quelle que soit la mousson, de violentes bourrasques battent ces hautes régions entièrement déboisées, achèvent d'effriter les arêtes dont les débris roulent au fond des gorges, obstruent les passages et obligent les caravanes à de longs détours. Il n'est pas rare que ces avalanches de pierres emportent tout ou partie d'un convoi.

De route, aucune au sens précis du mot; mais de méchants sentiers de montagne dont le tracé peut varier d'une saison à l'autre, suivant les dégâts occasionnés par les orages. On passe où l'on peut, comme on peut : plus d'une fois, au cours d'une étape, force est de rompre charge pour franchir un mauvais pas. Les porteurs enlèvent les colis un à un, les conducteurs encouragent à grand'peine de la voix et du geste les mules déharnachées qui bronchent, hésitent longtemps avant de s'aventurer sur quelque corniche étroite, glissante, surplombant un abîme.

Dans ces conditions, la distance parcourue de l'aube à la nuit n'est jamais considérable, et l'on n'a pas lieu de se plaindre si l'on procède à une vitesse moyenne de vingt-cinq à trente kilomètres par vingt-quatre heures.

Trois routes relient le Sé-Tchouen au Yun-Nan. La première part de Tcheng-Tou, la capitale, incline vers l'ouest, contourne le massif d'Omei, s'engage dans la grande boucle décrite au sud par le Fleuve Bleu, passe par Ning-Yuen-Tchéou, Houei-Li-Tchéou, traverse le fleuve pour atteindre Yun-Nan-Sen par Ou-Ting-Tchéou et Fou-Min-Sien. Autrefois assez suivie, elle a été peu à peu délaissée en raison des déprédations commises par les tribus semi-indépendantes (Lolos) dont elle emprunte le territoire. Ces peuplades, sans reconnaître plus que par le passé les autorités chinoises, montrent aujourd'hui, paraît-il, des dispositions moins agressives. Des missionnaires résident dans le pays sans être trop inquiétés; les chemins, dit-on, sont devenus plus sûrs. Quoi qu'il en soit, le commerce adopte de préférence les deux autres voies. L'une se détache de la vallée du Yang-Tsé-Kiang en amont de la préfecture

Sé-Tchouennaise de Lou-Tchéou, coupe l'angle nord-ouest de la province du Kouei-Tchéou, entre Young-Nin-Sin et Ouei-Lin-Tchéou et se dirige sur la capitale du Yun-Nan par Souan-Ouei-Tchéou, Kiou-Tsin-Fou et Yang-Lin. L'autre a pour point de départ Soui-Fou, préfecture et citadelle dont les vénérables bastions sont censés commander le confluent du Min-Kiang et du Fleuve Bleu. Elle pénètre au Yun-Nan par Lao-Va-Tann, touche Tchao-Toung, Toung-Tchouan et rejoint la route précédente à Yang-Lin, c'est-à-dire à un jour de marche de Yun-Nan-Sen. C'est le chemin le plus fréquenté des caravanes, le plus direct surtout pour le voyageur qui, comme nous, descend de Tcheng-Tou par Kia-Ting et la vallée du Min-Kiang. Il n'y avait donc aucune hésitation possible. Au bout de trois jours, nos dispositions étaient prises pour le départ.

Trois jours pleins, cela peut ici s'appeler aller vite en besogne. On ne saurait en vérité se faire une idée des pertes de temps qu'entraîne en ce pays la préparation du moindre déplacement. A plus forte raison en est-il ainsi lorsqu'il s'agit d'un voyage de plusieurs semaines dans une région très accidentée. En pareil cas, la prévoyance la plus minutieuse est de rigueur, un oubli, un détail insignifiant en apparence pouvant avoir des conséquences infiniment regrettables, d'autant qu'il serait de toute impossibilité de le réparer en cours de route. Encore cette élaboration pénible serait-elle peu de chose si, les précautions prises, personnel et matériel au complet, on avait la certitude que la caravane est organisée une fois pour toutes. Le malheur est que, du jour au lendemain, des modifications imprévues s'imposent. D'un jour à l'autre, souvent même dans un rayon de quelques lieues, les modes de transports diffèrent. Exemple : jusqu'ici nos bagages ont été confiés à des portefaix. En revanche, dans la province où nous allons entrer, le coolie est remplacé par la bête de somme.

Il n'y avait donc, semblait-il, qu'à traiter avec des convoyeurs pour le trajet de Soui-Fou à Yun-Nan-Sen. Erreur; les caravanes venant du Yun-Nan à destination du Sé-Tchouen ne dépassent pas Lao-Va-Tann. De ce point, les marchandises sont amenées en barques par le Houang-Kiang, affluent torrentiel du Yang-Tsé, qui se jette dans le fleuve à une dizaine de lieues en amont de Soui-Fou. La distance totale est d'environ 150 kilomètres; la descente, étant donnée la rapidité du courant, s'opère en un jour et demi. La montée, à la cordelle, exige une semaine au bas mot. Aussi avais-je décidé d'employer la voie de terre et d'engager des porteurs jusqu'à Lao-Va-Tann. Mais on m'a immédiatement fait observer qu'agir ainsi c'était nous exposer à être immobilisés dans cette bourgade, faute d'y trouver des animaux de bât disponibles. La circulation, en effet, n'est pas très active; les convois de mules et de chevaux, employés presque exclusivement au transport du minerai, se succèdent à intervalles fort irréguliers. Le plus prudent était d'engager les porteurs jusqu'à Tchao-Toung, la première localité yunnanaise de réelle importance que l'on rencontre en se dirigeant de Soui-Fou sur Yun-Nan-Sen. Le trajet, environ 600 *li* (300 kilomètres), s'accomplit d'ordinaire en huit ou dix jours. Là, nous devrions, de toute nécessité, réorganiser notre petite troupe. L'opération, toutefois, serait des plus aisées. Le plateau de Tchao-Toung est à la fois pays minier et terre d'élevage; les bêtes de bât ne manquent pas sur la place.

Je passe sous silence les formalités accoutumées du contrat conclu avec un entrepreneur pour l'embauchage des coolies, portefaix et porte-chaises. Désormais nos chaises iront le plus souvent à vide. Dans les sentiers scabreux où nous allons nous engager, le mieux est, suivant la nature et les obstacles du terrain, de cheminer partie à pied, partie à cheval. La chaise ne sert plus que de porte-respect, dans la traversée des villes et bourgades. Alors, il est vrai, elle suffit, aux yeux des autorités et du populaire, à témoigner que le voyageur n'est pas le premier venu, mais un *tà-jen* (grand homme), quand bien même le grand homme s'en irait sans apparat, le bâton à la main, la pipe aux lèvres, vêtu comme on peut l'être après des mois passés sur les grand'routes et dans les hôtelleries du Céleste-Empire. C'est également, en cas d'accident ou de maladie, un meuble précieux. Enfin si le gîte est par trop mauvais ou même fait absolument défaut, à supposer que la nuit vous surprenne au milieu d'une trop rude étape, la chaise à porteurs est un abri tout indiqué. C'est l'ambulance, et c'est l'hôtel. A ce titre, je la conserve, mais en lui adjoignant une modeste cavalerie, quatre poneys vigoureux et une excellente petite mule qui devront suffire au transport des maîtres et des serviteurs pendant toute la dernière partie du voyage. Les bêtes sont de premier ordre, en parfait état. Pour peu qu'on les ménage et que l'on en prenne soin, ce à quoi je veillerai, elles franchiront allègrément les 1,200 kilomètres qui séparent Soui-Fou de Man-Hao, le Fleuve Bleu du Fleuve Rouge.

Tous ces préparatifs qui, suivant la méthode chinoise, ne sauraient d'ordinaire être menés à bien qu'après de longs et orageux palabres, furent rapidement expédiés grâce à l'obligeant concours du R. P. Moutot, des Missions étrangères, en résidence à Soui-Fou. Ici comme à Tcheng-Tou, nous avons trouvé chez nos compatriotes missionnaires l'hospitalité la plus affectueuse et la plus large. Trois jours durant, ce fut, dans le préau de la mission, un va-et-vient de maquignons, de harnacheurs, de coolies occupés à empaqueter, ficeler et soupeser les charges. Et j'étais vraiment confus du trouble que notre présence causait dans cet intérieur paisible. Mais notre hôte déployait, pour nous mettre à l'aise, un entrain, une gaieté de nature à dissiper tout scrupule. Il semblait qu'il fût notre obligé, qu'il nous sût gré d'envahir, avec nos gens et nos bêtes, sa retraite hier si calme, où montaient maintenant des appels de voix glapissantes, des hennissements, les mille rumeurs d'une rue chinoise un jour de foire.

La mission de Soui-Fou fut l'un des rares établissements épargnés hors des émeutes qui, il y a moins d'un an, éclatèrent simultanément à Tcheng-Tou et sur divers points de la province. La population de Soui-Fou ne prit aucune part à ces violences. Non par sympathie pour les étrangers, mais plutôt par indifférence, parce qu'elle est, de sa nature, peu turbulente. Soui-Fou, en effet, est loin de présenter l'aspect animé et bruyant qui caractérise la plupart des agglomérations du Sé-Tchouen. La ville et ses faubourgs occupent, sur la rive gauche du Yang-Tsé et sur la rive droite du Min-Kiang, la presqu'île découpée par le confluent des deux puissants cours d'eau. Sa position est, à peu de chose près, identique à celle de Tchoung-King. Mais là se borne la ressemblance. Tchoung-King renferme de deux à trois cent mille habitants. Soui-Fou en compte au plus cinquante à soixante mille. Malgré sa belle situation, la place ne saurait être considérée comme un grand entrepôt commercial. Les marchandises provenant du Sé-Tchouen occidental sont, suivant les saisons, acheminées vers Tchoung-King et le bas fleuve, soit par jonques, soit par voie de terre; Kia-Ting est, avec Tcheng-Tou le marché le plus actif de la vallée du Min-Kiang. Soui-Fou n'est qu'un port de transit, une simple escale. Les relations avec le Yun-Nan, bien que suivies, n'y apportent qu'une animation très relative; rien de l'impétueuse poussée des foules, des corps-à-corps d'une multitude affairée. En trois jours, je n'ai vu arriver de Lao-Va-Tann que deux embarcations jaugeant ensemble une quinzaine de tonnes, chargées de saumons d'étain, représentant l'apport de plusieurs caravanes, le trafic d'une semaine entre le plateau de Toung-Tchouan et la vallée du Yang-Tsé.

Le seul quartier un peu vivant c'est, sur la haute berge du Min, le faubourg habité par la population marinière. Mais nous sommes à l'époque des basses eaux, le port en ce moment n'est guère encombré : tout au plus une vingtaine de jonques de faible tonnage au repos, une moitié de la coque hors de l'eau, le nez en l'air avec, dans les yeux, les gros yeux ronds peints sur la proue, des regards mornes de baleines échouées.

Dans la ville proprement dite, derrière les hauts remparts de brique aux créneaux desquels s'enroule une végétation broussailleuse, c'est la tristesse des murs suintants, des galetas enfumés. Seule une rue marchande et ses échoppes aux enseignes multicolores, en longues fiches de bois laqué, mettent une note claire dans cette grisaille. Le reste n'est qu'un dédale : ruelles obscures, escaliers moussus donnant accès à des yàmens délabrés, à d'anciennes pagodes que l'on croirait abandonnées depuis des âges, n'était que, de loin en loin, leur silence de ruines est troublé par un tintement de clochette, par la psalmodie nasillarde d'un bonze. Par moments, une bande de pigeons s'enlève, fuit éperdument et laisse dans l'air, comme un sillage sonore, la modulation du pipeau de bambou que chaque oiseau porte attaché sous l'aile ; seule musique chinoise qui n'égratigne point l'oreille, lamento singulier qui, depuis Péking jusqu'au Thibet, chante au-dessus des villes et des villages et fait songer à des accords plaqués sur des orgues lointaines.

Le caractère grandiose, mais tant soit peu sévère, de la contrée environnante étonne, par la soudaineté du contraste, alors qu'on a, depuis quelques heures à peine, perdu de vue les larges horizons, les riantes et grasses campagnes du Sé-Tchouen occidental, les plaines bariolées de pavots en fleur, les coteaux chargés de mûriers, les villages qui se touchent, les fermes, les maisons de plaisance dont le moindre rayon de soleil fait, dans le frisson des bambous grêles, étinceler les tuiles vernissées, les terrasses décorées de faïences. Ici, la roche de tons fauves, des pentes incultes bossuées de tertres funéraires; l'herbe rare, flétrie au contact des grèves pulvérulentes balayées par le vent. Face à la ville, sur la rive droite du grand fleuve, la montagne est plus escarpée encore et plus âpre. Il semble qu'on arrive aux confins de deux mondes entièrement distincts. On sent que, cette vallée franchie, on va pénétrer dans un pays où le climat, la configuration du sol, les êtres et les choses, rien ne rapellera plus les contrées parcourues depuis plusieurs mois Devant nous s'ouvre une autre Chine, moins populeuse, moins féconde, riche aussi sans doute, mais d'une richesse spéciale, irrévélée, en trésors improductifs, que garde la terre et qu'arrachera quelque jour le coup de pic du mineur.

II

Le 21, au petit jour, nous quittons Soui-Fou et commençons par remonter la vallée pendant trente-cinq kilomètres jusqu'au village de Gan-Bièn où des barques nous transportaient de l'autre côté du fleuve. Un dernier regard au Yang-Tsé toujours majestueux mais à peu près innavigable au-dessus de Gan-Biën, et nous pénétrons dans l'étroite et profonde gorge où bruissent les eaux du Houan-

Kiang, rivière au courant très rapide, qui descend de Lao-Va-Tann et du massif yunnanais.

A mesure que l'on avance, le paysage devient de plus en plus abrupt et désolé. De loin en loin seulement apparaissent de pauvres cultures, quelques parcelles de terre végétale péniblement recueillies, disposées en petites terrasses parmi les éboulis. Des heures se passent sans que l'on rencontre une habitation. Sur un parcours de quarante lieues, traversé en tout quatre villages assez misérables : Pong-Hièn, Sin-Tsan, Pou-Lou-T'o et Kouang-Lien, les deux derniers blottis en nids d'aigles contre des parois presque verticales. Peu à peu la vallée se transforme en un véritable cañon, la rivière est encaissée entre des escarpements de 1,500 à 2,000 mètres. Au sortir de Pou-Lou-T'o, grande est notre surprise en apercevant, jetée sur un ravin, une passerelle suspendue, *en fil de fer*. L'ouvrage est d'une structure bien frêle, mais assez hardi et à coup sûr inattendu en pareil lieu, sur cet effroyable sentier qui tantôt emprunte le lit du torrent, serpente au milieu des énormes blocs éboulés, tantôt se redresse, entaille la roche en escaliers vertigineux. Quelquefois le passage est tellement étroit que les animaux ne s'y meuvent qu'à grand'peine et non sans péril.

Le soir du quatrième jour, nous arrivions à Lao-Va-Tann. Arrivée maussade. La petite ville a été, la veille, ravagée par un incendie qui, le vent aidant, en a rasé les deux tiers. L'auberge où nous comptions passer la nuit n'est qu'un monceau de décombres encore fumants. Après de longs pourparlers, nous obtenions permission de camper dans l'enceinte d'une vieille pagode. Une foule curieuse s'y engouffrait à notre suite. Jusqu'à une heure avancée de la nuit, tandis qu'un forgeron et ses aides travaillaient à referrer nos bêtes, dont la chaussure neuve était déjà fort maltraitée après ces 150 premiers kilomètres, notre hôtellerie improvisée fut envahie par des centaines de visiteurs qui allaient, venaient, gesticulant, vociférant à la clarté des falots et des torches.

Au sortir de Lao-Va-Tann, nous passions le Houang-Kiang. Encore un pont suspendu, le second depuis deux jours. Celui-ci est de dimensions plus imposantes encore que le précédent. Il n'a pas moins de quarante mètres de portée. A première vue, il semble hors de doute qu'un semblable travail n'a pu être exécuté que d'après les plans et sous la direction d'ingénieurs européens. Mais, en y regardant de plus près, on reconnaît qu'il n'en est rien. La façon dont les pièces ont été forgées, ajustées, les câbles reliés aux poutrelles, trahit la main-d'œuvre indigène, les procédés d'une métallurgie dans l'enfance. Tels quels, ces ouvrages étonnent dans ce site perdu, au fin fond de la Chine, si près des territoires occupés par des peuplades pour qui le véritable représentant du pouvoir suprême est, non plus le Fils du Ciel, mais le pontife-roi du Thibet, le mystérieux Dalaï-Lama de Lhassa.

Le sentier, qui jusqu'ici suivait la rive droite du Houang-Kiang, tourne à angle droit, incline pendant quelques heures du sud à l'ouest. Tandis que la rivière décrit une boucle très accentuée, il coupe au plus court, s'enfonce dans une vallée latérale aboutissant à un vaste cirque de montagnes aux crêtes déchiquetées. Bientôt la pente devient excessivement rapide; en 3 kilomètres, qui ont exigé près de quatre heures, nous passons de 800 à 1,550 mètres et faisons halte dans le vent pour déjeuner, au seuil d'une toute petite maison de thé perchée, en équilibre instable, sur l'arête. Après quoi on dévale, sur l'autre versant, de 7 à 800 mètres. Vers cinq heures du soir, réapparaît le Houang-Kiang de plus en plus encaissé. Un long banc de roche taillé à pic supporte le bourg de Ti-Sa-Kouang où nous allons passer la nuit, après une

GORGES DU HOUAN-KIANG. — YUNNAN SEPTENTRIONAL.

étape assez pénible. Pas bien longue pourtant; le trajet n'a été que de 20 kilomètres, mais par de très mauvais chemins, par un temps orageux et lourd.

La présence de plusieurs caravanes nous crée de sérieux embarras pour la recherche d'un logis. Depuis hier matin, nous sommes dans le Yun-Nan: l'auberge où nous parvenons enfin à nous caser a déjà l'aspect d'un de ces bâtiments à plusieurs fins bien connus de quiconque a voyagé sur les routes d'Asie, sortes d'écuries-hôtels où logent pêle-mêle conducteurs et bêtes de somme. Des hennissements, des bruits de batailles montent dans la fraîcheur du soir. L'établissement contient déjà nombreuse clientèle: une trentaine de chevaux et de mules, autant de porcs, quelques chiens galeux, un singe.

Très sale, mais joli à distance, Ti-Sa-Kouang. Par extraordinaire, cette portion de la vallée n'est pas absolument dénuée de végétation: les pentes sont couvertes de pâturages, et cela est un repos pour les yeux. C'est comme un rappel d'impressions anciennes. J'ai vu des sites analogues dans les Alpes de France et aussi dans la Suisse bernoise. Cette verdure, ces eaux claires rayant les prairies, ces chalets à toiture immense chargée de gros cailloux roulés pour mieux résister au vent; l'air vif qui, aux approches de la nuit, tombe des cols, les clochettes des troupeaux regagnant l'étable, c'est la nature alpestre et sa gravité douce, un coin de l'Oberland... chinois!

26 avril.

Toujours la gorge du Houang-Kiang. Étape de 28 kilomètres; près de neuf heures employées à escalader des épaulements de roc, à contourner des promontoires sur des corniches étroites et branlantes, où la mule elle-même n'avançait qu'à pas comptés. Il a plu dans la matinée; le chemin est très glissant. C'est tout au plus si l'on progresse de deux kilomètres à l'heure. Vers midi, halte d'une heure aux cabanes de Koui-Long-Tchi. Deux lieues plus loin, au sommet d'une côte fort raide, nous voici à Tchi-Li-Po, bourgade bruyante et nauséabonde. Nos gens insistaient pour s'y arrêter, quoiqu'il fût encore de bonne heure. Le souvenir de la nuit dernière à Ti-Sa-Kouang, où nous n'avons pu fermer l'œil, me décide à chercher un campement moins sordide et plus tranquille. Les porteurs ont obéi, mais en rechignant; l'orage menaçait et le prochain village était, disaient-ils, à plus de 50 li (25 kilomètres). Cependant, moins d'une heure après, nous trouvions un hameau, Sé-Ki-Lo, quatre maisons accotées à l'enceinte d'un blockhaus édifié jadis pour servir de refuge aux voyageurs en cas d'attaque des tribus pillardes (Mantzés). Aujourd'hui refoulées vers l'ouest, dans la grande boucle du Yang-Tsé, ces bandes viennent rarement rôder de ce côté-ci du fleuve.

Comme nous arrivons, l'orage éclate, la pluie tombe en cataractes. Dans la première maison, la moins délabrée des quatre, impossible de pénétrer. Les propriétaires ne veulent de nous à aucun prix. Jamais, déclarent-ils, ils n'ont reçu d'étrangers, ce dont ils se félicitent. Les voisins sont d'humeur plus hospitalière et nous accueillent sans trop se faire prier. Le logis n'est pas luxueux : une espèce de hangar; le toit dégradé laisse passer l'eau qui, çà et là, forme de larges flaques sur le sol de notre chambre à coucher. Mais, par la brèche ouvrant sur le chemin, on aperçoit la vallée, la montagne, le torrent qui se précipite avec un bruit de tonnerre et des bouillonnements laiteux parmi les débris d'avalanche. Nous reposerons bien ici, dans le fracas des éléments, dans le silence des hommes. Si modeste que soit le local, cette soirée paisible, en pleine campagne, loin des importuns, nous paraît exquise.

Nos chevaux ont, par faveur spéciale, reçu l'hospitalité dans la première maison dont les habitants nous faisaient tout à l'heure mauvais visage. Cela s'explique. Les pauvres bêtes ne sauraient, en toute justice, encourir les mêmes défiances. Si leurs maîtres sont des étrangers odieux, elles, du moins, sont des compatriotes. Elles sont de la famille.

28 avril.

Abandonnant hier le cañon du Houang-Kiang, qui tourne brusquement à l'est, nous pénétrions dans le défilé creusé par la rivière de Tchao-Toung que bientôt nous passions à gué pour suivre un de ses affluents de droite, le torrent de Sin-Tsan. Suivre n'est pas précisément le mot, car le sentier à peine tracé procède par bonds, se perd ici dans les profondeurs et reparaît, un peu plus loin, sur les cimes. On s'élève de 900 à 1,300 mètres pour redescendre presque aussitôt à 1,000. Le sol est de plus en plus tourmenté, l'horizon plus sauvage. Je ne sais ce que nous réserve le Yun-Nan méridional, mais l'entrée de la province, du côté nord, est une désolation. Si le sous-sol est riche, quelle misère à la surface! Le pays est désert. En une journée de marche, on traverse un ou deux villages, trois au plus, si l'on peut appeler village une demi-douzaine de masures en cailloux roulés et en torchis. Des heures s'écoulent sans que l'on rencontre un passant. Plus de cultures, plus de bétail. De loin en loin, dans ce paysage mort, quelques moutons tondant l'herbe rousse, une file de poneys transportant du fer ou de l'étain. Toutes les vingt-quatre heures en moyenne, nous croisons un de ces convois miniers, quelquefois deux. Quant aux caravanes venant du Sé-Tchouen, nous en avons, depuis Lao-Va-Tann, dépassé trois à destination de Tchao-Toung. Leurs chargements contenaient fort peu de marchandises d'importation étrangère, si ce n'est des caisses de pétrole et des ballots de cotonnades. Encore une bonne moitié de ces tissus étaient-ils de manufacture indigène. Le surplus consistait en articles d'utilité première exclusivement chinois ; ustensiles de ménage, laques communes, parapluies en papier huilé, lanternes peintes.

Aujourd'hui le parcours a été plus accidenté que jamais. A dix heures, nous avions atteint une altitude de 1,500 mètres. A midi, nous n'étions plus qu'à 1,200. Ce soir, le baromètre accuse 1,560. La vallée n'est plus qu'un couloir. A Sou-Pa, où nous nous arrêtons, le soleil couché, le paysage est sinistre. Le hameau ne compte que cinq maisons, et quelles demeures! Nous arrivons, non sans peine, à trouver place dans une de ces tanières enfumées. Nos bêtes passeront la nuit dehors. J'ai rarement vu figures plus minables que celles de nos hôtes, hâves, décharnés, grelottants. On en est à se demander ce qu'ils font là, comment ils vivent dans ce lieu maudit, entre le torrent et la montagne. J'ai peine à me persuader que je suis tout au plus à une soixantaine de lieues du florissant Sé-Tchouen. Quel changement, depuis huit jours! On se croirait à des milliers de lieues d'ici, dans quelque *quebrada* de la Cordillère andine. Quand donc atteindrons-nous les plateaux, ces fameux plateaux du Yun-Nan que nous supposions tout proches?

Aujourd'hui enfin, vers midi, après une ascension très rude sous la pluie, nous étions en terrain plat, à une altitude de 2,000 mètres. Ce n'est pas positivement un plateau, mais une haute vallée, assez ouverte, bordée de collines aux pentes douces. Stérile d'ailleurs, un lit de torrent desséché, de la tourbe, de maigres herbages couleur de rouille: puis le ruisseau reparaît ; au lieu de tomber en cascade le long des parois du cirque que nous venons de gravir, il fuit sous terre au moment d'atteindre le rebord du plateau et ressort 600 mètres plus bas pour former la rivière de Sin-Tsan.

Arrêt d'une heure à Ou-Tann. Sous l'averse, dans le brouillard glacé, il est lugubre, ce hameau. On est surpris de trouver ces hauteurs habitées. Il semble que l'on se dirige, non vers le tropique, mais vers le pôle. J'ai vu naguère, sous le ciel de Laponie, des vallons morts comme celui-ci, des huttes préférables aux cabanes de Siao-Ngai où nous allons passer une nuit très fraîche. La brume s'épaissit, la pluie redouble, mélangée de neige et de grésil.

Jeudi, 30 avril.

De Siao-Ngai, en trois heures de marche, nous avons atteint l'extrémité supérieure de la vallée. Puis, deux kilomètres de rampe très dure nous amènent à un col (2,420 mètres). Alors se déroule à nos yeux ce qui paraît être le grand plateau du Yun-Nan. C'est en réalité la plaine de Tchao-Toung encerclée de tous côtés par les montagnes. A six ou huit lieues dans l'ouest, se dressent les crêtes derrière lesquelles coule le Yang-Tsé-Kiang ; à l'est, au sud, très loin, d'autres sommets que l'on devine plutôt qu'on ne les distingue nettement, arêtes grises émergeant à peine de la brume épandue à l'horizon. Mais on a, pour la première fois, la sensation très vive de l'espace ; on se sent très haut, dans l'air plus léger, tout près du ciel. Par malheur, le temps est maussade, il pleut toujours, le vent souffle en tempête. Cependant la campagne devient plus peuplée, le chemin plus fréquenté, élargi maintenant aux dimensions d'une voie charretière, où circulent, avec de terribles grincements d'essieux, des tombereaux à roues pleines traînés par des buffles. A quatre heures nous faisions notre entrée à Tchao-Toung, par la porte du Nord. Je compte m'y arrêter un jour, peut-être deux, bref le temps de laisser reposer nos chevaux, de solder et congédier les portefaix et de traiter avec des muletiers pour le transport des bagages jusqu'à Yun-Nan-Sen.

Tchao-Toung contient moins d'habitations que de décombres. La ville est, ou peu s'en faut, dans le même état qu'au lendemain de la grande rébellion musulmane de 1871, si durement réprimée. Elle compte à l'heure actuelle de 70 à 80,000 âmes, tout au plus et devait être autrefois beaucoup plus populeuse, si l'on en juge par le périmètre des remparts, par l'étendue des terrains vagues. Point de commerce, aucune industrie, sauf un peu d'élevage et l'exploitation très rudimentaire des filons de cuivre et d'étain dans les montagnes voisines. Il y a quelques années encore, la population bénéficiait du passage de nombreuses caravanes. Alors, les marchandises à destination du sud de la province et de Yun-Nan-Sen, la capitale, arrivaient par le Yang-Tsé et le Sé-Tchouen. Aujourd'hui, le Yun-Nan méridional s'approvisionne, partie par le Kouang-Toung et le Kouang-Si, partie par la voie tonkinoise, le Fleuve Rouge. Jadis, nous déclare le P. Gaudu, qui réside ici depuis dix ans, le transit entre Tchao-Toung et Yun-Nan-Sen occupait en moyenne 3,000 chevaux. A présent, c'est tout au plus s'il en emploie 2 ou 300.

Les terres environnantes sont assez bien cultivées : des céréales, des champs de pavots. Somme toute, en raison de l'altitude et de la fréquence des intempéries, végétation rien moins que luxuriante. Quand à la ville elle-même, ou plutôt ce qu'il en reste, elle est triste à mourir. C'est la ruine, la ruine piteuse, sans caractère et sans grandeur.

CHAPITRE II

DE TCHAO-TOUNG A YUN-NAN-SÉN. — LE YUN-NAN MÉRIDIONAL. — MONG-TSÉ. — MAN-HAO. — DESCENTE AU TONKIN PAR LE FLEUVE ROUGE.

I

Dimanche, 3 mai.

Quitté hier Tchao-Toung avec un train assez imposant, savoir : six poneys pour les bagages, avec leurs conducteurs, deux *ma-fous* (palefreniers) pour les bêtes de selle, huit porte-chaises, soit, y compris nos boys, une quinzaine d'hommes et dix chevaux. Ces derniers, il est vrai, sont bien petits et ne portent point de lourds fardeaux. Le départ devait avoir lieu de bon matin. A cinq heures tout le monde était sur pied et l'on se mettait en route... à midi moins un quart. Il avait fallu près de sept heures pour peser, arrimer, équilibrer les charges sur les bâts, échanger des taëls d'argent contre du billon, distribuer des avances, raccommoder ceci, rajuster cela. C'est la règle. Dans les premiers temps ces retards vous exaspèrent. On se fâche, on intervient ; les choses n'en vont pas plus vite. Maintenant notre éducation est faite, nous contemplons la scène avec indifférence, à la chinoise, comme si ces misères ne nous concernaient point.

Cheminé tout l'après-midi, sans une halte et d'un assez bon pas; 28 kilomètres de plaine. Le terrain pourtant s'élève insensiblement. A la nuit tombante, à Tao-Yuen, l'altitude était de 2,360 mètres. A défaut d'hôtellerie, nous prenions possession d'une grange assez confortable, n'étaient les risques d'incendie. Notre dortoir était rempli de paille de riz, ce qui n'a pas empêché les hommes de s'endormir la pipe à la bouche.

Aujourd'hui, de nouveau c'est la montagne. Sur plusieurs points la houille affleure, gisements très considérables selon toute apparence. Un petit nombre sont exploités en galeries, mais ces galeries ressemblent plutôt à des trous de mulots qu'à un travail de mineur. A part ces indices d'une richesse latente, inexploitée, la contrée n'est qu'un chaos de rochers. Aucune trace de végétation, sauf quelques bouquets de pins rabougris. Aussi les villages, font-ils peine à voir. Impossible de rêver spectacle plus navrant que les trente ou quarante guenilleux formant la population de Ta-Choui-Tchi, le seul groupe de cases que l'on rencontre sur un parcours de huit à neuf lieues. Pourtant, au milieu de ces figures spectrales, une silhouette se détache tout à fait charmante. Tandis que, debout sur le seuil d'une cabane moins malpropre que les taudis voisins, nous procédons à un lunch rapide, la femme et la fille de l'hôte sont occupées à tourner la meule, broyant les fèves pour la pâtée du soir. La fillette est tout à fait jolie en dépit de ses pieds mutilés et de ses haillons : une tête étrange, un peu sauvage mais qu'éclairent des yeux superbes.

Immédiatement au sortir du village, situé à 2,600 mètres, un abîme s'ouvre, la profonde vallée de Kian-Ti. Quatre heures de descente, scabreuse, dans la pierraille. Devant nous se déroule un panorama immense, très tourmenté, un chaos de montagnes aux arêtes vives. De la

EN CHAISE A PORTEURS, SUR LES CIMES.

VALLÉE DE KIANG-TI.

roche, de l'herbe brûlée, pas un arbre. Mais sur cet horizon farouche le jour tombant met des tons très doux couleur de chair. A mi-côte, nous avons croisé une file de piétons avec de grands paniers soigneusement protégés par une double enveloppe de cotonnade et de papier huilé. Ces hommes s'en vont vers le Sé-Tchouen, hâtant le pas. Leur charge n'est pas lourde. Ce qu'ils emportent, ce sont les œufs de l'insecte à cire originaire de cette partie du Yun-Nan, mais utilisé plus avantageusement dans la région de Kia-Ting. J'ai eu l'occasion de signaler cette industrie un peu singulière, lors de notre expédition aux sanctuaires du mont O-Mei. Ils effectuent ce dur trajet de cent cinquante lieues en moins de deux semaines moyennant un salaire de six à huit taëls (25 à 30 francs).

4-9 mai.

Redescendus de 2,680 à 1,580 mètres au fond du cañon du Kian-Ti, nous avons vite regagné l'altitude atteinte les jours précédents. Le torrent franchi, l'escalade recommençait de plus belle, malgré un orage violent qui diluait les terres et rendait la marche très difficile. Le 4, nous étions à 2,250 mètres; dans l'après-midi du 5, le baromètre marquait 2,800, la cote la plus élevée depuis le départ de Soui-Fou. Horizons très vastes mais tumultueux. Jusqu'ici, le Yun-Nan septentrional m'apparaît surtout comme un massif montagneux, très crevassé, très boursouflé; un plateau si l'on veut, mais à la façon dont une mer agitée donne, à distance, l'impression d'une surface plane. En réalité, c'est le désert d'érosion, le désert avec ses oasis. Une oasis, la haute vallée de Tchao-Toung; oasis également, la plaine de Toung-Tchouan tellement abritée des vents que les rayons solaires réverbérés sur les parois rocheuses y maintiennent une température d'une douceur exceptionnelle, une végétation semi-tropicale : le laurier-rose, le figuier, voire quelques palmiers que je ne m'attendais guerre à rencontrer dans une région aussi élevée (2,420 mètres).

Toung-Tchouan est un quadrilatère muré enfermant une population de quinze à vingt mille âmes. Cette vieille cité de refuge, aujourd'hui fort démolie, mériterait à peine une mention si elle n'évoquait le souvenir d'une expédition qui figure parmi les plus fameuses dans les annales de l'exploration française, la première mission du Mékong. C'est là que mourut son chef, l'amiral de Lagrée. Sur un quartier de roc amené de la montagne voisine, a été gravé le nom de l'illustre explorateur enlevé en plein succès. C'est, dans sa rude simplicité, le monument qui convient à un voyageur et à un soldat.

La ville, malgré son délabrement, a meilleur air que Tchao-Toung; la plaine qui l'entoure est mieux cultivée. Mais on rentre bientôt dans les solitudes. Partis hier à midi, la nuit nous surprenait occupés à gravir des pentes ravinées, coupées de fondrières. Force est de mettre pied à terre et de reconnaître le chemin aux lanternes. On s'égare, les chevaux s'abattent, les fardeaux roulent, éparpillés dans les ténèbres; les conducteurs furieux, chacun rejetant sur le voisin la responsabilité de l'erreur commise, s'injurient, prêts à en venir aux mains. Il était près de dix heures lorsque nous arrivions à l'étape, au hameau de Tché-Ky (2,600 mètres).

Le 8, à quatre heures de marche de Tché-Ky, nous franchissons le point culminant de la route (3,180 mètres). Parcouru ensuite 60 kilomètres sur un haut plateau ondulé dont l'altitude varie de 2,800 à 3,000 mètres. Plus un village mais seulement des huttes en branchages recouverts de terre battue que de pauvres gens ont installées sur les points les plus abrités, pour héberger, moyennant quelques sapèques, les rares voyageurs. Pour toute végétation, çà et là, dans les fonds, un bouquet de pins rachitiques. Route solitaire : en deux jours rencontré 3 mulets et 2 bourriquots. Terrains rougeâtres, crevassés, érodés sous l'action des pluies et des neiges. L'atmosphère est d'une limpidité parfaite, la lumière intense. Tout cela a le coloris puissant des paysages africains, la mélancolie du désert. Bourrasques violentes du Sud-Ouest.

Ce matin, au départ, un incident. Les porteurs de chaise menaçaient de se mettre en grève. L'avant-dernière nuit, à Tché-Ky, deux d'entre eux ont déjà décampé — avec les avances touchées la veille à Toung-Tchouan. Impossible d'en embaucher d'autres, dans ce hameau perdu. J'ai tourné la difficulté en leur substituant nos mafous; ceux-ci devaient momentanément cumuler les emplois de palefrenier et de porteur; la combinaison leur agréait d'autant plus qu'elle leur assurait, pendant deux ou trois jours, une double paye.

J'avais réussi, hier soir, à Lay-To-Po, à remplacer les fuyards par deux paysans de bonne volonté. Ils n'ont jamais fait ce métier, et la chaise, entre leurs mains, en verra de dures. Peu importe, puisque, désormais, elle demeure inoccupée. Mais voici qu'au réveil j'étais averti que d'autres défections étaient à craindre. Le reste de la bande parlait de refuser ses services si nous ne souscrivions à ses exigences. Ces six hommes avaient touché, au départ de Toung-Tchouan, les deux tiers de leur solde; il était convenu que le surplus leur serait payé en arrivant à Yun-Nan-Sen. Ils prétendaient le recevoir immédiatement et même quelques taëls par dessus le marché afin, très probablement, de lever pied et de disparaître, comme leurs camarades, une fois l'avance empochée.

L'instigateur du mouvement était le plus âgé de la troupe, un gaillard à mine patibulaire. Avisé par mon boyinterprète, je me dirigeai aussitôt vers le groupe au milieu duquel pérorait le leader. Celui-ci le prend de très haut déclarant qu'il n'a pas peur de moi. Je lui fais observer que je n'ai proféré aucune menace. Mon intention n'est nullement de lui faire peur : je désire seulement savoir si oui ou non, il consent à partir. Refus très net. « C'est bien, lui dis-je, tu peux rester. On se passera de toi. » Et je lui tourne le dos, tandis que le boy s'en va de case en case, en crieur public, offrant à quiconque désirerait nous accompagner comme porteur de chaise jusqu'à Kong-Sann, petite ville située à trois heures de là, la forte somme d'un taël.

La proposition produit son effet; plusieurs individus se présentent. Ce que voyant, l'équipe, jusqu'alors hésitante, se déclare prête à partir, renie son chef. Vainement ce dernier se met en frais d'éloquence : les cinq autres affirment avec un bel aplomb que l'idée ne leur est jamais venue de nous planter là, que, s'il prêtaient l'oreille aux discours de cet imbécile, c'était par passe-temps, histoire de rire. Et la colonne s'organisait.

Cependant le meneur, stupéfait de son échec, exaspéré de voir sa démission acceptée et sa place prise par un homme du village, revenait à la charge, essayait de souffler la discorde. Il allait, venait de l'un à l'autre, tour à tour invectivant ou raillant ses camarades. Et, comme il était venu se camper devant moi, les poings sur les hanches, goguenard, la pipe aux dents, je fis, d'un coup de canne, tomber cette insolente bouffarde.

Alors ce fut une fureur. L'homme bondit, mais, saisi à bras-le-corps et maintenu par les boys, il alla rouler de l'autre côté du chemin, hurlant de rage, jurant de se venger avant peu. Comment? De la façon la plus simple du monde et, remis sur pied, il voulut bien, joignant le geste à la parole, nous confier ses projets. Il prendrait les devants, s'embusquerait dans la montagne, au-dessus du sentier, et gare les pierres! Cela dit, il s'esquivait.

Ainsi prévenus, nous ne courions pas grand danger; il n'y avait qu'à passer outre. Nos gens néanmoins, prenant au sérieux ces rodomontades, hésitaient à se mettre en route.

A ce moment, je me rappelai avoir remarqué, la veille au soir, séchant sur des perches à l'entrée d'une case, deux de ces blouses écarlates soutachées de noir dont s'affublent en Chine les représentants de la force armée. Renseignements pris, ces guenilles voyantes appartenaient à deux satellites du mandarin de Kong-Sann; ceux-ci, après avoir escorté jusqu'à Tcha-Toung je ne sais quel fonctionnaire des *Likin* (douanes provinciales), regagnaient leur résidence à petites journées. Je me fis conduire au logis occupé par ces braves ; l'un deux étaitsorti, depuis l'aube, chercher du bois mort pour faire bouillir la marmite. Son camarade, allongé sur un morceau de natte, tuait le temps en préparent sa pipe d'opium à la flamme d'une petite lampe. Je lui promis un taël s'il voulait se mettre à la poursuite de l'énergumène et le conduire en lieu sûr. L'offre était tentante : mais il y avait la pipe, séduisante, elle aussi ; ensuite il ne pouvait partir sans son frère d'armes. Cependant tout s'arrangea. Il déléguerait à qui voudrait les prendre ses pouvoirs et son uniforme ; on partagerait la récompense.

Aussitôt dit, aussitôt fait. Un amateur se présenta, endossa la casaque rouge, s'empara de l'arme, — un trident — et enfila le sentier au pas accéléré. Une demiheure plus tard il avait rattrapé le rebelle, qui n'opposa pas la moindre résistance. Le soir même, il était confié aux bons soins du petit mandarin de Kong-Sann. Il en sera quitte pour une séance de bambou et pour une admonestation paternelle.

14 mai.

Deux jours encore sur les hauteurs, une succession de coteaux arrondis séparés par des dépressions en forme de cuvettes. Cependant, insensiblement, le terrain s'abaisse. Le sentier devient assez bon, du moins pour une piste cavalière. La végétation reparaît, une végétation d'Europe : des noyers, des pruniers sont plantés aux abords des villages, qui se font moins rares, quoique toujours bien pauvres. Le 11, l'altitude n'est plus que de 2,300 mètres. Le 12, à Yang-Lin, nous tombons à 2,000 mètres. Alors brusquement le pays change d'aspect, des eaux vives jaillissent, bientôt captées en canaux d'irrigation. La plaine se couvre de rizières. Au sentier succède une grande route, une vieille voie pavée à la romaine, longue de quarante kilomètres, mais dont les blocs énormes et disjoints, sur lesquels les bêtes trébuchent à chaque pas, ne permettent point d'accélérer l'allure.

Dans l'après midi du 13, au delà du village de Ta-Pann-Tsiao, le grand lac de Yun-Nan-Sen apparaissait au loin, dans le sud-ouest, comme une coulée de plomb. Au même moment, un orage épouvantable crevait sur la vallée, et c'est par une pluie diluvienne, sous un ciel d'encre, que se révèle à nous la capitale du Yun-Nan, dans une plaine assez fertile, entourée de montagnes de 3,000 à 3,500 mètres. Le paysage pourtant manque de grandeur, malgré ce lac d'une superficie au moins égale à celle du Léman, malgré les hautes cimes. Le temps est pour beaucoup, sans doute, dans cette impression maussade. L'altitude aussi contribue à amoindrir les proportions. A cette hauteur (1,900 mètres), les sommets environnants semblent de simples collines.

Il était presque nuit close lorsque nous arrivions à l'auberge, bouge infect, après avoir traversé sous l'averse une bonne demi-lieue de faubourgs désolés. Jamais depuis Nanking, je n'avais observé décrépitude aussi navrante. Tout est démoli, saccagé. Yun-Nan-Sen n'est qu'une vaste ruine. Plus encore que ses temples croulants, que ses remparts aux brèches béantes, sa banlieue funèbre, les innombrables sépultures dont la plaine est jonchée lui donnent ces apparences de cité morte. Le ciel est noir, la ville immonde. A peine arrivé, on songe à fuir.

Cette ville qui compte aujourd'hui de quatre-vingt à cent mille habitants, a dû jadis, si l'on en juge par le périmètre de sa vieille enceinte, renfermer une population deux ou trois fois plus nombreuse. Elle doit son importance à sa situation au point d'intersection des routes de caravanes rayonnant vers le Sé-Tchouen, la Birmanie, le Tonkin, le Quang-Si, et le Kouéi-Tchéou. Mais, comme l'ensemble de la province, la capitale se trouve à l'heure actuelle et, selon toute probabilité, demeurera longtemps encore dans le même état qu'au lendemain de la grande rébellion musulmane qui bouleversa ces régions durant dix-sept ans, de 1856 à 1873. Les efforts du Gouvernement central pour déterminer dans les provinces trop densément peuplées, notamment au Sé-Tchouen, un courant d'émigration vers le Yun-Nan, eurent peu de succès. Le Chinois en effet hésite à s'établir sur les domaines abandonnés. La crainte de voir reparaître quelque jour les anciens propriétaires ou leurs descendants empoisonnerait sa vie. Il s'imaginerait posséder seulement à titre précaire. Ce sentiment, très répandu dans tout l'Empire, n'a certes pas peu contribué à enrayer le mouvement réparateur. Ce sera, pendant des siècles peut-être, l'obstacle le plus sérieux au repeuplement de la grande province du sud-ouest.

Le voyage de Soui-Fou à Yun-Nan-Sen aura duré vingt-quatre jours, dont vingt-deux de marche effective. Nous avons, si j'en crois les indications du podromètre et mon levé de la route à la boussole, parcouru 656 kilomètres.

16-31 mai.

Le terme du voyage est proche. Cent lieues à peine nous séparent de la frontière tonkinoise. La route de Yun-Nan-Sen au Fleuve Rouge par Mong-Tsé et Man-Hao est, parmi les voies qui mettent en communication l'Indo-Chine française et l'Empire du Milieu, l'une des mieux connues. On me saura gré de forcer un peu les étapes, de tourner plus rapidement les feuillets d'un carnet de route, intéressant peut-être pour le voyageur qui se complaît à évoquer ses souvenirs, mais dont, à la longue, la lecture paraîtrait à bon droit monotone à qui voyage dans son fauteuil.

La distance de Yun-Nan-Sen à Mong-Tsé est d'environ 300 kilomètres : nous l'aurions franchie très facilement en huit jours si, le surlendemain du départ, au crépuscule, par la faute d'un des muletiers, une partie de notre convoi ne s'était égarée. Nous avons dû dépêcher des émissaires à sa recherche dans toutes les directions et l'attendre, à Houa-Lo-Tseu, pendant vingt-quatre heures, le temps de fixer à jamais dans notre mémoire les moindres détails de ce site agreste : un très petit village dans un amphithéâtre de collines couvertes d'une menue broussaille à travers laquelle le terrain ocreux prend des tons rosés. Roses, les pentes; roses, les champs fraîchement tondus où traînent encore des blés en javelles. Devant les maisons, sur les aires, des batteurs jouant du fléau. L'animation d'une campagne du midi de la France, au temps des moissons.

A partir de Yun-Nan-Sen, la différence du climat est très saisissante. La contrée et les habitants, tout a pris

DANS UN VILLAGE. — YUNNAN SEPTENTRIONAL.

UNE RUE A YUNNAN-SEN.

un autre aspect. Désormais, le paysage est franchement méridional sans, pour cela, devenir très riant. Des ifs, des pins, des haies de cactus et de figuiers de Barbarie; maisons basses dont, à distance, la brique crue se confond avec le sol. Les villages, en revanche, se succèdent plus rapprochés. La population est plus robuste; très pauvre, toujours, mais ce n'est plus le dénuement, la misère grelottante et douloureuse. Dans l'air attiédi, le haillon est moins attristant : c'est déjà la guenille pittoresque, la pauvreté sans hideur des pays ensoleillés.

De loin en loin, quelque ville murée : Tching-Kong-Hien, Kiang, Tong-Hay, rappelle les mauvais jours de la rébellion. Cependant, même dans ces cités en ruines, certains détails témoignent d'un passé fastueux. A Kiang, aujourd'hui simple bourgade, j'ai remarqué, enclavé dans les masures en torchis, un *païlou* (arc de triomphe) de marbre, d'un style très pur et d'une ornementation très fine. Aux portes de Mong-Tsé, plusieurs monuments du même genre peuvent, malgré leur délabrement, soutenir la comparaison avec les plus délicats morceaux d'architecture qu'il m'ait été donné de voir en Chine, notamment aux environs de Péking.

Des traces nombreuses d'anciennes cultures attestent également que la région a connu des temps meilleurs. Les sillons nouvellement creusés dans ces friches montrent qu'elle se repeuple. L'homme, peu à peu, reprend possession de la terre abandonnée; la prospérité a chance de renaître. Il n'en est pas de même dans le nord de la province. A part les vallées de Tchao-Toung et de Toung-Tchouan, deux points perdus dans cet énorme massif montagneux de 150 lieues d'épaisseur, d'une altitude moyenne de 2,700 mètres, tout est solitude; rien n'autorise à croire qu'à une époque quelconque une population tant soit peu dense ait réussi à s'implanter sur ces hauteurs, à féconder ce sol métallifère, mais ingrat.

Durant toute la journée du 16, le grand lac de Yun-Nan-Sen est resté visible, à deux lieues sur la droite, d'un bleu que rend plus intense le contraste des falaises pelées et des crêtes lointaines striées de neiges. Le 19, dans l'après-midi, longé pendant trois heures le lac de Kay-Min-Kiao, vaste cratère entouré de pentes boisées. Vingt-quatre heures plus tard, la belle nappe de Tong-Hay, frissonnante sous le vent d'ouest, nous donnait l'illusion de la mer retrouvée, des saines brises soufflant du large.

Ensuite, deux étapes en terrain montueux, raviné, avant d'atteindre la plaine calcinée de Sin-Fang. Un décor saharien, Sin-Fang : une centaine de cases, de petits cubes en *adobe*, des enfants nus courant dans la poussière, des ménagères qui jasent autour des puits en emplissant leurs jarres de forme antique. Dans les cours, au milieu des ballots empilés, des muletiers distribuent à leurs bêtes la provende de fèves et de paille hachée; d'autres surveillent la marmite suspendue à trois piquets, la marmite que l'hôtelier n'a point fournie, mais que les caravaniers, musulmans pour la plupart, transportent avec eux afin de ne point s'exposer à se servir d'un récipient souillé de la graisse de porc dont usent les infidèles. Plusieurs procèdent à leurs dévotions, à genoux sur un morceau de natte, la face tournée vers la patrie du Prophète, c'est-à-dire vers l'ouest, murmurant dans un idiome étranger quelque formule de prière dont le sens exact leur échappe. La nuit tombée, sur le toit en terrasse où nous avons dressé nos couchettes, nous goûtons, pour la première fois depuis des mois, un repos complet, l'absolu silence, la paix des soirs au désert

Le 24, un peu avant le coucher du soleil, nous voyons des cavaliers se diriger de notre côté, au petit galop, agitant leurs coiffures. Les Européens de Mong-Tsé nous souhaitent la bienvenue. A leur tête est un de nos compatriotes, le commis de résidence chargé momentanément du consulat, M. Durand. Le titulaire du poste, M. Dejean de la Bâtie, qui m'avait si gracieusement accueilli il y a un an à Long-Tchéou, dans le Kouang-Si, est en congé. Mais nous étions signalés depuis plusieurs semaines, et il avait bien voulu laisser des instructions afin que, lui absent, sa maison nous fût néanmoins ouverte comme à des amis longtemps espérés.

La colonie européenne de Mong-Tsé se composait, lors de mon passage, de sept personnes : le gérant du consulat, deux missionnaires, un sous-commissaire des Douanes impériales, M. Hancock, deux assistants et un médecin français, le docteur Michou. Je tiens à leur exprimer une fois de plus toute ma gratitude pour leur réception si empressée et si cordiale. Les marques de sympathie qui nous furent prodiguées faisaient de cette arrivée comme une fête, un retour joyeux à la civilisation occidentale perdue de vue depuis longtemps. Je garderai très vif le souvenir des cinq journées passées au milieu de ces aimables hôtes. Ce sont là, pour le voyageur, des heures très douces qui ne sont point payées trop cher au prix de quelques fatigues. Elles font vite oublier les difficultés de la route, les mauvais gîtes, les nuits sans sommeil.

La ville est plutôt morne. Quinze à vingt mille habitants, tout au plus; rues peu bruyantes. Le seul endroit qui présente un peu d'animation, à certaines heures, c'est, en dehors de l'enceinte, l'espace compris entre le consulat et les bâtiments de la douane chinoise. Là, chaque jour, les convois s'arrêtent, plusieurs heures parfois, pour faire visiter leurs chargements. Ces marchandises, destinées aux marchés de Yun-Nan-Sen ou de Ta-li, arrivent de la côte, les unes à travers le Kouang-Toung et le Kouang-Si par la rivière de l'Ouest et Pé-Sé-Ling, les autres par le Tonkin. Toutefois, en cette saison, les eaux sont tellement basses que le trafic, par le Fleuve Rouge, est très réduit. Des renseignements recueillis à la Douane il résulterait même que, d'une façon générale, le transit par le territoire tonkinois aurait, depuis un an, diminué quelque peu. Les marchands auraient constaté que les colis, après avoir subi la visite de la douane à leur passage à Haïphong, n'étaient point réemballés avec soin. Des caisses de fer-blanc renfermant des allumettes ou tel autre article craignant l'humidité n'auraient pas été ressoudées. Par suite, beaucoup d'envois seraient avariés pendant le trajet du littoral aux plateaux. J'ignore jusqu'à quel point ces plaintes sont fondées. Il n'en est pas moins évident que, si l'on veut détourner dans l'avenir, sur la voie ferrée de Lang-Son et son prolongement en construction vers le Kouang-Si, *via* Long-Tchéou, tout ou partie des transports opérés actuellement par la rivière de l'Ouest, il faut veiller à ce que les avantages d'une voie plus rapide ne soient pas annulés par les lenteurs et les complications des formalités douanières.

La vallée de Mong-Tsé est assez fertile, bien cultivée, égayée par nombre de fermes et de hameaux. La majeure partie de la population rurale n'est pas d'origine chinoise. Le type prédominant est le *Lolo*, proche parent des tribus semi-indépendantes de l'Ouest. Rien dans l'attitude de ces cultivateurs ne rappelle les instincts pillards de leurs turbulents congénères refoulés sur les confins du Thibet. Trapus, râblés, plus solidement musclés que les Célestes, aussi laborieux et moins tapageurs : la douceur même. Les femmes avec leur vêtements de cotonnade bleu-foncé, leurs serre-tête blancs, ressemblent aux paysannes japonaises, mais la démarche est autrement élégante et vive que chez les campagnardes du Nippon. Plusieurs ne manquent pas de grâce; il en est même de vraiment jolies.

Le climat est parfait, l'atmosphère d'une pureté extrême ; la chaleur, même en plein midi, n'a rien d'accablant. Sans doute, à qui vient de parcourir les provinces vraiment fécondes, telles que le Sé-Tchouen ou le Hou-Pé , Mong-Tsé paraît un site agréable, non pas un Éden. Mais je m'explique fort bien la sensation exquise que doit éprouver sur ces hauteurs, devant cet horizon large, le voyageur arrivant de la profonde et brûlante vallée du Fleuve Rouge.

De là probablement l'optimisme de certaines descriptions très sincères mais quelque peu flattées qui nous ont été données de ces régions.

Les avis sont très partagés en ce qui concerne le Yun-Nan. Célébré par ceux-ci, décrié par ceux-là, il est tour à tour représenté comme une contrée d'une richesse exceptionnelle, et comme une terre de désolation. La contradiction toutefois n'est qu'apparente ; les deux appréciations s'inspirent également de la réalité. Tout dépend du point de vue auquel se place l'observateur. A ne parler que des ressources latentes, des gisements métallifères, le Yun-Nan à cet égard est, à n'en pas douter, l'un des plus riches territoires de tout l'Empire. Encore convient-il de remarquer que cette richesse naturelle exigera, pour être mise en valeur, de sérieux efforts et des capitaux considérables. En revanche, sous le rapport du développement de l'agriculture et du mouvement commercial, le Yun-Nan est avec le Quang Sé et le Kouêi-Tchéou, l'une des provinces les plus stériles, les moins peuplées. Le sol, d'une fertilité relative dans le Sud, est, nous l'avons déjà dit, dans la partie Nord, à peu près improductif. Entre Soui-Fou et Yun-Nan-Sen, nos hommes ont pu bien rarement se procurer les deux éléments essentiels de l'alimentation chinoise : le riz et le thé. Les habitants de ces hauts plateaux se nourrissent de maïs, de pois chiches, de bouillie de fèves, et consomment sous le nom de thé une infusion de bois mort et d'herbes sèches. En fait, le Yun-Nan n'aurait par lui-même qu'une médiocre valeur, n'était qu'il convient de voir en lui la route, très accidentée d'ailleurs, mais du moins la plus directe et la plus praticable pour arriver du Tonkin ou de la Birmanie au Sé-Tchouen.

Le Sé-Tchouen, tel est en effet le but à atteindre. Tout le reste est pur accessoire. Cette merveilleuse province, le joyau de l'Empire, avec sa population double de celle de la France, son sol d'une fécondité inouie; ce pays qui produit en abondance la soie, le lin, la cire, le tabac, l'opium, le riz, le thé, est appelé à jouer, dans les relations économiques et politiques de la Chine avec l'Europe, le rôle prépondérant. C'est au Sé-Tchouen, non ailleurs, que se décidera la question d'influence sur la Chine du Centre et du Sud-Ouest. C'est là une vérité qui saute aux yeux et qu'au surplus il nous est permis d'envisager avec calme. Si, à l'heure actuelle, et commercialement parlant, la civilisation européenne n'a point encore entamé le Sé-Tchouen; s'il n'est pas une nation, pas plus l'Angleterre que l'Allemagne ou l'Amérique qui puisse se flatter d'avoir, sur ce point, distancé ses concurrentes, il ne faut pas oublier que, dans un autre domaine, le domaine des idées et des croyances, notre pays a depuis longtemps pris position. Il y est représenté par une association florissante, la Société des Missions Étrangères dont l'action s'étend sur une population chrétienne de plus de cent mille âmes; population qui n'est point composée seulement de pauvres hères mais, en grande partie, de familles appartenant à la classe aisée. Dans le nombre figurent quelques-uns des notables marchands de la province. Le Vicaire apostolique du Sé-Tchouen occidental, Mgr Dunan, m'affirmait que dans chacune des soixante paroisses de son Vicariat il se faisait fort de procurer, le cas échéant, à nos compatriotes, non pas un, mais plusieurs correspondants solides, dont il pouvait répondre comme de lui-même. Cela, on l'avouera, constitue un point d'appui sérieux. Dans quelle mesure nous sera t-il donné d'en profiter? C'est le secret de l'avenir. Toujours est-il qu'il existe.

Je n'ignore pas que, pour atteindre le Sé-Tchouen, nous avons hésité entre plusieurs voies. Lors de mon second séjour à Péking, en 1896, notre diplomatie venait d'obtenir de la Chine, pour une Compagnie française, la Concession d'une ligne qui eût été le prolongement de celle de Langson vers Long-Tchéou, avec faculté de la poursuivre jusqu'à Pé-Sé sur le You-Kiang. Vaille que vaille, cela pouvait à la rigueur nous mener, avec le temps, au Sé-Tchouen par le Kouéi-Tchéou. A mon retour en France, au moment de publier ce journal de route, je devais apprendre que tout est changé. Du projet primitif il n'est plus question. On a fini par où, peut-être, l'on eût dû commencer; le tracé adopté emprunte la vallée du Fleuve Rouge et pénètre en Chine par le Yun-Nan. La ligne nous est concédée de Lao-Kai à Yun-Nan-Sen. Il est vrai que de son côté l'Angleterre s'est mise à l'œuvre et pousse activement sa ligne birmane vers Kouloun-Ferry, sur le Salouén, avec l'intention de gagner Tali-Fou, puis Yun-Nan-Sen et, au delà, à travers le Yun-Nan septentrional, la vallée du Yang-Tsé, vers Soui-Fou. Certes l'établissement d'une telle ligne n'est point facile, mais que ne fait-on pas à coups de millions? Sans chercher à prévoir d'aussi loin quand, comment et par qui l'œuvre s'accomplira, il nous suffira de répéter, — ce qu'il n'est plus permis d'ignorer désormais, — que la question de prépondérance dans la Chine Occidentale et Méridionale ne sera pas résolue sur la Rivière de l'Ouest, mais sur le Fleuve Bleu, non pas au Yun-Nan, mais au Sé-Tchouen.

20 juin.

Aller de Mong-Tsé à Man-Hao, c'est passer en quelques heures du printemps de France à l'été tropical. On commence par s'élever de 1,600 à 2,100 mètres, pour tomber soudain à 600. Les treize derniers kilomètres de rampe sans palier sont connus sous le nom de « Chemin des dix mille marches ». Le sentier est affreux; il en est pourtant de pires. Mais je sais peu de parcours aussi pénibles, tant est brutale la transition entre la fraîcheur du plateau et l'atmosphère pesante du cañon du Fleuve Rouge. Le trajet est coupé d'ordinaire en deux étapes. Grâce à la vigueur de nos montures, nous avons réussi, partis de Mong-Tsé au petit jour, à atteindre Man-Hao le soir même; il va sans dire que la descente finale a dû être affectuée à pied et non sans glissades. De ma vie je n'oublierai ces trois mortelles heures de marches à tâtons, dans les ténèbres, par une température écrasante. Il était près de dix heures quand, épuisés, les jambes meurtries, nous arrivions enfin aux masures de Man-Hao plantées en désordre, de-ci delà, dans les anfractuosités du roc, à vingt mètres du fleuve.

Les muletiers, aussitôt leur solde reçue, tournaient bride, préférant, malgré la fatigue, se remettre en route plutôt que de dormir au fond de cette gorge réputée très malsaine. Les caravaniers ne s'y arrêtent que juste le temps nécessaire pour prendre leurs chargements, et n'y passent jamais la nuit, crainte des fièvres. Les chaises à porteurs ont été laissées au consulat; j'y renvoie également nos chevaux et mules de selle. Je me refuse à céder à vil prix à des inconnus ces pauvres animaux qui nous ont portés pendant trois cents lieues. Puisqu'il leur faut changer de maîtres, mieux vaut qu'ils restent aux mains d'Européens qui les traiteront avec les égards dus aux fidèles serviteurs. Seule, ma petite mule sé-tchouennaise, Tou-Ti, ne paraît pas satisfaite de ces arrangements. Elle m'a suivi jusqu'à la grève, elle veut à toute force prendre place dans la jonque et ne se laisse emmener qu'après une résistance assez vive. Pendant près d'une heure elle n'a cessé de protester à voix haute, tandis qu'on l'entraînait dans la nuit vers Mong-Tsé.

La mousson pluvieuse se fait attendre cette année. Les eaux sont au plus bas. La jonque qui me porte n'est en réalité qu'une barque non pontée, recouverte aux deux tiers par une paillotte. Malgré son faible tirant d'eau, elle échoue plusieurs fois par heure. Le Fleuve Rouge, dans cette partie de son cours et dans cette saison, n'est guère mieux qu'un ruisseau. Le seul rapide un peu sérieux, Vinh-Ray, a été franchi sans difficulté. Sauf dans ce passage encombré de roches, les courants, plutôt modérés, sont séparés par de longs biefs où les progrès seraient presque imperceptibles si les bateliers ne s'escrimaient vigoureusement de la gaffe et de l'aviron. Aussi ai-je employé deux jours et demi pour descendre de Man-Hao à Lao-Kay. C'est, à tout prendre, une assez bonne allure; le directeur des télégraphes du Yun-Nan, qui regagnait son poste par le Tonkin et que j'ai rencontré à Mong-Tsé, n'avait pas mis, à la montée il est vrai, moins de onze jours pour parcourir ces vingt-cinq lieues.

Le 4 juin au soir, je saluais avec joie les couleurs françaises hissées, sur la rive droite, devant le premier poste-frontière, Bà-Xat, où je trouvai, à peine est-il besoin de le dire, l'hospitalité la meilleure. Le lendemain, dans la matinée, Lao-Kay apparaissait sur la gauche, au confluent du Fleuve Rouge et de la petite rivière de Kay-Hua : d'un pittoresque achevé, sur son promontoire verdoyant, avec ses bâtiments tout battant neufs, ses entrepôts, ses maisonnettes blanches entourées de jardinets fleuris. En face s'étale la guenille chinoise, cette agglomération de paillottes que les Célestes nomment Hok-Héou et les Annamites Son-Fong.

Depuis sept mois, pas une chaloupe n'avait pu remonter jusqu'à Lao-Kay. Les petits vapeurs des Correspondances fluviales ne dépassent point Yên-Bay, faute d'eau. Il ne me restait donc qu'à poursuivre ma route en jonque, à petites journées, d'échouage en échouage, dans le lent déroulement des verdures riveraines. Brousse impénétrable et mauvaise, où le regard cherche en vain les magnificences de la végétation tropicale. C'est la mélancolie, mais non la majesté des jungles sud-américaines ou des forêts de la Guinée. De loin en loin une éclaircie, un groupe d'habitations palissadées, un blockhaus où flotte le pavillon tricolore; des appels de voix amies, une halte brève, un serrement de mains et l'on repart.

Ainsi défilent Bao-Ha, Yen-Bay, où j'ai le regret d'apprendre que la chaloupe hebdomadaire vient de démarrer il y a deux heures à peine, puis Mân-Bâ, Càm-Khé. Cette navigation paraît interminable. Pourtant, le chenal devenant plus facile et la lune aidant, mon équipage est pris d'un beau zèle; nous continuons d'avancer toute la nuit. A l'aube, nous dépassions le confluent du Fleuve Rouge et de la rivière Noire; désormais c'était l'espace, le Delta superbe et lumineux. Quelques heures encore et nous laissions à gauche la Rivière Claire, Vietri sur sa berge ombragée de beaux arbres. La nuit nous surprenait en amont de Son-Tay, et le 10, au lever du soleil, cinq jours après avoir quitté Lao-Kay, je touchais la berge d'Hanoï, d'où j'étais parti il y avait de cela treize mois, pour entreprendre mon tour de Chine.

J'ai retrouvé Hanoï encore embelli depuis un an. Des avenues ont été ouvertes, de vastes espaces entièrement transformés. Où j'avais laissé des terrains vagues, je vois d'élégantes et spacieuses villas, tout un quartier neuf, une débauche d'architecture. Mais voici la saison pluvieuse, les ciels blafards, les jours sans brise, les nuits pires que les journées. L'an dernier, à pareille époque, la chaleur, quoique déjà très forte, me semblait supportable. J'étais acclimaté. Après ces longs mois de voyage dans des régions plutôt fraîches, ce brusque passage de l'hiver à la canicule me déconcerte. Je sens la fièvre qui me guette; le moment est venu de gagner la mer, la mer réconfortante et berceuse.

VILLAGE ET PORT DE MAN-HAO SUR LE FLEUVE ROUGE.

RAPIDE DE VIN-RAY.

ÉPILOGUE

LA CHINE D'AUJOURD'HUI ET LA CHINE DE DEMAIN.

Mers de Chine, juillet-août.

Il y a quelque chose d'anormal et de très doux tout ensemble dans cette vie tranquille du bord, ce grand repos succédant soudain aux agitations et aux soucis du voyage par terre. Ne plus vouloir, ne plus prévoir, n'avoir plus à se préoccuper de mille détails futiles, croirait-on, et qui pourtant ont leur importance, ne plus intervenir à toute heure pour régler des différends, apaiser des querelles, ne pas s'inquiéter de la route, ignorer qui vous mène, le temps et la distance, être seul, ne voir que le ciel et l'eau et s'en aller ainsi longtemps, très loin, dans un essor de rêve, cela est délicieux.

J'ai renoncé pour cette fois aux paquebots-poste, aux vapeurs express qui brûlent les escales. Le mien est un caboteur ennemi des vitesses vertigineuses et de la ligne droite. Il s'attarde dans les havres, pousse des pointes dans les estuaires et dans les baies, suivant les nécessités du fret ou l'humeur du capitaine. Grâce à lui j'ai revu Macao, ses vieux couvents, ses maisons peintes, la rivière des Perles et la pagode aux cinq étages sur les hauteurs de Ho-Nam. Quatre jours à Canton, trois à Hong-Kong et je reprenais ma route vers le nord, jetant l'ancre devant Swa-Tao, devant Amoy où j'avais la bonne fortune de rencontrer ce jeune Français déjà célèbre, le docteur

Yersin, prodiguant ses soins aux pestiférés; arrivé depuis cinq jours, il en avait déjà traité et sauvé une quinzaine.

Je me rappellerai toujours ma visite au petit hôpital, par une matinée de soleil, cette salle oblongue où le silence n'était troublé que par le halètement des pauvres corps endoloris allongés sur les nattes, les porteurs amenant d'autres malades auxquels le médecin injectait, sous les regards émerveillés des parents, ses dernières fioles de sérum. Et je me disais que dans une moitié de la vaste Chine, le nom de ce jeune savant d'aspect frêle, à la démarche presque timide, était déjà connu des foules. Ne parlait-on pas de placer son image dans le temple des bons génies? C'était le bienfaiteur, le sauveur, le victorieux. De telles victoires font autant pour le prestige de la race européenne et, en particulier, de la France, que les efforts des diplomates et les promenades des escadres.

Cette navigation lente et capricieuse, du littoral chinois à l'archipel japonais, du Japon au Petchili, me permet d'échapper, dans une certaine mesure, aux ardeurs de l'été, plus pénibles encore après les fatigues d'un long voyage. C'est le tonique par excellence, cet air salin aspiré à pleins poumons. D'ailleurs, ces heures de loisir ne sont pas des heures perdues. Tandis que lentement, dans une atmosphère de plus en plus tempérée, le bateau m'emporte vers le nord, je revois en pensée les pays parcourus, les visages observés depuis un an. Peu à peu un classement s'opère dans les impressions et les souvenirs; de cette masse chaotique quelques silhouettes se détachent en vigueur. C'est d'abord l'image d'une Chine différente du portrait que je m'en étais tracé sur la foi de peintures, les unes trop flatteuses, les autres poussées au noir, la plupart quelque peu conventionnelles.

Depuis un quart de siècle on s'est fort occupé de la Chine et de ses évolutions futures. La Chine, a-t-on dit

— et jamais les prophéties n'ont été plus affirmatives que dans ces dernières années, surtout après la facile victoire des armées japonaises, — la Chine, instruite par la défaite va sortir de sa léthargie, regarder au delà de sa Grande-Muraille, du côté de l'Occident, mander à son chevet les docteurs européens, les représentants d'une civilisation longtemps redoutée, en réalité féconde et réparatrice. Eh bien, la vérité est que la Chine, ou pour mieux dire, ce qui lui tient lieu de gouvernement, ne songe nullement à modifier sa ligne de conduite, à faire tomber ses antiques barrières. Elle s'efforcerait au contraire d'en élever de nouvelles. Son premier mouvement oppose à toutes les suggestions un *non possumus* obstiné. Cependant, objectera-t-on, la construction prochaine de chemins de fer, au nord comme au sud, semblerait prouver qu'elle entre enfin, et franchement cette fois, dans la voie du progrès. A peine est-il besoin de faire remarquer qu'il s'agit, en l'espèce, non d'un effort spontané mais d'une nécessité subie, de concessions inévitables qu'une diplomatie à la fois énergique et subtile ne lui a point arrachées sans douleur. En revanche, à Péking comme dans les provinces, il est aisé de reconnaître que l'opposition systématique aux idées et aux entreprises européennes n'a pas désarmé. Ces résistances sont surtout appréciables dans l'intérieur. La Chine n'a rien appris, ne veut rien apprendre. Si parfois, et d'une façon vague, elle perçoit que peut-être il y aurait quelque chose à faire, qu'il conviendrait de perfectionner son outillage, d'améliorer ses voies de communication, de tirer meilleur parti de ses richesses naturelles, que sais-je encore, les procédés extravagants préconisés pour réaliser ces grandes choses permettent d'affirmer que, sans le concours des étrangers, jamais on ne passerait de la parole aux actes.

Il n'est pas sans intérêt, surtout en ce moment où, de

jour en jour, on pourrait dire d'heure en heure, le problème des destinées du vieil empire s'impose davantage à l'attention des chancelleries, de rechercher, d'après les conditions de la Chine actuelle, ce que nous réserve la Chine de demain sous l'influence des innovations européennes. Car c'est en vain qu'elle proteste contre la brutale poussée d'une civilisation envahissante, impitoyable, bien faite pour effrayer un peuple passionnément épris des idées et des coutumes d'antan, et dont on a pu dire, non sans raison, qu'il a les pieds dans le présent, la tête dans le passé. Le temps est proche où elle devra se résigner à l'inévitable, renoncer pour jamais au cher isolement d'autrefois. A son tour, qu'elle le veuille ou non, elle va être entraînée dans le mouvement universel.

Faut-il s'en réjouir ou s'en alarmer? En d'autres termes la Chine sera-t-elle uniquement un immense champ d'action ouvert à l'industrie européenne? Ou bien l'Europe aurait-elle à redouter je ne sais quel choc en retour, ce péril jaune prophétisé par nombre de publicistes et que, selon eux, rendrait imminent la concurrence de cette race pullulante, laborieuse mise en possession d'un outillage perfectionné, servie qui plus est par l'abondance et le bas prix de la main d'œuvre? Autant de questions qu'il serait assurément puéril de vouloir élucider en quelques mots, mais au sujet desquelles la simple observation de la vie chinoise — ou du moins de ce qu'il est permis d'en voir c'est-à-dire la vie extérieure, les habitudes et les procédés de travail — nous fournirait cependant des données suffisamment explicites.

On a beaucoup écrit sur la Chine et sur les Chinois. Mais en dépit de la quantité d'ouvrages de haute valeur publiés dans toutes les langues, nous sommes, dans la pratique, assez mal renseignés. Ou plutôt il semble que la multiplicité même des documents, lorsque nous voudrions en dégager quelque idée générale, loin de nous y aider, nous déconcerte et nous écrase. Il est à remarquer, soit dit en passant, que la majorité des observateurs s'est attachée de préférence à mettre en relief les singularités de la vie chinoise, tout ce qui paraît en opposition parfois blessante avec les coutumes et les bienséances européennes. De là des peintures, souvent très fidèles quant au trait, mais tout en premier plan, trop en vigueur, séparées de leur atmosphère et de leur milieu et, par suite, donnant un peu l'impression d'une caricature. Nous trouverons il est vrai chez les orientalistes, chez les historiens, des appréciations autrement pondérées, plus équitables. Ceux-ci rendent pleine justice aux qualités de la race, font valoir le degré relativement élevé de sa civilisation et de son art, les chefs-d'œuvre de ses moralistes et de ses poètes. Encore n'est-ce point par les travaux de ces érudits que nous parviendrons à connaître le Chinois tel qu'il se manifeste dans la vie réelle. Juger un peuple sur sa littérature, c'est le voir non tel qu'il est, mais tel qu'il voudrait être, connaître ses aspirations, son idéal plutôt que ses faits et gestes.

La vérité est que, pour savoir à quoi nous en tenir, le plus simple est encore d'observer l'élément populaire, celui qui fait nombre et court les rues, le Chinois en déshabillé. Nous serons vite au courant, sinon de ce qu'il pense, du moins de ce qu'il fait et, par ses actes, il sera facile de nous rendre compte, dans une certaine mesure, de ce qu'il vaut. Le meilleur moyen de nous en former une idée exacte sera de considérer tout d'abord non pas les étrangetés, ce par quoi ces gens diffèrent de nous, mais ce par quoi ils nous ressemblent, autrement dit les qualités et les défauts dont nous constatons l'existence, à des degrés divers, chez l'européen comme chez l'asiatique.

Que voyons nous? Une race industrieuse au premier chef, âpre au travail, prête à toutes les besognes, sans pourtant travailler en esclave, marchande avant tout, vendant son labeur comme un article de commerce; à cela près, disposée à s'employer avec une égale énergie où que ce soit, s'acclimatant indifféremment aux frimas du Nord et au soleil du Tropique; d'une frugalité proverbiale, sans pour cela faire fi d'un bon morceau s'il lui tombe sous la dent, mais sachant vivre de peu; avec cela, d'humeur accommodante, docile, insouciante du confort, d'une résistance à toute épreuve et, fait non moins remarquable, témoignant d'une parfaite égalité d'âme dans la bonne comme dans la mauvaise fortune.

Malgré les misères inhérentes à toute collectivité humaine et les calamités locales : révolutions, famines, inondations ou sécheresses, la Chine dans son ensemble donne l'impression d'un peuple heureux, en ce sens que la qualité maîtresse du Céleste paraît être d'envisager toujours le bon côté des choses. Bonheur relatif, mais qui suffit à son ambition. Son rêve n'est pas précisément d'être heureux, mais *aussi peu malheureux* que possible dans les diverses circonstances de la vie. Il y arrive, prenant le temps comme il vient, jouissant de ce qui lui échoit sans se tourmenter de ce qui lui manque. Est-ce de sa part fatalisme ou philosophie? Ni l'un ni l'autre. Un don de nature tout simplement : l'absence de nerfs. Il est manifeste que son système nerveux est moins éprouvé que celui d'un homme d'Occident. Le Chinois est, par rapport à nous, qui vivons tous, plus ou moins, à l'état de surmenage, de surexcitation, de fièvre, dans une condition analogue à celle de nos aïeux, lesquels n'avaient pas à compter avec les bienfaits et les menus inconvénients de la vapeur, de l'électricité, de la presse quotidienne, et dont l'existence se déroulait non point bruyante et fuyante à une allure de train-éclair, mais avec la douce lenteur des coches.

Cette tyrannie des nerfs, les plus équilibrés d'entre nous la subissent inconsciemment. Nous n'agissons plus, nous ne pensons plus, nous ne reposons plus comme les hommes d'autrefois. Notre sommeil n'est plus le vrai, le profond sommeil que goûtaient nos pères. La nuit venue, nos yeux clos, nous n'échappons qu'à demi aux préoccupations du jour. Elles emplissent nos rêves. Un rien nous agite, le moindre bruit, le craquement d'un meuble, le roulement lointain d'une voiture. Parfois même, le trop grand silence nous éveille. Le Chinois ignore ces inquiétudes nerveuses, ce que nous appelons les idées noires, et de la neurasthénie ne connaît ni le mot ni la chose. Il est capable de demeurer sans un geste, sans un frisson d'impatience à la même place, dans la même attitude, durant des heures. Copiste, il s'escrimera du pinceau toute une journée, d'un mouvement presque automatique. Batteur de fer ou tisserand, vous le verrez penché sur son enclume, sur son métier, de l'aube à la nuit close, répétant à l'infini le même effort avec le même geste, sans en varier d'instinct le rythme monotone. Quel que soit son rang, sa profession, il n'est pas difficile sur le choix d'un gîte. Tout lui est bon. Le mandarin en voyage s'installera aussi volontiers sous la tente, dans une pagode à demi ruinée ou dans la mauvaise chambre d'auberge dont les carreaux de papier tombant en loques laissent passer la bise; à moins que, faute de mieux, il ne passe tout bonnement la nuit blotti dans son chariot. J'ai vu des vieillards, des malades reposer, paisiblement allongés sur une natte dans une salle au sol boueux, au milieu du plus abominable vacarme de l'hôtellerie pleine, dans le va-et-vient des portefaix et des marchands de friture, parmi les graillons et les fumées.

S'agit-il de gens de la basse classe : du charretier qui, quatorze heures sur vingt-quatre, trottinant à côté de sa guimbarde, active de la voix et du fouet son quadrige de mules? Du porteur de chaise parcourant en moyenne trente-cinq kilomètres dans sa journée sur les sentiers scabreux du Yun-Nan? Des bateliers du Yang-Tsé manœuvrant la lourde jonque à travers les rapides du grand fleuve? Tous ces gens-là, terriens et mariniers, l'étape achevée, souperont d'une écuelle de riz, feront une partie de dés, fumeront une pipette et s'endormiront du sommeil du juste, la tête sur l'oreiller — je veux dire sur une brique ou sur une bûche, pour se réveiller au petit jour, frais et gaillards.

Endurant et phlegmatique, le Chinois, du petit au grand, possède qui plus est, une surprenante habileté de main. Il suffit de remarquer, chez les individus de la plus humble condition, la finesse des attaches, les doigts souples et déliés pour comprendre comment il parviennent sans effort à exceller dans les travaux les plus délicats, qu'il s'agisse d'enluminer un éventail, de découper le bois et l'ivoire ou de broder au petit point. La même dextérité en fait des auxiliaires précieux pour les industries d'importation européenne. Après un apprentissage assez court, ils rendent d'excellents services comme monteurs, ajusteurs, mécaniciens. Quiconque a voyagé, fût-ce une fois, en Extrême-Orient, a pu les voir à l'œuvre dans les chantiers, dans les usines, à bord des paquebots et des chaloupes. Sur les voies ferrées, déjà ouvertes ou en construction, ce sont eux qui conduisent les locomotives avec une habileté qui ne le cède guère à celle de leurs confrères européens.

En ce qui concerne la capacité intellectuelle, il ne paraît pas que l'écart soit très marqué entre les Célestes et les Occidentaux. La routine même de l'école chinoise, où l'enfant ne fait autre chose qu'apprendre par cœur de longs et insipides fragments des Classiques, a développé chez lui la mémoire au point de lui permettre d'accomplir comme en se jouant de véritables tours de force. Cette aisance avec laquelle il retient les formules lui est d'un grand secours dans les études d'un ordre plus élevé. La plupart des professeurs qui furent appelés à faire des cours à des jeunes Chinois ont pu constater leurs aptitudes soit dans les problèmes purement spéculatifs, soit dans le domaine des sciences appliquées. Médiocrement imaginatifs, ils n'en sont que moins distraits et arrivent à emmagasiner assez vite un bagage de connaissances sinon très profondes, du moins suffisantes. Il n'est pas rare de rencontrer, même dans le bas peuple, des intelligences fort éveillées. J'ai eu, j'ai encore à mon service un pékinois, sorte de Maître Jacques, à la fois palefrenier, cuisinier et interprète. Ce garçon manie le pinceau comme un scribe de profession, parle couramment la plupart des dialectes de l'Empire, y compris le mandchou, le mongol, et tant soit peu de thibétain, l'anglais — c'est-à-dire le jargon du littoral, le *pidgin english*, et passablement le russe, en tout sept langues. Il en travaille actuellement, — sans maître, bien entendu, — une huitième, le français, et ses progrès donnent déjà mieux que des espérances. On avouera que ce n'est pas trop mal pour un domestique.

De ce qui précède il résulterait que la race, remarquablement douée sous le rapport musculaire, ne l'est pas moins au point de vue des facultés de l'esprit. Si l'on ajoute à ces qualités la puissance de la masse, la force d'expansion d'une si grande agglomération humaine, on est, je l'avoue, tenté de se demander non sans inquiétude de quoi ne sera pas capable la race chinoise, du jour où, prise en tutelle par les Européens, elle se sera assimilé les enseignements et les procédés de la civilisation occidentale.

Le danger pourtant est beaucoup plus apparent que réel. Cette façon de voir sera, nous n'en doutons pas, partagée par tous ceux qui ont vécu en Chine, non pas seulement dans les concessions européennes, mais au cœur même du pays, parmi les populations des bourgs et des campagnes, mêlés à elles pendant de longs mois, vivant de leur vie inélégante mais suggestive. De ce que le Chinois possède d'incontestables qualités, il ne s'ensuit pas qu'il doive aspirer à jouer, sur le terrain économique, un rôle prépondérant et, en quelque sorte, offensif. Il lui manque pour cela le ressort essentiel : l'esprit d'entreprise, l'initiative. C'est avant tout un être de tradition qui n'envisage jamais l'avenir et qui, dans les moindres actes de la vie, s'inspire des exemples légués par les générations défuntes.

D'ailleurs, quelle initiative féconde peut-on espérer de la part d'esprits complètement obnubilés par des croyances à peine définies auprès desquelles les plus absurdes contes de nourrice paraîtraient conceptions de haute philosophie? La Chine est le paradis de la routine précisément parce qu'elle est aussi le paradis de la superstition. Superstitieux, le Chinois l'est à tel point que nous ne saurions nous faire une idée exacte de toutes les entraves apportées aux moindres actes de son existence par la géomancie, la nécromancie, la sorcellerie, le mauvais œil et autres enfantillages. Chacun en Chine, du petit au grand, est plus ou moins prisonnier du jeteur de sorts ou du diseur de bonne aventure. Les gens de la haute classe se donneront parfois, vis-à-vis des étrangers, l'apparence d'esprits forts, affecteront de sourire en parlant de ces balivernes, mais n'en subiront pas moins l'influence dans tous leurs faits et gestes. Partout et toujours ils éprouvent cette sorte d'angoisse, la crainte d'agir à une heure néfaste, dans un lieu peu propice, en malchanceuse compagnie. Tel s'acheminait à un rendez-vous d'affaires et brusquement rentre chez lui sous l'empire de je ne sais quel fâcheux présage ou d'un simple pressentiment, quitte à s'excuser du mieux qu'il peut, le plus souvent très mal, par un mensonge puéril. C'est ainsi que les étrangers accusent parfois le Céleste de ne pas savoir le prix du temps, de manquer de parole. Ce en quoi ils ont tort parce qu'ils attribuent à la négligence et au sans-gêne ce qui, en fait, résulte le plus souvent d'un cas de force majeure. L'homme ne demanderait peut-être pas mieux que de tenir son engagement. Peut-être est-il la ponctualité même. Mais *il n'est pas libre.* Il se débat dans l'inextricable réseau de ses superstitions comme une pauvre mouche dans une toile d'araignée (1).

Fait qui peut sembler extraordinaire, le nombre de ces superstitions, loin de décroître s'est multiplié à mesure que la Chine avançait en âge. Le phénomène pourtant s'explique par l'isolement profond dans lequel elle a si longtemps vécu. A l'inverse de ce qui s'est passé chez les nations occidentales où tant de causes : mélange parfois brutal de races, guerres, commotions sociales et politiques, ont déchiré le tissu d'inventions naïves dont s'enveloppent les peuples enfants, la Chine, repliée sur elle-même, a vu chaque génération s'atteler au métier, augmenter de jour en jour la trame et la chaîne. De ces apports successifs rien ne s'est perdu. Avec le temps, l'étoffe, jadis translucide et souple, s'est épaissie au point de devenir une carapace résistante, opaque, où la nation est emprisonnée, comme la chrysalide dans le cocon. Son univers, désormais, tient dans cette coquille. Elle vit murée dans son rêve qui, pour elle, est la réalité.

Dans ces conditions, comment attendre d'elle qu'elle entreprenne, qu'elle innove! Vainement alléguera-t-on que les Chinois furent, en leur temps, des novateurs, qu'ils ont, bien avant nous, connu la poudre et l'imprimerie. Il

(1) J'ai eu l'occasion de développer ces idées dans la préface du remarquable ouvrage de mon excellent ami M. le Dr J.-J. Matignon : *Superstitions, crime et misère en Chine.*

suffit de remarquer que ces inventions dont on leur fait honneur étaient demeurées chez eux à l'état rudimentaire. L'explosif n'était point utilisé pour briser les écueils, ouvrir des routes à travers la montagne, mais hier comme aujourd'hui, servait surtout à « effrayer le Dragon » au moyen de pétards et de feux d'artifice. Quant à l'imprimerie telle que la pratiquaient les Chinois, elle n'eût jamais vulgarisé la pensée ni révolutionné le monde. L'imprimerie en réalité ne date que du jour où furent inventés et fondus les caractères mobiles : ces caractères, la Chine ne les a connus que par les Européens, à une époque relativement récente. Aujourd'hui encore, ils ne sont guère usités, dans l'Empire du Milieu, que par les « Diables d'Occident ».

Il y a même je ne sais quoi de pathétique dans le spectacle de ce peuple si bien doué, pacifique et prolifique, laborieux, sobre, dur à la peine, d'une probité commerciale que l'on rencontre rarement chez l'Asiatique — et qui se meurt d'immobilité. Absorbé dans la contemplation d'un passé qui eut ses gloires, il semble avoir épuisé la faculté créatrice. Il ne pense plus. A quoi bon! puisque ses ancêtres ont pensé pour lui! Il n'invente plus, il copie. Il en est de lui, semble-t-il, comme de certaines espèces animales, relativement très développées, — telle la fourmi, l'abeille, le castor, parvenues jusqu'aux rudiments d'une véritable organisation sociale, dont le fonctionnement nous étonne, mais qui n'iront pas au delà, dont le minuscule cerveau a donné toute sa mesure sans qu'il y reste une cellule libre pour loger désormais une impression nouvelle. Présentez à l'abeille un gâteau de cire dont les cases affecteront les combinaisons de forme les plus imprévues. Elle y coulera son miel. Puis, après avoir poursuivi longtemps l'expérience, abandonnez l'insecte à son instinct. Vous le verrez aussitôt disposer le moule à sa façon, suivant sa géométrie particulière, revenir d'emblée à l'architecture traditionnelle, aux petites cloisons en forme de prisme. Un phénomène analogue a lieu pour le Chinois. Il peut devenir, aux mains de l'Européen, un merveilleux outil, un instrument de précision. D'un modèle donné il exécutera le double avec une adresse telle que vous aurez peine à distinguer la reproduction de l'original. N'espérez pas qu'il modifie, qu'il corrige. Tout y sera, les qualités et les défauts, avec l'inflexible rigueur d'un travail mécanique. Abandonné à lui-même, il retournera bientôt aux formes surannées, aux procédés du bon vieux temps. C'est une force qui, pour produire tout son effet, a besoin d'être dirigée par un maître. Il possède les éléments nécessaires pour accomplir de très grandes choses, mais en sous-ordre.

Assurément un jour viendra où la Chine, enfin décidée à tirer parti de ses ressources naturelles, appellera sérieusement à son aide les méthodes et les ingénieurs d'Europe. Mais supposer, comme certains esprits ardents croient l'entrevoir à brève échéance, une Chine régénérée, prête à la lutte, qui, non contente de se suffire désormais à elle-même, songerait à envahir les marchés d'occident, une Chine enfin qui ne serait plus la Chine, il semble bien que ce soit un rêve.

On objectera il est vrai, que, ce dont les Chinois ne seraient point capables, des Européens peuvent l'entreprendre et, séduits par le bas prix de la main-d'œuvre indigène, venir manufacturer en Chine des articles à notre usage auxquels les fabricants demeurés attachés au sol natal ne sauraient faire concurrence, en dépit des tarifs de douane les plus protecteurs. On oublie seulement que cet afflux de capitaux, d'industries nouvelles, aurait précisément pour effet de modifier les conditions de la vie chinoise et de provoquer, de la part du travailleur jaune, des exigences qu'il ne se ferait pas faute de formuler de façon à être entendu. Il ne faut point perdre de vue que les Chinois sont passés maîtres dans l'art d'organiser et de prolonger les grèves. On en a eu plus d'une fois la preuve à Singapore et à Hong-Kong, à Shanghaï comme à Tientsin. Il se passerait en Chine ce qui s'est produit au Japon où le prix de la vie en général et, par suite, le prix de la main d'œuvre ont quadruplé depuis dix ans.

A supposer même que, par impossible, le Chinois se résignât indéfiniment à louer ses bras à vil prix, il resterait peu d'espoir, pour le manufacturier installé en Extrême-Orient, de satisfaire de si loin aux demandes d'une clientèle européenne dont les goûts changent d'un jour à l'autre suivant les caprices de la mode. D'ailleurs l'industrie, de nos jours, ne peut prospérer qu'à la condition de renouveler presque incessamment ses méthodes, de remanier à chaque instant tout ou partie de son outillage. Ce qui est aujourd'hui le dernier mot du progés, demain paraîtra vieillerie, sera relégué dans l'ombre par quelque découverte nouvelle. Ce contact entre le producteur et le consommateur, cette constante mise au point du matériel, seront irréalisables pour le fabricant immigré en Chine. Alors même qu'il aurait à son service des voies de communication plus rapides, aucun Transsibérien n'empêchera qu'il ne soit à quinze ou vingt journées de sa clientèle; soit pour recevoir le modèle, exécuter la commande et l'expédier, un délai de deux à trois mois, c'est-à-dire plus qu'il n'en faut pour que l'article ait passé de mode.

La Chine, d'autre part, est considérée, non sans raison, comme l'un des plus riches marchés du monde. Encore faut-il, à cet égard, faire quelques réserves et ne pas prendre la phrase dans un sens trop absolu. L'erreur serait de voir surtout dans la Chine, — j'entends la Chine actuelle, — ce que l'on est convenu d'appeler un « débouché », en d'autres termes, trois à quatre cents millions de consommateurs disposés à adopter, sinon nos usages et nos costumes, du moins la plupart de nos produits manufacturés. Il semble qu'il y ait ici un malentendu. On envisage la Chine non pas telle qu'elle est, mais telle qu'elle devrait être, telle qu'elle sera le jour où elle voudra sérieusement mettre en valeur les innombrables ressources de ses territoires. Pour le moment, la richesse de ce pays pourrait se comparer à ces grandes fortunes qu'il serait difficile de réaliser du jour au lendemain. Le sol est riche; la population, prise dans son ensemble, est pauvre, ce qui ne veut point dire misérable. Mais l'habitant gagne sa vie, rien de plus. Ses besoins sont très limités; l'article de provenance européenne, si bon marché soit-il, équivaut pour lui à un objet de luxe. Pour que la Chine devienne la grande cliente dont rêvent les fabricants d'Europe, il faut (nous avons eu déjà l'occasion de le faire observer en parlant du Sé-Tchouen) qu'elle augmente au préalable son pouvoir d'achat, qu'elle amasse davantage avant de songer à étendre ses dépenses au delà des nécessités de la vie courante. Cette évolution économique ne s'accomplira pas en un jour, mais elle aura lieu fatalement. Ce qu'il faut avant tout à la Chine, ce sont des moyens de transport plus faciles et plus rapides, l'ouverture et l'exploitation régulière des mines, la création d'industries nouvelles. Ces résultats ne pourront être obtenus que par l'initiative européenne, avec la collaboration et sous la direction des « diables d'Occident ».

Abandonné à lui-même, ce monde en léthargie serait-il capable d'un brusque réveil? L'affirmative a été soutenue. On a cité à ce propos l'exemple du Japon. La Chine, a-t-on dit, ne pourrait-elle pas, un jour ou l'autre, éclairée par ses désastres, imiter son voisin? Le Japon, si longtemps isolé, lui aussi, des autres peuples, rivé, semblait-il, à ses institutions surannées, ne s'est-il pas émancipé en un quart de siècle?

L'argument serait sans réplique s'il était permis d'établir la moindre comparaison entre deux contrées où tout diffère : le caractère des habitants, les traditions historiques, l'éducation nationale; entre la Chine démocrate jusqu'aux moelles et le Japon issu, comme nous, de la Féodalité. Qu'est-ce, en définitive, que le Céleste Empire, sous ses apparences de monarchie absolue, sinon une vaste démocratie et, si étrange que cela paraisse, la moins gouvernée des démocraties, de beaucoup la plus libre, au point que la liberté y confine à l'anarchie. Il n'est pas de contrée au monde où l'action du pouvoir central sur la vie de la nation soit moins sensible. Aucune noblesse héréditaire; des fonctionnaires toujours étrangers à la province qu'ils administrent, n'ayant qu'un but, édifier, *per fas et nefas* leur fortune et dont le mot d'ordre peut se traduire par le dicton trivial : « plumer la poule sans la faire crier. » On y arrive, avec un peu de doigté, un bon fonctionnaire étant tenu de savoir la limite précise qu'il ne saurait franchir sans provoquer les récriminations, les placards, les émeutes et autres incidents non moins fâcheux. Tout ce qu'on exige de son honnêteté, c'est de doser ses exactions de manière à ménager l'opinion publique qui est en fait la véritable souveraine et a toujours le dernier mot.

De là, entre les gouvernants et les gouvernés, peu ou point de relations, aucune confiance; absence absolue d'esprit public, indifférence profonde de la nation pour toutes les affaires politiques du moment qu'elles n'affectent point immédiatement les intérêts de l'individu ou de la famille.

Il en va tout autrement au Japon. Ici le système féodal d'autrefois avait créé entre les chefs et le peuple ces liens d'assistance mutuelle et de confiance réciproque, cette solidarité d'intérêts qui ne pouvaient exister en Chine. Le daïmio, le seigneur, résidait sur sa terre ; il était directement intéressé à la prospérité, au bien-être de ses vassaux, au développement de leurs arts, de leurs industries et pouvait compter, en retour, qu'au premier signal, ils le suivraient avec une foi aveugle, d'un élan unanime. La révolution de laquelle est sorti le Japon actuel ne fut point, ne l'oublions pas, un mouvement spontané des foules, mais l'œuvre raisonnée d'une élite. Cette entreprise destinée à mettre fin à la féodalité, fut une entreprise féodale, préparée, dirigée par les chefs de deux grands clans, Satsuma et Cho-Chiu qui, aujourd'hui encore, sous le couvert du parlementarisme, mènent les affaires du Japon modernisé.

Si le sort eût permis que la Chine populeuse fût élevée au même régime, s'accoutumât par des siècles de féodalité au dur métier des armes, à l'action, aux témérités impétueuses, alors certes, en présence de ces multitudes, l'Europe eût pu trembler. Mais la Chine, Dieu merci, loin d'être envahissante et conquérante, fut toujours envahie, toujours conquise. Elle a été la proie des Mongols, la proie des Mandchous. Elle s'en console en absorbant ses vainqueurs. Quels seront ses maîtres de demain ? Cela ne la préoccupe guère. Au fond, peu lui importe que celui-ci ou celui-là promène sur les actes officiels le pinceau trempé dans le vermillon. On peut morceler la Chine sans que la situation en soit changée de façon appréciable. N'est-elle pas déjà divisée à l'infini par le fait de son particularisme étroit? L'Empire démembré, la nation demeurerait, penchée sur ses comptoirs ou sur ses champs, enfilant des sapèques ou grattant la terre, occupée à son travail d'insecte, sans se demander qui la gouverne, facile à conduire, estimant que tout est pour le mieux du moment que l'on peut acheter et vendre et cultiver son jardin. Telle elle a toujours été, telle vraisemblablement elle restera, non pour l'effroi, mais pour l'étonnement du monde.

Si maintenant l'on me demandait de formuler l'impression dominante résultant d'un séjour tant soit peu prolongé chez ce peuple étrange, je répondrais que ce qui frappe chez lui, c'est la masse, mais surtout la durée. Il semble qu'il ait échappé à cette loi commune de l'évolution sous l'empire de laquelle les peuples comme les individus ont leur enfance, leur jeunesse, leur maturité vigoureuse, puis leur déclin. Tel nous le voyons, tel il était aux temps lointains où florissaient Babylone et Ninive, Athènes et Rome. Ces civilisations ont passé, et lui demeure, bien qu'il lui manque, chose étrange, l'élément constitutif de tout organisme sain, ce qui chez les collectivités, comme chez les individus, assure la force et la durée, je veux dire la cohésion. Quand on considère à quoi se réduit pour lui la patrie, qui n'est point l'Empire, ni même la province, mais le village et, plus exactement, le cercle de la famille, on en arrive à se demander, non sans surprise, s'il ne faut pas chercher la cause de sa perpétuité dans le fractionnement même qui fait sa faiblesse. Une comparaison vous vient à l'esprit : toutes ces petites unités indépendantes l'une de l'autre, égoïstes, agissant chacune pour son propre compte, semblent autant de compartiments étanches maintenant à flot un navire désemparé. La vieille jonque chinoise n'entreprend pas de glorieuses croisières, ne hisse point fièrement ses couleurs, mais... elle flotte!

Faut-il donc envier la destinée de cette Chine si résistante, insubmersible, et la mort n'est-elle pas préférable à cette longévité sans gloire? Peut-être, somme toute, furent-ils plus favorisés du sort, ces peuples qui, disparus, se survivent par leur génie, pareils à ces astres éteints dont le rayon lumineux nous arrive encore après des siècles.

Je ne saurais clore ce journal de route sans ajouter que si, dans mon voyage à travers l'Empire, j'ai éprouvé forcément quelques fatigues, je n'ai point rencontré, du fait de l'homme, toutes les difficultés auxquelles j'étais en droit de m'attendre. Peut-être cet aveu me nuira-t-il auprès de ceux qui, dans le récit d'un voyageur, cherchent surtout la note aventureuse et robinsonesque. Mais qu'y faire? Je me suis borné à raconter au jour le jour et de mon mieux ce que j'ai vu sans me donner le plaisir, pourtant facile, de dramatiser des incidents parfois désagréables mais peu graves. L'intérêt de la narration a pu en souffrir; on ne m'en voudra pas de m'en être tenu à la vérité toute simple. Les gens, je l'accorde, m'ont fait souvent grise mine; je n'ai pas souvenir que l'attitude ait été nettement hostile. Il m'est arrivé comme à tout le monde d'être invectivé par la marmaille; parfois — rarement — aux injures se mêlaient quelques pierres. Jamais il ne m'est venu à l'esprit que ma vie était en péril.

Il serait évidemment puéril de conclure du particulier au général et de prétendre que l'on peut se promener en Chine avec autant de sécurité qu'en France. Tout dépend de l'heure et du moment. Dans telle cité que j'ai trouvée paisible, un autre pourra tomber au milieu d'une émeute. Ce sont là d'ailleurs des accidents auxquels on est exposé sans quitter l'Europe. Quoi qu'il en soit, j'incline à penser après ces quatre mille kilomètres parcourus sans encombre, que voyager à l'intérieur n'est point aussi malaisé qu'on le suppose *a priori*. Je parle ici, bien entendu, de la Chine proprement dite et non des « colonies », des contrées semi-indépendantes telles que le Thibet. Mais tout me porte à conclure que, dans les dix-huit provinces, l'Européen peut aller et venir sans trop de danger, sous certaines conditions. Ces conditions, je n'ai pas à les énumérer, ne me croyant pas l'autorité suffisante pour rédiger un *Manuel du parfait voyageur en Chine*. Elles peuvent, au surplus, se résumer en peu de mots : de la patience, ne pas s'émouvoir des curiosités importunes, ne jamais s'emporter, fermer les yeux aux gestes insolents, l'oreille aux paroles malsonnantes (ce dernier conseil est le plus facile à suivre pour l'étranger) ; conserver, en tout état de cause, au milieu de la foule hurlante, le beau calme du mandarin impassible et détaché du monde, immobile dans sa chaise comme Bouddha sur son lotus ; enfin, régler soi-même ses litiges et recourir le moins possible aux autorités. Non qu'elles refusent de vous venir en aide. Dans les très rares occasions où j'ai dû réclamer leur concours, les fonctionnaires ont montré une courtoisie parfaite, beaucoup de bon vouloir, le désir évident d'éviter une « affaire » dont ils risqueraient d'être rendus responsables en haut lieu. Mais le seul fait de requérir leur intervention est toujours interprété comme une marque de crainte ou de faiblesse.

Tout cela, en somme, est simple et s'apprend vite. Je ne répondrais pas que cette manière d'agir suffira à vous garder de tout ennui. Je sais seulement qu'elle m'a été d'un réel secours dans le Far-West chinois. Puisse-t-elle me réussir de même lors du retour transcontinental, dans la grande Tartarie, au pays de Gengiskhan, sur la route parcourue jadis, dans un *raid* formidable, par les conquérants Mongols, de Kara-Koroum à Bagdad.

TABLE DES MATIÈRES

PRÉLUDE

PREMIÈRE PARTIE

LA CHINE DU NORD

CHAPITRE PREMIER

CHAPITRE II

CHAPITRE III

CHAPITRE IV

CHAPITRE V

DEUXIÈME PARTIE

SUR LE YANG-TSÉ

CHAPITRE PREMIER

CHAPITRE II

CHAPITRE III

TROISIÈME PARTIE

LE SÉ-TCHOUÈN.

CHAPITRE PREMIER

CHAPITRE II

CHAPITRE III

CHAPITRE IV

LA MONTAGNE SAINTE D'OMEI.

QUATRIÈME PARTIE

DU FLEUVE BLEU AU FLEUVE ROUGE A TRAVERS LE YUN-NAN.

CHAPITRE PREMIER

CHAPITRE II

ÉPILOGUE

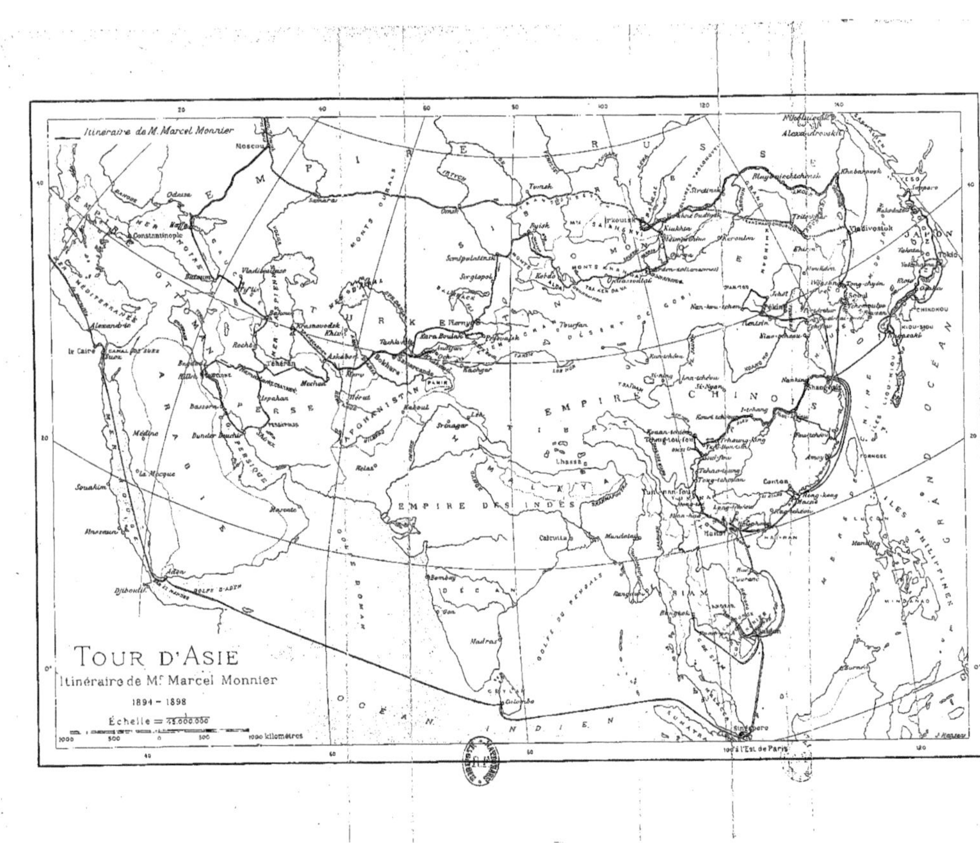
Itinéraire de M. Marcel Monnier
TOUR D'ASIE
Itinéraire de Mr Marcel Monnier
1894 - 1898
Échelle = 1/45.000.000
1000 500 0 500 1000 kilomètres
100° à l'Est de Paris
EMPIRE DES INDES
EMPIRE CHINOIS
AFGHANISTAN
PERSE
JAPON
OCÉAN INDIEN
Moscou
Odessa
Constantinople
Alexandrie
le Caire
Téhéran
Ispahan
Mechhed
Boukhara
Tomsk
Irkoutsk
Kiakhta
Vladivostok
Khabarovsk
Tokio
Pékin
Shanghaï
Nankin
Canton
Hong-kong
Lhassa
Calcutta
Bombay
Madras
Colombo
Singapore
Aden
Djibouti
Souakim
Médine
La Mecque
Bassora
Mascate
Bangkok
Manille

PARIS
TYPOGRAPHIE DE E. PLON, NOURRIT ET Cie
RUE GARANCIÈRE, 8.

A LA MÊME LIBRAIRIE :

PARIS TYP. DE E. PLON, NOURRIT ET Cie, 8, RUE GARANCIÈRE. — 367.

www.ingramcontent.com/pod-product-compliance
Ingram Content Group UK Ltd.
Pitfield, Milton Keynes, MK11 3LW, UK
UKHW012003240726
13965UKWH00001B/129